건설정보와 CM

김병수 · 전진구 · 김창학 · 정연인 · 홍영길 공 저

Construction Information &
Construction Management

도서출판
구미서관

최근 건설업은 국가 경제의 침체와 함께 공사물량의 부족, 최저가낙찰제의 확대, 업체간 과당경쟁 등으로 인하여 어려움에 직면해 있다. 이러한 어려움을 해결하기 위해서는 뼈를 깎는 원가절감 노력과 기술력을 바탕으로 한 경쟁력을 제고 하여야 한다. 기업들은 경쟁력 제고를 위해서 지난 수십 년간 수많은 경영기법의 도입과 기술개발 그리고 인력양성에 투자를 해왔다.

더욱이 건설공사의 규모가 대형화될 뿐만 아니라 기능적으로 다양화되고 금융산업과 정보 및 서비스산업 등 타부문의 여러 산업과 연계됨에 따라 미래의 건설 프로젝트는 수많은 건설정보(Construction Information)와 요소기술들을 어떻게 관리하는가에 따라 프로젝트의 성패가 좌우될 것이라는 것은 명약관화하다.

정부는 국가차원의 건설경쟁력 향상을 위해서 외국의 우수한 제도를 도입하여 왔으며 그 중 원가절감, 품질향상, 공기단축의 효과를 낼 수 있는 건설사업관리제도(Construction Management)를 적용 또는 확대단계에 이르고 있다. 이러한 건설사업관리제도는 턴키 및 대안사업, BTL사업과 같은 제안형사업에서 VE 및 LCC분석, Fast-Track, Project Financing 등과 같은 요소기술의 적용을 가속화 시키고 있으며 건설업체 내부적으로는 PMIS, EVMS, CALS 등과 같은 업무효율화 시스템을 적극적으로 추진하는 계기가 되고 있다.

본 교재는 건설사업관리(CM)의 기본시스템을 이해하는데 도움을 주고자 건설정보의 효과적인 관리와 건설사업관리 개념뿐만 아니라 건설사업관리에 필요한 요소기술의 기본적인 내용을 위주로 집필되었으며 대학과정과 대학원과정에서 활용할 수 있도록 CM의 기초적인 내용과 응용분야까지 다루고 있다. 본 교재를 활용함으로써 건설사업관리(CM)에 대한 전반적인 이해의 폭을 넓힐 수 있는 계기가 되길 바란다.

본 교재는 CM강의에 필요한 우수한 문헌들을 바탕으로 구성하였으며 혹 참고문헌에 누락된 부분이 있는 경우와 내용면에서 부족한 부분은 개정판을 내면서 보완할 예정이며, 끝으로 본서의 발간을 위해 성원해 주신 구미서관 임해진 사장님과 편집을 위하여 많은 수고를 하신 구미서관 직원들께 감사드리며, 본서가 건설업계에 첫발을 내딛고자 하는 수많은 학생들의 개념정립에 도움이 될 수 있기를 염원한다.

2008년 10월

저자 대표

CHAPTER 01 건설사업관리론(CM) / 3

CHAPTER 02 건설정보통합분류체계 / 21

CHAPTER 04 건설지식경영론 / 113

CHAPTER 05 CALS · CIC / 135

CHAPTER 06 리스크관리 / 159

CHAPTER 07 품질과 품질경영 / 179

CHAPTER 10 프로젝트 파이낸싱 / 263

CHAPTER

01

건설사업관리론(CM)

CHAPTER 01 건설사업관리론(CM)

1.1 건설사업관리(Construction Management)란

CM이란 포괄적으로 건설공사의 기획·계획·타당성조사·설계·시공·감리·사후관리 등의 업무를 종합적으로 조정 관리하는 System을 의미하며, 건설 프로젝트의 관리업무의 전부 또는 일부를 수행하는 것을 의미한다.

이것은 project의 발주자를 대신하여 공사전반에 걸친 공정관리·원가관리·노무관리·자재관리·진도관리 및 장비관리 등에 이르기까지 업무 전반을 통합 또는 분업화하여 대행해주고 전문성을 보완해주는 역할을 담당하는 일체의 행동을 의미한다.

공공 건설프로젝트에서 CM이라는 것은 프로젝트의 구상단계 부터 완성에 이르기까지 프로젝트의 전단계에서 품질향상, 원가절감, 공기단축의 목표를 달성하기 위하여 CM의 요소기술을 활용하여 project를 효율적으로 관리하는 것을 말한다.

일반적으로 CM업무는 프로젝트의 실시에 필요한 모든 관리업무에 관련되어 있기 때문에 이를 순수형 CM(Pure CM)이라고 말한다. CM의 또 다른 형태는 최고액보증(GMP : Guaranteed Maximum Price)CM이라는 것인데 GMP-CM은 설계단계까지는 순수형 CM이 담당하지만 설계가 완료된 후에는 CM회사가 공사비를 견적하고, 사업주체와 교섭을 통해 합당한 공사금액이 설징되면 CM회사는 협력업체를 이용하여 전체공시를 책임지고 수행하여 합의된 공사금액과 공기내에서 설계도서에 준하는 최적의 시공물을 완성하는 것이다.

순수형태의 CM은 시공회사가 실시하는 공사를 감독하는 입장에서의 관리로 공기와 품질 및 공사비에 대한 모든 책임은 최종적으로 시공자와 발주자에게 귀속되고, 최고액보증 CM에서는 CM회사가 공기와 품질 및 공사비에 대한 전반적인 책임을 지고 공사관리를 행하는 형태이다. 현재 공공사업에서 GMP-CM은 거의 이루어지지 않고 있으며, 순수형 CM에 대해서도 주로 건축공사에 적용되고 있다.

1.1.1 CM의 개념

(1) 관리기술로서의 CM

CM을 관리기술로서 정립하면 "주어진 건설상황을 정확히 파악하여 특정분야의 요소기술을 필요시점에 필요한 곳에 적절히 배열함으로써 각 분야별 요소기술사이의 상호작용이 원활하게 이루어지도록 하는 방법" 이라고 할 수 있다.

즉, 건설분야의 구조기술, 토질 및 지반기술, 측량기술, 수리기술 등과 같은 특정기술 자체보다는 다양한 기술의 특성과 기대효과 그리고 강·약점을 종합적으로 파악하여 동태적으로 변화하는 건설여건에 맞추어 Fast Tracking, VE/LCC, Risk Management 등과 같은 요소기술을 적절히 적용하여 프로젝트를 효율적으로 관리하는 것이 CM인 것이다.

(2) CM은 시스템기술이다.

적어도 이론적인 면에서는 요소기술은 노력을 통해 모두 확보할 수 있다고 보는 것이 CM의 기본전제이다. 국내에 없으면 해외에서 구하고, 비싼 기술이라면 많은 돈을 들여 사오면 된다고 보기 때문이다.

반면 주어진 건설상황을 정확히 파악하여 특정분야의 요소기술을 필요시점에 필요한 곳에 적절히 배열함으로써 각 분야의 요소기술 사이의 상호작용이 원활하게 이루어지도록 하는 한편, 시스템적 관점에서 부분적 요소기술의 효율성(Efficiency)과 사업 전반의 효과성(Effectiveness)이 서로 조화·균형을 이루도록 함으로써 생성되는 시너지 효과(Synergy Effect)를 얻고자 하는 것이 바로 CM이다.

(3) 무형적인 자산

CM 수행을 위한 각종 매뉴얼이나 지침은 볼 수 있지만 이들의 사용근거와 활용전략을 제공하는 CM체계는 해당기업의 전략적 요소를 포함한다. CM체계의 구축은 무척 많은 시간과 노력을 필요로 하는 힘든 작업이다. 그러나 일단 구축되면 동시다발적으로 사용하여 기업경쟁력을 대폭적으로 향상 시킬 수 있다는 매력을 갖는다.

이러한 이유 때문에 기술의 유형이 어떤 것이든 정형적 절차에 따라 운용하면 소기의 성과를 거들 수 있는 시공분야 하드(Hard)기술과 달리 외국의 CM기술을 도입하여 바로 사용할 수 없고 특정기업의 CM체계를 다른 기업에서 즉시 활용할 수도 없다. 또한 같은 CM체계에서 활동하더라도 주어진 건설상황이 어떠한가에 따라 그리고 CMr (Construction Manager)의 능력이 어느 정도인가에 따라 엄청난 차이를 동반한다. 능력 있는 CMr의 양성이 CM의 성공적 추진을 위해 무엇보다 중요하다는 것도 이러한 연유에서 비롯된다.

표 1.1 CM의 개념

① CM은 관리기술	② CM은 시스템	③ 무형적인 자산	④ 마케팅 개념 첨가
• 주어진 건설상황을 정확히 파악하여 • 특정분야의 요소 기술을 필요시점에 필요한 곳에 적절히 배열함으로써 • 각 분야별 요소기술 사이의 상호작용이 원활하게 이루어지도록 하는 방법	• 시스템적 관점에서 부분적 요소기술의 효율성과 사업전반의 효과성이 • 서로 조화·균형을 이루도록 함으로써 생성되는 • 시너지 효과를 얻고자 하는 것	• 같은 CM체계에서 활동하더라도 주어진 건설상황이 어떠한가에 따라 • 그리고 CMr의 능력이 어느 정도인가에 따라 엄청난 차이를 동반한다. • CM체계의 성공적 구축을 위해서는 활용기업의 문화와 정서 그리고 소속 구성원의 가치체계와 융합하는 과정이 반드시 필요하다.	• 마케팅 개념에 따라 발주자의 요구조건을 정확히 파악하여 • 주어진 시장여건에서 보다 많은 혜택을 발주자에게 보장해 주겠다는 정신을 포함한다.

CM체계의 성공적 구축을 위해서는 활용기업의 문화와 정서 그리고 소속구성원의 가치체계와 융합하는 과정이 반드시 필요하다. 이러한 과정은 수많은 시행착오를 동반하기 때문에 결코 쉽지도 않고 단기간에 끝날 수도 없다. 따라서 CM부서를 만들어 CM사업을 준비하는 기업들은 조직 전반에 CM체계에서 요구되는 건설경영마인드를 주입하여 기존업무를 CM체계로 바꾸어 나가는 것이 필요하다. 그리고 광범위한 CM영역 중에서 가장 잘 할 수 있는 부분을 선정하여 주력화시킴으로서 특성화된 자기영역 확보의 노력을 기울여야 할 것이다.

(4) 마케팅개념의 첨가

선진국 CM회사들이 작성·활용하고 있는 CM관련 매뉴얼을 보면 마케팅개념에 따라 발주자의 요구조건(Needs)을 정확히 파악하여 주어진 시장여건에서 보다 많은 혜택을 발주자에게 보장해 주겠다는 정신이 짙게 배어 있음을 어렵지 않게 파악할 수 있다.

따라서 CM의 도입과 관련하여 이슈화되는 모든 사안은 발주자에게 보다 많은 혜택을 줄 수 있느냐의 여부에 중점을 두고 검토되어야 한다. 정부의 강조사항인 부실공사 방지와 건설경쟁력 향상도 결국 발주자의 요구조건을 보다 확실히 충족시키기 위한 것이다. 그러므로 기업은 CM을 통해 "사업영역을 확장함으로서 이익창출의 기회를 보다 넓힐 수 있지 않을까?"라는 생각을 하기보다는 발주자에게 더 많은 혜택을 줄 수 있는 대안을 제시함으로써 얻어지는 결과로서의 이익을 고려해야 한다.

건설업계와 감리업계 또한 CM의 시행과 관련하여 파생되는 이해관계 득실을 저울질하기 보다는 다수의 말없는 발주자에게 꼭 필요하지만 충족되지 못해 불편을 유발하는 부분, 즉 '필요의 진공(Vacuum of Needs)'을 먼저 파악하여 대처하겠다는 적극적 자세를 가져야 한다.

1.1.2 CM의 필요성 및 도입배경

국내 건설업계의 건설사업관리(CM)를 위한 제도적 장치는 1980년대에 건설공사의 부실시공 방지를 위해 시공감리제도를 도입한 이후 1994년 책임감리제도로 확대해 시행하였으나, 계속되는 대형공사 부실시공 사례 등으로 새로운 제도의 도입을 모색하기 시작하였다. 또한 단일건설공사의 대형화, 복잡화, 전문화로 건설사업 참여자 간의 커뮤니케이션(Communication) 및 조정의 어려움뿐만 아니라 초기단계 계획수립의 미비로 인하여 공기지연 및 사업비 증대, 품질부실의 우려 등의 문제점으로 인한 종합적인 관리시스템이 필요하게 되었으며, 이러한 이유로 CM제도를 1997년부터 도입하였다. 고속철도공사 등의 일부 대형공사에는 이전부터 적용 중에 있었으나, 건설산업 기본법에 명시된 시기가 1997년 이므로 이 시기부터 본격 도입된 것으로 봐야 할 것이다. 그림 1.1은 건설사업관리(CM)제도의 필요성 및 도입배경을 나타내고 있다.

즉, 기존의 감리제도 방식으로는 설계와 시공의 조화로운 관리가 어렵고 건설시장 개방과 함께 국가 건설산업 경쟁력에서 문제시되는 부분이 설계와 시공기술력보다는 공사관리능력의 많은 기술력 차이에 있으므로 보다 체계적이고 종합적인 공사관리기술의 확보가 필요한 것이다. 건설사업관리제도방식에서 공사관리를 수행하는 기관 또는 담당자인 건설사업관리자(CMr)은 설계단계 이전부터 해당공사에 참여해 설계단계와 시공단계에 필요한 모든 관리업무를 수행하므로 설계자의 설계의도와 시공의 적정성 등을 각 단계에서 유기적으로 파악하면서 설계자와 시공자의 관리감독 역할을 수행한다.

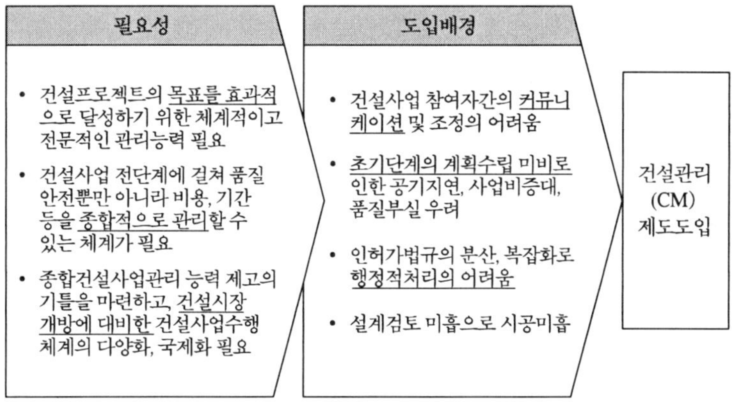

그림 1.1 CM의 도입배경 및 필요성

1.1.3 발주자 대리인(CMr)의 역할

발주자의 목표를 제한된 시간과 예산범위 내에서 최대한 효과적으로 달성할 수 있는가 여부는 상당부분 CMr의 문제해결 능력에 달려있다. 문제해결의 핵심주체인 CMr의 위상과 역할은 그림1.2와 같이 'CMr 역할의 개념적 틀'로서 설명할 수 있다.

CMr은 발주자, 설계자, 도급자가 삼각구도를 이루면서 추진하는 기존 건설방식에 새로운 변화를 야기 시킨다. 그림 1.2에서 보이는 바와 같이 CMr은 삼각구도의 중심에 들어가 발주자와 계약관계를 유지하며 발주자의 사업구상에 대한 목표를 구체화해 주고, 발주자가 사업목표와 관련한 여러 가지 판단을 할 경우 그 판단결과에 따른 구체적 사업계획을 수립해 주고, 발주자가 사업계획 추진여부 결정을 하는 경우 사업의 타당성분석과 평가를 수행해 준다. 그리고 사업의 구체화 시점에서 발주자의 입찰·계약업무를 지원해 준다.

또한 설계자가 선정되면 대리인 자격으로서 발주자 의도를 설계에 정확히 반영하기 위한 설계관리업무를 수행하고, 도급자의 공사시공 과정에도 개입하여 공사관리업무를 대행해 준다. 설계·시공관리의 주요 내용은 우리가 건설사업 추진관정에서 중시하는 원가, 품질, 공정, 안전에 관한 제반사항의 조정·통제를 포함한다.

그러나 상기의 역할만 가지고 CMr의 역할을 다 설명할 수는 없다. CMr의 역할을 보다 잘 설명하기 위하여 우선 수평이등분 된 상·하부 업무영역의 특성을 조명해 보자. 하부영역은 CMr이 설계자·도급자를 대사으로 시행하는 설계·시공관리 측면으로 업무특성상 기술지향적(Technology-Oriented) 성격을 강하게 띠고 있다. 반면 상부영역은 기술자체 보다는 기술의 적용상황해석 및 추진전략수립과 관련된 경영관리적 특성을 내포하고 있다.

이제 CMr의 업무영역을 현재, 과거, 미래로 구분해 보자. 그림 1.2의 하부는 현존 기술·공법으로 건설과정의 설계·시공을 관리하는 CMr의 현재영역이다. 여기에서 CMr이 직면하는 건설상황은 과거에 획득한 경험·전문지식의 장으로 인식되는 과거영역(그림 1.2의 좌측상부), 그리고 보다 경쟁력 있는 건설사업 추진을 위해 미래 지향적 안목의 평가전략을 구사해야 하는 미래영역(그림 1.2의 우측상단부)과 시간적으로 연결되어 있다.

결국 공간적으로 기술과 경영을 종합하고 시간차원에서 과거, 현재, 미래 영역의 다양한 업무를 총괄하는 CMr은 기술자의 본질을 잃지 않으면서도 기술자로서 갖는 편협성의 한계를 뛰어 넘는 경영자로서의 위상을 정립해야 하는 사람(조직)이다.

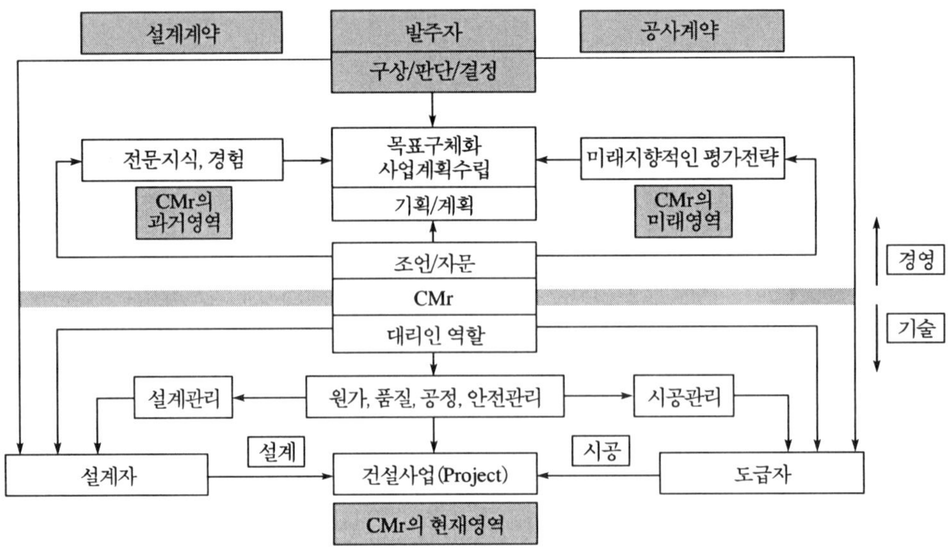

그림 1.2 CMr 역할의 개념적 틀

1.2 건설사업관리제도(CM)의 운영방식

1.2.1 건설사업관리제도 계약방식

CM제도의 계약방식은 CM사업자의 시공완성물에 대한 책임여부에 따라 다음과 같은 방식으로 구분한다.

(1) 순수형 CM 계약방식(CM for Fee : Agency형)

CM이 발주자의 Agency로 업무를 수행하며 자신의 서비스에 대한 용역비를 받는 방식(Professional Construction Management)으로서 발주자는 시공자, 설계자, CM업자와 별도로 계약관계를 유지한다.

CM업자는 발주자의 대리인(Agency) 역할로 시공에 대한 책임은 없으며, 기획·설계·시공단계의 총괄적 관리업무만을 수행한다. 순수형 CM계약방식에서 CM업자의 역할은 현재의 책임감리업자와 유사한 기능을 갖게 되지만, 차이점은 공사기획 단계부터 시공후 단계까지의 전과정을 CM업자가 총괄관리하는 것으로 이를 통해 발주자의 의도를 설계·시공과정에 유기적으로 전달할 수 있도록 한다. 또한 설계·시공업자의 선정과정에서 발주자에게 조언을 하기도 한다.

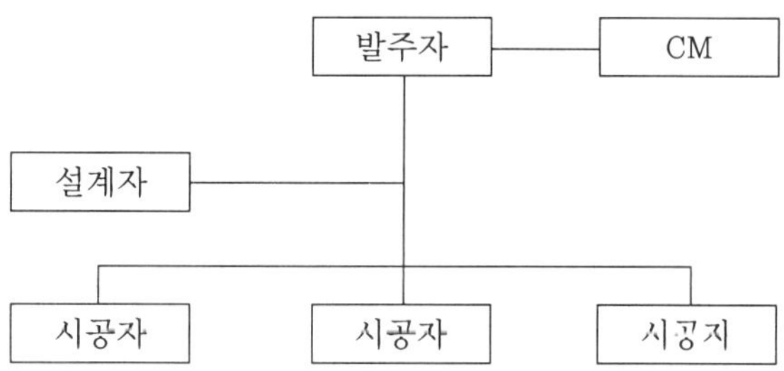

그림 1.3 CM for Fee 방식의 계약

(2) 위험형 CM 계약방식(CM at Risk)

CM이 시공사를 선정하여 공사를 책임지고 수행하는 형태(Contractor Construction Management)로서 발주자는 설계자 및 CM업자와의 계약관계를 유지하게 되고, 시공자는 발주자가 아닌 CM업자와 계약관계를 유지하게 된다. 즉, 위힘형 CM계약방식은 CM업자가 관리업무외에 시공까지 책임지는 형태로 부실시공에 대한 위험성을 CM업자가 책임져야 하는 계약방식이다.

현재 턴키방식과의 차이점은 설계는 별도의 설계자가 하고 관리업무 및 시공은 CM업자가 수행한다는 점이며, 이때도 CM업자는 설계과정에서 발주자의 의도를 적용할 수 있도록 설계자와 긴밀히 협조해야 할 의무가 있다.

CM업자는 시공을 책임지므로 발주자와 계약할 때 관리업무 및 시공 전체에 대한 가격으로 계약을 하는데, 이러한 의미로 최고가보증형(GMP : Guaranteed Maximum Prices)

CM 방식이라고도 한다. CM운영의 효율을 극대화하기 위해서는 바람직한 제도로 볼 수 있으나 CM업자의 이윤추구로 인한 부실시공의 우려는 여전히 존재하며 CM업자의 도덕성, 시공능력 등이 중요한 변수가 된다.

순수형 및 위험형 CM 계약방식과 기존의 전통적 공사계약방식을 비교하면 표 1.2와 같이 나타낼 수 있다. 위험형 CM 계약방식의 경우 시공의 부실위험성을 CM업자가 모두 갖게되며, 동시에 공사과정에서 CM업무에 대한 책임과 권한을 전적으로 갖게 되므로 CM업자의 능력에 따라서 CM업무의 효율성을 배가할 수 있는 장점을 동시에 갖고 있다. 이러한 점으로 인해 CM업무의 적용효과를 최대화하기 위해서는 위험형 CM방식이 더욱 적절한 대안이 될 수 있다. 국내에서는 CM 적용 초기단계에는 순수형 CM 계약방식을 적용하고 성숙기에 접어들면 위험형 CM계약방식도 적극적으로 시행할 방침에 있다.

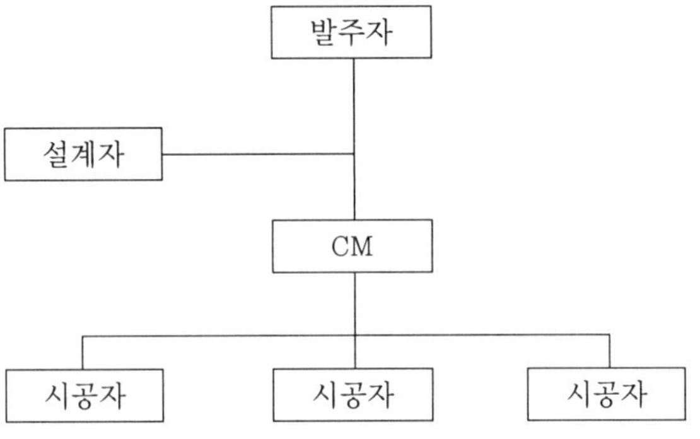

그림 1.4 CM at Risk 방식의 계약

표 1.2 계약형태에 따른 장·단점

계약형태	기본개념	장점	단점
전통적인 방식	계획, 설계, 시공과정 분리방식	• 설계완료후 시공단계 시작 • 공사비, 공기명확	• 발주자와 시공자, 설계사와의 적대적 관계성립 • 시공자의 능력문제 • 계약공사비에 의한 부실공사우려
순수형 CM (CM for Fee)	CM업자는 자신의 업무에만 책임을 짐	• CM업자는 공사결과에 대한 책임이 없음 • Fast-Track 시공 : 공기단축 • 공공사업에 적합	• CM업자의 책임감 부실우려 • 시공에 책임이 없으므로 관리의 한계성
위험형 CM (CM at Risk)	시공상의 위험, 비용추가에 대한 책임을 짐	• 대규모 건설프로젝트에 적합 • 점차적으로 위험부담형을 선호 • CM의 기술개발 축적가능	• 공사의 책임과 위험부담 • 발주자의 설계, 시공의 통제 어려움 • 시공부실의 우려

1.2.2 공사계약방식의 차이점

(1) 전통적인 공사계약 방식(General Contract)

발주자가 설계자와 시공자 및 감리자를 개별적으로 고용하여 공사를 수행하는 형태로서 설계와 시공을 분리해 설계단계에서 설계계약을 하고 설계종료시점에 시공계약을 하며 감리계약 역시 설계종료시점에 하므로 시공초반부에 감리업무를 수행하게 된다.

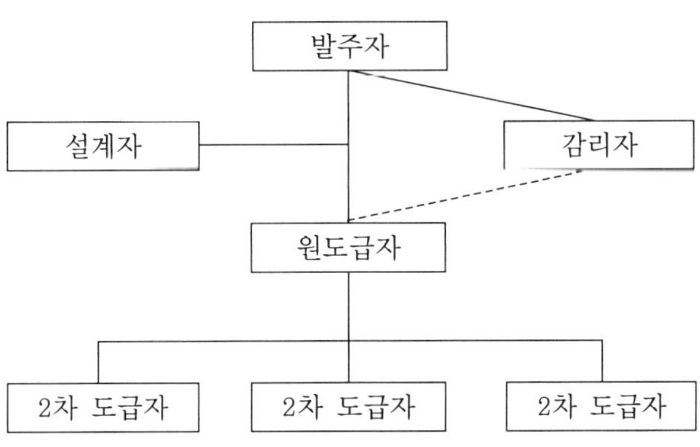

그림 1.5 일반방식의 계약

즉, 전통적인 방식은 설계자의 설계완료 후에 시공사와 감리사가 공사에 참여하는 형태로 이러한 방식에서는 설계·시공간의 정보단절로 인해 설계의도대로의 시공성을 확보하기 어렵고 공기지연의 소지도 많이 발생하게 된다.

(2) 설계 · 시공 일괄계약방식

턴키(Turnkey)계약방식이라고도 하며 설계와 시공을 일괄 시행함으로써 설계·시공의 조화를 도모하며 경쟁으로 인한 설계기술의 발전소지 및 책임소재의 명확화, 감독 관리의 편리함이 있으나, 발주자의 공사관련 전문지식의 습득이 어려우며, 계약자의 이윤추구에 따른 부실시공 시 감독상의 어려움이 있다.

최근 대형공사 발주기관에서는 감독 관리의 편리함과 설계변경이 없는 점 등의 이점 때문에 턴키계약방식을 적용하는 경우가 점차 증가하고 있다.

(3) CM 계약방식

기존의 전통적인 공사계약방식과 비교했을 때 순수형 CM계약방식은 CM업자가 설계와 시공을 모두 관리감독하는 점에서 차이가 있으며, 턴키계약방식과 비교했을 때 위험형 CM 계약방식에서는 발주자가 설계는 설계사와 별도 계약하고 시공과 CM 업무는 CM 업자와 계약한다는 점에서 차이가 있다.

이러한 CM 계약방식에서 순수형 CM 계약방식의 경우에는 설계와 시공을 모두 동일한 기관에서 관리하므로 설계와 시공의 조화를 유도할 수 있고, 위험형 CM 계약방식의 경우에는 설계를 별도 계약기관에서 하고 시공과 CM은 CM 업자가 수행하므로, 턴키계약방식에서와 같이 설계와 시공을 동일한 기관에서 수행할 때 발생할 수 있는 자의적인 공사품질저하 문제를 감소시킬 수 있다.

그림 1.6은 전통적인 시공방식과 Fast-Track 방식을 비교한 것으로 기존의 건설방식이 설계가 완료된 후 시공이 시작되는 것에 비해서 Fast-Track 방식은 설계가 어느정도 되면 완료된 설계단계별로 시공발주를 실시하여 시공업자를 선정하고 시공을 하는 방식으로 설계에 소요되는 시간의 일부분을 단축할 수 있다. 이러한 단계별 수행방식은 결과적으로 총공사비간의 단축을 가능하게 함으로써 공기단축 뿐만 아니라 원가절감 효과가 있다.

표 1.3 기존의 건설방식과 CM 방식의 비교

구 분	기존 건설방식	CM방식
계약방식	발주자가 도급자와 단일계약	발주자가 다수의 도급자와 직접 계약
설계 · 시공	설계와 시공의 분절 추진으로 업무의 연속성 미비	설계와 시공의 통합 추진으로 업무의 연속성 유지 가능(Fast Track 방식)
팀 관계	설계자와 도급자 사이에 적대적 분위기 형성	CMr과 설계자 및 도급자 사이에 우호적 분위기 형성
보증절차	하도급자와 원도급자 · 원도급자와 발주자 사이에 다중보증 관계로 절차 복잡	도급자와 발주자 사이의 단일 보증관계로 절차 단순
V.E 실시	시공 단계에서만 V.E/원가관리 실시 가능	설계 및 시공 모두의 단계에서 V.E/원가관리 실시 가능
총공사비 확정	건설 초기단계에 총공사비 확정 가능	CM for fee의 경우 건설초기 단계에서는 총공사비 미확정
발주방식	설계와 시공의 분리, 순차적 발주로 공기지연, 공사비 상승 발생	설계와 시공의 통합 중복적 발주로 공기단축, 공사비 절감 도모
공사비절감 동기	도급자의 공사비 절감 동기유발 불가	CMr의 V.E실시를 통한 공사비 절감 가능
비용 · 공기 관련정보	발주자는 설계자에게 전적으로 의존	초기 단계부터 CMr을 통해 종합적 정보 획득 가능
발주자의 통제력	발주자의 설계자와 도급자 통제 능력에 한계성	CMr 소언을 통한 실세자와 도급자에 대한 통제 능력 구비

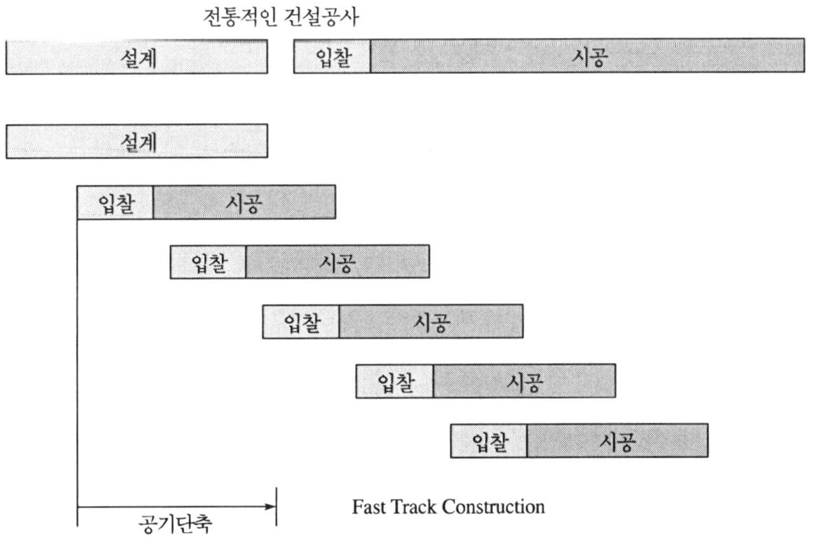

그림 1.6 Fast Track Construction

1.3 CM의 업무 Scope

1) 공사관리(Construction Administration)
2) 시공조직(Construction Organization)
3) 시공계약(Construction Contracting)
4) 마케팅(Marketing)
5) 의사결정(Decision Making)
6) 입찰과 판정(Bidding & Award)
7) 원가공학(Cost Engineering)
8) 원가견적(Cost Estimating)
9) 원가분석 및 관리(Cost Analysis & Control)
10) 원가계산(Cost accounting)
11) 사업일정(Project Scheduling)
12) 사업계획(Planning)
13) 일정계획(Scheduling)
14) 감독(Control)
15) 장비/설비관리(Equipment Management)
16) 자재/조달관리(Material management : Procurement)
17) 품질관리/감독(Quality Management/Control)
18) 안전관리/감독(Safety Management/Control)
19) 시공효율관리(Constructability)
20) 위험관리(Risk Management)
21) 분쟁 및 조정(Claims, Liability & Dispute Resolution)
22) 방법론응용(Applied Methodology)
23) 정보시스템관리(Management Information System)
24) 공정표작성 및 관리(CPM/PDM/PERT/LOB)
25) 전문가시스템 운영(Artificial Intelligence/Expert System)
26) 시뮬레이션 분석(Simulation/Motion Study)
27) 운영분석(Operations Research)
28) 가치공학(Value Engineering)

29) 자동화관리(Automation/Animation/Robotics)

1.4 CM의 적용

우리나라는 공사의 발주형태가 설계·시공·감리를 분할발주하는 것이 일반적인 형태이나, 상암동 월드컵 주경기장, ASEM타워 같은 대형 Project에서는 Fast Track 방식과 같이 설계·시공·관리를 통합발주 하는 형태가 점진적으로 증가되고 있는데 이런 공사를 CM형식의 공사라 한다. 통상 CMr가 되는 회사는 설계용역회사·CM전문회사·시공회사가 되며, 특정 프로젝트에서는 CM업무에 대한 계약을 체결할 때 기업의 능력에 따라서 한 회사가 단독으로 행하는 경우와 설계용역회사와 시공사간에 Joint Venture를 형성해서 수행하는 경우도 있다. 선진국의 경우는 공사관리와 감리의 목적으로 CM제도가 적용되고 있는데, 미국의 경우는 대부분이 CM for Fee 개념에서 운영되고 있지만 최근 Risk형 CM이 늘어나고 있는 추세이다. 영국의 경우에는 컨설턴트가 CM for Fee 개념의 공사감리업무를 수행하고 있고, 기타 유럽의 여러 국가들도 컨설턴트개념에서 CM을 활용하고 있다.

1.4.1 CM제도의 필요성

유럽에서는 대부분의 공공사업이 민간 건설업자에게 발주되어 수행되고 있는데 사업의 기획·계획·예산의 확보 및 준공검사에 대한 업무는 발주기관이 직접 수행하고, 설계는 발주기관과 엔지니어링회사가 담당하는 두 가지 방법으로 수행되고 있다. 그러나 군 공사는 공병대가 충분한 경험과 기술력 및 관리력을 보유하고 있기 때문에 설계·시공 및 감독업무를 직접 수행하는 것이 보편적이다.

그러나 최근의 건설프로젝트는 사회환경의 변화에 따라 대형화되고, 다양화되며, 복잡화되면서 기계화시공이 확대되고 있고, 사업량이 증대되고 있기 때문에 사업을 효율적이고 경제적으로 실시하기 위해서는 다방면에 걸친 전문지식과 관리력을 겸비한 책임자를 필요로 하고 있다.

이와 같은 이유에서 계획·설계·입찰·시공·협력업체 지정·기성의 지불 및 준공관련 업무를 분업화 전문화하여 전문가에게 의뢰하게 되었고, 프로젝트의 모든 단위조직의 연결관계와 운영을 총괄할 수 있는 전문가집단이 필요하게 됨에 따라 그 업무를 수행할 수 있는 CMr가 필요하게 된 것이다.

CM에 적합한 공사

① 공사비용이 크고, 상대적으로 공기가 촉박한 공사
② 공사의 난이도가 높고, 기계화 조립시공이 많은 공사
③ 공사의 규모가 큰 공사
④ 계획공사기간의 준수가 절대로 요구되는 공사
⑤ 발주자의 경험이 부족한 공사
⑥ 기술적 전문지식과 관리력이 중요시되는 공사

1.4.2 CM의 업무내용

CMr의 업무는 발주자의 사업에 대한 기술 및 관리능력·사업의 종류와 규모 및 공사의 발주형태에 따른 계약의 범위에 따라 다르지만 사업의 각 단계별로 지정한 표준적인 CM업무는 다음과 같다.

(1) 기획 · 계획단계에서의 CM업무

- 발주자가 수행하는 사업의 규모와 범위의 확정
- 설계기준의 작성과 설계도서의 검토
- 적용가능한 공법의 선택과 재료의 선택
- 기술적 자문
- 발주자와 협의를 통한 사업의 공정계획 수립
- 자원조달을 포함한 종합적인 관리계획 수립
- 개략공사비의 적산과 공정표의 작성
- 환경계획의 수립과 환경영향평가 실시
- 품질관리계획과 안전관리대책 수립
- 사업과 관련된 법규 및 법률의 검토 및 법적 예방대책 수립
- 자원(자재·노무·장비)의 시장조사
- 설계자 선정의 진척상황 관리

(2) 설계단계에서의 CM업무

- 발주자를 대신하여 관리비용 및 공정관리 시스템 수립
- VE 대상공정의 선정과 회의에 참여
- 설계의 경제성·효율성·안전성의 분석과 공법적 대안 선정에 참여
- 설계업무에 필요한 자원정보 제공
- 설계자에게 전체 사업비용의 절감방안 조언
- 공사비의 적산작업에 참여하며, 입찰·계약의 실시계획 작성
- 사업의 공정영역별 분할발주계획안 작성
- 설계자의 설계진척 상황을 고려하여 정기적인 추정공정표와 예산안 작성
- 설계도서의 검토 및 공사관련 용어의 정리
- 다자간 시공일 경우를 대비하여 중복시공 가능성 유무의 검토
- 발주자의 공청회에 참여
- 입찰공고·입찰자 명단작성·입찰서류의 발송·질의에 대한 답변·현장설명회의 준비·입찰변경사항에 대한 전달 및 입찰관련업무 수행
- 개찰에 참여하고, 입찰서류를 평가하며, 최저액입찰자(낙찰예정자)의 계약이행능력 판단
- 주요 물품에 대한 자원조달계획 수립
- 환경관련 데이터의 수집과 현장조사 및 업체 선정에 참여
- 법률과 법규에 근거하여 인허가 업무 대행

(3) 공사단계에서의 CM업무

- 발주자를 대신하여 사업 및 시공관리업무 수행
- 프로젝트 참여 다자간의 업무조율과 조정
- 공사진척사항 점검 및 처리
- 현장관리요원의 선정과 자원의 반출입·시공 및 검사업무 수행을 통한 시공물의 품질과 안정성을 설계도나 시방서에 근거하여 판단
- 원가관리·일정관리·공정관리의 수행과 진도보고서 작성 및 보고
- 현장시험의 참여 및 결과접수 및 검토
- 자재 및 시공물의 샘플검사

- 시공조건의 변경에 따른 공정조정에 대한 조언
- 실행예산 및 투입비용 검토를 통한 경제성분석
- 설계변경신청의 검토와 조언 및 변경내용 기록
- CM계약 범위에서 시공자의 기성청구서 및 영수증의 처리
- 공사시행 중 발생하는 문제의 원인 분석과 공사지연사유 판단
- 연동제 및 설계변경 사항의 도면상 표시 및 관리
- CM계약 범위에 준한 준공관련 도서의 작성 참여 및 검토
- 준공검사 보조

(4) 시공 후 단계에서의 CM업무

- 공사기록문서의 확인
- 운영 및 유지보수 지침서와 보증서의 색인 및 제본 확인
- 사용허가 업무문서 작성
- 사용계획서 검토
- 설계변경업무 확인
- 준공보고서 요청 및 검토
- 사용에 관한 MIS보고서 요청 및 검토

CHAPTER

02

건설정보통합분류체계

CHAPTER 02 건설정보통합분류체계

2.1 건설정보분류체계의 필요성

정보는 인간의 모든 활동에 필요한 의사결정을 뒷받침해 주는 지식이나 유·무형의 자료를 말하며, 이러한 정보는 신속하고 적절한 의사결정을 위해서 요구되는 시기에 적절한 내용과 형식을 갖추어 효과적으로 제공되어야 한다. 실무를 수행하는데 필요한 정보를 기술정보라 하는데 어느 특정실무에 소요되는 기술정보는 실무수행을 위하여 필요한 정보의 분류형식을 갖게 되며, 이러한 분류형식은 실무의 특성에 따라 각각 변하게 된다. 따라서 우리의 실세계에 존재하는 정보는 인간, 특히 기술자에 의하여 해당 실무에 적합한 형태로 변화되어 사용되어 왔으며, 컴퓨터를 기반으로 한 실무의 자동화 시스템이 증가함에 따라 정보의 형식변환을 위한 전산화된 인터페이스가 사용된다. 더욱이 정보의 양이 크게 증가함에 따라 편리성, 경제성을 기초로 한 정보관리와 각 전문분야간에 정보공유의 필요성과 표준화된 정보분류체계 하에 통합된 시스템이 필요하게 된 것이다.

그러나 실무의 특성에 따라 필요한 정보의 형식이 변한다는 것은 다양한 기술정보가 하나의 분류기준에 의하여 분류될 수 없음을 의미한다. 따라서 기술정보를 분류하는 개념은 여러실무에서 필요한 기술정보의 특성을 분석하고 그들이 요구하는 공통적인 형식과 개별실무자들이 필요로 하는 특정 요구조건을 분석하여 가능한 한 광범위한 실무에 사용하도록 정보의 저장과 검색의 골격을 구축하는 것이라고 할 수 있다.

이러한 건설정보의 분류체계는 문헌이나 다른 분야의 정보분류체계와는 달리 건설정보분류체계에 있어서 건설 전 과정에 일어나는 업무와 정보가 유기적으로 상호작용해야 하는 특성이 있기 때문에 안정성, 지속적인 확장, 발전할 수 있는 최신성과 전개성이 있어야 하며, 컴퓨터와 관련 정보시스템간의 일치성과 호환성을 유지해야 하며, 분류 항목과 각 대·중·소 조직간의 체계성, 논리성 및 분류체계의 효율적 이용을 위한 전산화, 자동화가 실용화될 수 있는 편리한 체계로 구축되어야 할 것이다.

건설산업 수직구조상의 표준범위 관점에서, 정보분류체계는 특정 프로젝트, 기업체, 국가, 또는 국제적으로 통일된 표준분류체계가 사용될 수 있으며, 정보화 시대에 있어서, 그 표준의 범위를 국가적, 더 나아가 국제적 통일안으로 넓히는 노력이 가속화되고 있다.

그러므로 건설정보 분류체계는 건설사업 전과정에서 일어나는 업무와 다양하게 발생되는 정보가 유기적으로 작용하게 하여 건설산업 특성에 맞는 효율적인 정보공유 및 정보교환을 가능하게 할 수 있다.

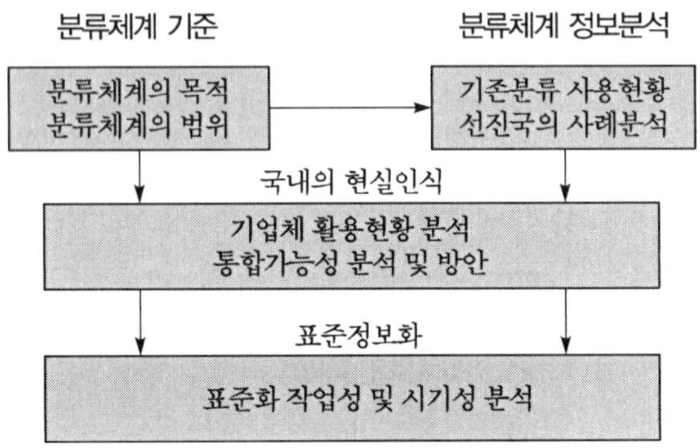

그림 2.1 본 장의 주요 내용

2.2 건설정보 분류체계의 요구조건

2.2.1 분류체계의 기본 구조

건설정보분류체계의 개념은 건설대상물의 생애주기(Life Cycle), 즉 조직구성, 설계, 시공, 이용, 유지관리, 해체에 이르는 과정속에서 소요되는 모든 자원(인적, 물적, 추상적 자원)들과 결과물(건설물)에 대한 각각의 특성에 따라 객체(Objects)들을 구분하고 집합할 수 있도록 하는 것이라 할 수 있다.

정보분류체계의 범위와 기본체제의 마련은 논리적인 정보로의 접근을 제공하며, 정보자원에 대한 정보이용자의 환경변화에도 안정적으로 대응할 수 있는 기반을 제공한다 할 수 있다. 따라서 건설정보분류체계에 의한 정확한 정보분류와 정보의 제공을 위해서는 분류의 기본구조 및 개념적 기반에 대한 고려가 되어야 한다. 다음에서는 정보

분류체계의 기본구조와 분류체계의 핵심적 요소인 분류기호에 대한 기존 문헌분류의 문헌을 고찰하여 건설정보 분류체계의 요구조건의 개념적 기반을 마련하였다.

도서관 분류체계에 있어 랑가나단(Ranganathan, 1969)이나 다른 분류학자들에 의해 개발된 현대적인 도서관 분류 이론에서는 도서관 분류의 기본구조를 다음의 여섯가지 요소들로 설명하고 있다.

(1) 상위파셋(Broad Facet) : 용어들을 주류(Main Class)로 조직한다.
(2) 하위파셋(Array/Subfacet) : 주류의 용어들을 하위클래스로 분류한다.
(3) 인용순서(Citation Order/Facet Formula) : 복합주제 클래스를 구성하는 파셋이나 하위파셋의 조합 순서를 말한다.
(4) 배열순서(Filing Order) : 분류결과 생성된 주제클래스(단순주제이거나 복합주제)들의 배열 순서를 말한다.
(5) 기호화(Notation) : 배열순서를 유지하기 위해 각 클래스에 서수의 값을 갖는 기호를 부여하는 일을 말한다.
(6) 자모순 색인(Alphabetical Index) : 분류표에 나타난 주제 용어에 대한 색인이다.

위의 요소들 가운데 파셋의 인용순서, 즉 파셋공식은 복합적인 주제를 일관성 있게 표현하기 위하여 매우 중요하다. 이와 같은 분류의 요소들은 다음의 분류작업과 관련지어 생각되어야 할 것인데, 랑가나단은 그의 분류이론에서 분류작업을 다음과 같이 세 단계로 나누고 있다.

첫 번째 단계, 개념추출 단계(Idea Plane) : 문헌의 주제를 분석하여 주제 개념을 파악하는 단계를 말한다.

두 번째 단계, 언어화 단계(Verbal Plane) : 주제 개념을 분류표상에 있는 자연언어나 기술적 용어로 표현하는 단계이다.

세 번째 단계, 기호화 단계(Notational Plane) : 개념을 표현하는 기호를 분류표상의 규칙에 따라 생성하는 단계이다.

분류기호는 분류체계 중 특정주제를 확인하고, 서가상 혹은 목록 기입상 자료를 명확하게 배열할 수 있도록 모든 명사의 논리적 순서를 간략하게 표현한 상징(Symbol)이며 부호(Code)라고 할 수 있다(Wyner, 1980). 따라서 분류기호는 분류체계에 따라서 세부 정보가 순서로 표시되기 때문에 특정주제의 체계적인 배열을 나타내는 것이다. 이와 같은 분류기호가 없으면 도서를 서가상에 배열하는 것이 불가능하기 때문에 분류기호는 자료를 계층적인 주제순서로 배열하기 위해서 필수적인 것이다. 따라서 어떠한 분류기호를 사용하느냐에 따라서 분류표의 특색이 나타난다.

이러한 분류기호의 종류에는 숫자(아라비아 숫자 혹은 로마 숫자), 문자(알파벳, 한글 등), 부호(+/( ) : =) 등이 있다. 이들 가운데 숫자 혹은 문자등 한가지만으로 구성되는 기호를 순수기호(Pure Notation)라고 하며, 두 가지 이상으로 구성되는 기호를 혼합기호(Mixed Notation)라고 한다. 분류기호는 분류표에 세분된 각 주제의 분류명사를 나타내는 기호이며, 분류표에 있어서의 위치 즉 체계적이며 계층적인 분류상의 위치를 나타내는 직접적인 대상이 된다. 따라서 분류기호는 정보이용자가 찾고자 하는 정보를 효율적이고 신속하게 이용할 수 있도록 구조적인 틀을 갖추어야 한다.

여기서 건설업의 정보가 대부분 장기간에 걸쳐 복잡하고 다양한 업무의 흐름 속에서 발생하게 되며, 수집적인 측면이나 이용적인 측면에서 다양한 종류와 형태의 정보들로 이루어진다는 점을 고려해볼 때, 다음과 같이 분류체계의 구조와 분류기호가 일관된 개념적 기반아래서 갖추어져야 할 것이다.

2.2.2 요구조건의 종류 및 정의

건설정보분류체계는 분류의 개념과 구조원리에 의해서 정의되며 정보분류체계의 분석기준으로서 다음과 같은 요구조건을 들 수 있다.

(1) 요구조건 1 : 안정성(安定性)

분류체계가 일단 도입되어 활용되면 그 이후에는 변경이 쉽지가 않다. 사용자에게 새로운 변화에 대한 적응을 요구할 뿐 아니라 추가 비용의 부담도 요구하기 때문이다. 만약 독자적으로 분류체계를 구축해 사용중이라면 현재 사용중인 분류체계를 변경하기 위해서는 많은 시간과 노력, 비용이 필요하다. 또한 많은 투자를 하여 변경한 분류체계가 전보다 불편하고 익숙하지 않을 수 있다. 그러므로 분류체계의 개발초기에서부터 지속적으로 적용할 수 있는 분류의 기본개념 설정과 사용 목적에 적합한 형태가 되어야 하며, 사용도중 기본체계의 변경이 발생되지 않는 안정된 구조가 되어야 한다. 안정성은 분류체계에 반드시 필요한 특성이라 할 수 있다.

이러한 의미속에서, 건설과정은 건설하고자 하는 대상으로서의 시설물(Facility)을 구성하는 과정으로 바라봐야 하며, 건설과정의 각 단계마다 시설물을 구성하기 위하여 고려하여야 하는 대상들, 즉 구조물의 물리적 대상 및 인간이 구조물을 계획, 시공, 관리하는데 관계하는 개념적 대상이 존재한다고 할 수 있다. 따라서 이러한 모든 고려 대상들이 건설정보를 위한 분류체계에 반영되어야 할 것이다. 또한, 분류체계가 가지고 있는 기본적인 원리와 개념을 사용자 입장에서 쉽게 이해할 수 있어야 할 수 있는 포괄적이며 객관적인 구조를 바탕으로 해야 한다.

(2) 요구조건 2 : 호환성(互換性)

호환성이란 어떤 장치나 부품 혹은 시스템 따위를 다른 종류의 것과 서로 바꾸어 쓸 수 있는 성질을 말한다. 건설정보는 건설의 궁극적 목표인 건설물(목적물)의 건설과정에서 사용된다. 이러한 건설정보는 건설물의 건설과정에서 반복적, 연속적으로 사용되므로 다분히 동적인 특성을 지니고 있다. 또한 건설물의 종류는 매우 다양하기 때문에 건설정보는 각 프로젝트 단계의 업무와 관련하여 매번 다른 '관점'과 '관계'로 상호연관 된다. 특히, 프로젝트의 설계와 시공에서 정보관리는 다양한 '관점'과 '관계' 등이 지극히 복잡하게 연관되어 수행된다. 따라서 이와 같은 복잡한 정보흐름을 효과적으로 연계하고 모든 정보를 통합관리하기 위해서는 정보호환이 가능하도록 분류체계의 데이터 구조를 설정하여야 한다.

(3) 요구조건 3 : 유연성(柔軟性)

분류체계는 건설산업과 연관된 다양한 여러 분야의 정보를 대상으로 하며 각 분야간 유기적이고 체계적인 정보의 통합을 위해 유연성을 갖출 필요가 있다. 즉, 이는 기존의 분류체계에 새로운 주제의 삽입을 위한 여지가 준비되어 있어야 한다는 뜻으로 '전개성' 또는 '신축성'이라는 의미로도 해석되어 질 수도 있다. Bliss는 "기호는 상관적으로 조절 가능함으로써 포용력이 있어야 한다."라고 하였다. Sayers도 "기호는 새로운 주제에 대해서 수용적이어야 하며, 새로운 주제를 기존의 체계내의 가장 적절한 곳에 삽입할 수 있어야 한다."라고 하여 분류기호의 수용성을 강조하였다. 그런데 이와 같은 분류체계에 유연성을 높이기 위하여 노력하다 보면 자연히 기호는 복잡해지고 길어지기 마련이다. 따라서 분류기호의 유연성은 간결성과 단순성과는 상반되는 것으로 이들의 조화 있는 적용이 무엇보다도 중요한 문제라 할 수 있다.

(4) 요구조건 4 : 일관성(一貫性)

분류체계는 기본적 개념이 모든 분류표에 일관되게 내재되어야 한다. 분류표의 표준을 미리 결정하는 것보다는 분류레벨의 특성에 따라 모든 분류항목과 분류구조를 최적화하는 것이 바람직하며 이 경우 분류의 상세수준은 모두 동일하게 유지되어야 한다.

(5) 요구조건 5 : 유일성(唯一性)

유일성은 모든 코드의 기본 특성이다. 유일성을 얻기 위해서 각각의 데이터 요소값이 단 하나의 코드표현만을 가져야 한다. 이것은 전산시스템 측면에서도 데이터의 충돌과 오류를 방지하기 위해서도 기본적인 요건이라 할 수 있다.

(6) 요구조건 6 : 간결성(簡潔性)

H.E. Bliss는 그의 분류기호에 대한 원칙에서 "기호는 가능하면 짧아야 한다. 분류기호의 경제적 한계는 셋 또는 네 개이다."라고 하였다. W.C.B. Sayers는 가장 공통적으로 받아들일 수 있는 좋은 기호법의 특징 중 제일먼저 "기호는 가능한 한 간결해야 한다."라고 표현하고 있다.

기호가 간결하다는 것은 우선 길이 면에서 짧아야 한다. 기호의 길이를 짧게 하기 위해서는 기수기호 즉 주류를 크게 하는 방법이 있다. 아라비아 숫자를 기호로 사용할 경우 십진식으로 전개한다면 10개로 구분되고, 알파벳 문자를 사용한다면 26개로 구분되어 알파벳 문자가 폭이 넓다. 그러나 아라비아 숫자 두 자씩으로된 그룹기호 즉 백진식의 기호 체계를 사용한다면 기수기호를 100개로 늘일 수 있다. 물론 알파벳 문자 두 자씩을 사용한다면 676개로 훨씬 크게 전개할 수는 있으나 이는 인간 기억 능력 밖의 것으로 기수기호가 그 정도로 클 필요는 없다. 또한 혼합식으로 알파벳 한자와 아라비아 숫자를 조합하여 사용할 수도 있으나 이는 단순성면에서 아라비아 숫자만의 순수기호보다 복잡하기 때문에 문제가 있을 수 있다. 다음으로 기호를 간결하게 하는 방법은 기호의 배치를 균형적으로 하는 것이다. 분류항목과 그에 따른 기호의 나열은 기본적으로 건설분야의 단계에 순응하여 논리적으로 배열되어야 하겠으나 기술의 발전과 그에 따른 새로운 정보의 양은 각 건설분야에 따라 차이가 있으므로 각 분야에서 사용될 수 있는 분류기호의 배정 범위를 달리하여 필요없이 나열되어 사용되지 않는 번호가 없도록 조정됨으로써 자연히 기호가 짧아지도록 해야 할 것이다. 이와 관련하여 전산시스템에서도 간결한 구조를 가지는 코드는 정보의 저장성에 있어 용량을 최소화할 수 있으며 수많은 정보의 처리에 있어 처리속도와도 관련된 사항이라 할 수 있다.

(7) 요구조건 7 : 단순성(單純性)

분류체계를 코드화함으로써 이용자들이 누구나 쉽게 접근하고 실무에 적용할 수 있도록 최대한 복잡하지 않고 단순한 구조를 가져야 한다.

(8) 요구조건 8 : 정렬 적합성(整列適合性)

데이터를 예정된 순서대로 생성하거나 처리하고자 한다면 이 요구조건을 반드시 만족시켜야 한다. 정렬의 적합성은 선택된 코드의 형태에 많은 영향을 받게 된다. 합성코드에서 정렬 및 그룹화의 복잡성은 어느 정도 항목의 특성과 시스템의 목적에 의존할 것이다. 이같은 가능성은 기본적으로 코드값으로 표현된 코드의 구조 또는 의미성을 제공하는 부분들의 숫자에 종속적이다.

(9) 요구조건 9 : 논리성(論理性)

인간은 추리를 통해 문제를 해결하는데, 정보검색도 그와 같은 추리과정으로 해석할 수 있다. 즉, 분류작업이나 검색에 있어서 정보를 포함한 대상의 내용이나 주제어가 정확히 파악되지 않은 상태에서 주제를 파악해 가면서 찾을 수 있도록 도와주는 추리의 요소가 분류체계의 구조 속에 마련되어야 한다는 것이다.

추리는 전제가 되는 하나 혹은 그 이상의 의견 또는 신념으로부터 결론이 되는 다른 의견 또는 신념에 도달하는 것으로 정의된다. 분류체계 이용자가 취하는 분류 검색시의 행위를 살펴보면 다음과 같다.

첫째, 분류이용자가 무엇인가 명확하게 규명되지는 않았지만 찾고자 하는 주제(대상)을 가지고 있다고 볼 수 있으며, 이것은 추리의 결론에 해당하는 의견 또는 신념이 된다고 볼 수 있다.

둘째, 분류이용자는 분류체계의 어느 부분 즉, 어느 대분류, 중분류, 소분류로 접근하면 그가 찾고자 하는 특정한 주제에 연관된 주제들이 밀집해 있을 것이라고 하는 예상을 할 수 있다. 이러한 예상(추리)을 할 수 있도록 유도한 관련주제들에 대한 지식이나 이에 관련하는 어떤 상상, 직관적 감각 등을 분류 이용자는 가지고 있다.

셋째, 분류체계를 검토하는 과정에서 분류이용자의 지식과 상상, 직관 등은 분류체계 내에 기술되어 있는 주제들과 만나게 된다. 분류 이용자는 분류체계의 주제들을 단서로 하여 자신이 가지고 있는 것에 대한 지식, 상상, 직관 등을 떠올리고 재연시킨다. 이 과정에서 분류체계내의 주제들과 분류이용자의 연상된 생각들(지식, 상상, 직관들)이 분류이용자의 머리 속에서 어떠한 논리체계로 구조화 될 것이며, 분류이용자가 찾고자 하는 대상의 주제가 논리체계로 구체화될 것이다. 윙필드(Winfield)와 번스(Byrnes)는 기억에 관하여 "기억은 구체화된다."라고 하고 있다. 새로운 정보는 개념적 구성으로 체계화되어 재구성되며, 이는 우리가 무엇을 경험할 때 얻어지는 새로운 정보는 우리의 기억 속에서 기존에 가지고 있는 정보와 섞이어 재구성된다는 의미에서 이 재구성은 논리적 체계로의 구조화를 뜻하는 것이다. 즉, 분류이용자가 찾고자 하는 대상을 추리해 가면서 도와주기 위해서는 분류체계에 기술된 주제들이 논리적 체계로 놓여있어야 하는 것이다.

분류체계에 기술된 주제들이 논리적 체계로 되어 있다 함은 분류구조를 형성하는 요소들이 추리가 성립되는 관계를 갖는다는 뜻이며, 따라서 분류구조도 추리가 지니는 다음과 같은 두 가지 측면을 갖는다.

첫째, 분류구조를 구성하는 각 요소들이 옳은 것에 관한 진술이어야 한다.
둘째, 그 옳은 것을 진술한 분류구조의 구성요소들이 논리적 분류체계에 대한 증거로 제공되어야 하는 것이다.

우리가 '건설'이라는 대범주 안에서의 분류체계는 건설의 모든 요소에 적용할 수 있는 다양한 공사종류, 자원들에 관련된 파셋의 구성과, 그것에 따른 특성이 명확한 개념으로 정의되는 것을 포함한다고 할 수 있다. 여기서 타당성있고 분류체계 이용자들의 추리를 돕기 위해서 분류체계의 파셋은 그 주제를 형성하는 단위요소로 규명되어야 하고, 그렇게 함으로써 파셋의 구성요소를 파악하여야 한다. 또한, 분류체계는 구성요소들간의 관계가 이어짐으로써 형성된 것으로 그러한 관계들 사이에 논리적인 고리가 존재해야 한다.

(10) 요구조건 10 : 조기성(助記性)

1) 조기성의 정의

'조기성(Mnemonic)'이라는 용어는 '기억하는 것'을 의미하는 것으로 그리스어 'Mnemom'에서 파생된 말이다. 조기성에 관한 국내외 분류학자 및 도서관단체들의 정의들은 다음과 같이 정리된다. 한국도서관협회의 '도서관학·정보학 용어사전' 에서는 "조기성은 분류표에서 기억을 도울 수 있도록 어떤 기호를 거의 동일한 의미로 사용하는 것"으로, 미국도서관 협회의 '도서관·정보학 용어집'에서는 "조기성은 분류에서 기억에 도움을 주기위한 목적으로 만든 기호"로 정의하였다. 또한, 세이저즈(W.C. Berwick Sayers)는 "조기성이란 어떤 주제나 형식이 분류표 전체를 통해서 어느 곳에 적용되든지 동일한 기호를 가지는 것"으로, 랑가나단은 "분류번호에서 특정개념을 나타내기 위하여 사용된 디지트(Digit)나 디지트그룹(Digit Group)을 그 개념을 나타내고 있는 모든 분류번호에 동일하게 적용하는 것"으로 정의하였다. 위의 정의들을 종합하여 볼 때 분류에 있어서 조기성이란 분류자나 이용자에게 기억을 도와주기 위하여 동일한 개념이면 이것이 표의 어느 곳에 나타나든지 동일한 기호를 사용하여 쉽게 기억될 수 있게 하고, 그럼으로써 배열과 검색에 도움을 주는 것이라 할 수 있다.

2) 조기법에 의한 추리 효과

조기법은 원래 자체적으로 체계화되어 있지 않은 정보를 기억하기 쉽도록 어떤 일정한 틀에 맞추어 구조화하고 그 틀을 기억 속에 저장해 두었다가 필요한 때에 인출되도록 하는 기법을 말한다.

추리란 "알고있는 사실을 바탕으로 하여 알지 못하는 사실을 미루어 생각하는 것(Reasoning)"이다. 여기서 추리란 일종의 논리행위이므로 논리행위에 부합하도록 검색자료들이 단위요소라는 관점에서 분석되고 이 분석된 요소는 논리적으로 놓여져야 할 위치에 놓여져서 검색자의 추리를 도울 수 있도록 되어야 한다. 이 두 가지 일은 분류자의 분류를 할 때나 분류체계 고안자가 분류표를 만들 때 분류자가 분류할 자료를 대상으로, 혹은 뷰류체계 작성자가 지식을 대상으로 분석하여 얻은 구조적 지식의 순차(배열)를 고려하는 과정이다. 분류체계는 지식체계와 이를 나타내는 기호체계가 연합되어 있는 것으로, 이 연합의 방법에 있어서 기호체계 속에 조기법을 포함시키면 검색할 때 추리를 도울 수 있는 장치가 된다. 즉, 조기법은 기호체계가 추리를 도울 수 있게 하는 요소이다.

일반적으로 분류구조에서 사용하는 조기법은 여러 주제 내에 산재하는 같거나 비슷한 특성을 분리해 내고, 이를 일정한 기호체계의 틀에 구조화하여 분류표상에 삽입시켰다가, 분류체계를 이용할 때 혹은 주제를 분석할 때에 이 기호체계의 틀을 이용하여 찾고자 하는 주제를 탐색하게 되는 것이다. 그렇기 때문에 이 조기법을 체계적으로 완벽하게 이용한 분류구조일수록 조기성이 풍부하다고 할 수 있다.

3) 조기성의 효용

분류에 조기성을 적용시키는 목적은 분류표를 단순하게 하고 더욱 체계적인 배열이 되게 하여 분류자나 이용자가 분류기호를 더욱 용이하게 기억할 수 있도록 하는 것이라 할 수 있다. 조기성 기호는 각 주제의 전부 또는 일부에 공통적으로 사용되어 분류표의 간결을 도모하며, 분류표내의 반복적인 기술이 생략되어 분류작업상 기호의 기억을 용이하게 할 수 있으며, 이용자들의 시간과 노력을 절약하게 한다. 이러한 조기성의 효용에 관하여 스브라마냠(Krishnappa Subramanyam)은 다음과 같이 제시하고 있다(1936).

① 문헌을 위한 분류번호 전개시 분류자의 기억을 도와준다.
② 분류표와 색인에 대한 참조를 감소시킨다.
③ 분류표의 외형적 부피를 감소시킨다.
④ 유사한 동위류의 항목전개시 일관성 있는 배열순서가 되도록 도와준다.

위와 같은 조기성은 분류체계를 단순화시키고 신축성 있게 구조화함으로써, 분류자나 이용자에게 분류표의 인식과 이해 및 기억의 단계에 많은 영향을 줄수 있는 유용한 분류체계 및 분류기호의 요건이라 할 수 있다.

문헌정보학에서의 자료분류는 자료의 서가상의 배열과 이용시의 검색을 목적으로 하여, 자료의 주제나 형식에 따라 나누어 묶고 그 주제나 형식을 표현하는 기호를 배정하는 것이라고 할 수 있다. 분류는 여러 기능을 수행하지만, 주된 기능은 서가에서 자료의 상대적 위치를 지정하여 배열할 수 있도록 해주는 서가분류의 기능과 원하는 자료의 검색이 가능하도록 자료의 주제를 표현해 주는 서지분류의 기능이라고 할 수 있다.

분류작업은 업무의 진행과정에 따라 몇 단계로 나누어 볼 수 있는데, 랑가나단은 분류작업의 과정을 아홉단계로 나누고 각 단계마다 업무를 간명히 설명한바 있다. 그것을 다시 세 범주로 나누어 보면 개념, 용어, 그리고 기호의 세단계로 간추릴 수 있다.

즉, 실제로 분류작업이 행하여지는 과정은 대상자료에서 주제를 파악하는 개념단계, 그 주제를 표현하고 있는 분류표의 표준적 용어를 찾는 용어단계, 그리고 분류표가 채택하고 있는 기호법을 통해 개념을 표현하는 기호단계로 나눌 수 있다. 분류기호가 갖추어야 할 요건으로서 코츠(E.J.Coates)는 다음과 같이 정의하고 있다.

① 통달성 : 기호의 순차관계를 이해할 수 있을 것
② 기억성 : 기억하기 쉬울 것
③ 안이성과 정확성 : 판독이 쉽고 정확할 것
④ 생장성 : 지식의 변화를 반영할 수 있을 것

4) 조기성의 일반원칙

조기성의 정의를 살핀 바에 따르면 조기성은 협의로는 개념을 표현하는 기호법에 관련하여 동일개념을 동일기호로 표현하는 것이라 할 수 있고, 광의로는 단순성과 간결성 등과 관련하여 기호자체의 조기성까지를 포함하여 기억을 돕는 기호의 성질로도 정의할 수 있다. 전자는 기존의 분류체계가 이미 채택하고 있는 기호법의 체계를 반영하여 내린 정의라고 할 수 있고, 후자는 기호자체의 조기성과 기존의 체계가 채택하고 있지 않더라도 기억에 도움을 줄 수 있는 기호체계의 모든 성격을 포함한다고 할 수 있다.

조기성의 유형에 대하여는 분류학자마다 다소 다르게 구분하고 있는데 우선 세이어즈는 전개표 조기성, 근본적 조기성, 알파벳조기성으로, 부카난(Brian Buchanan)은 전개표 조기성, 알파벳 조기성의 두가지로, 랑그리지(D.W.Langridge)는 전개표 조기성, 음절조기성(Syllabic Mnemonic), 근본적 조기성의 세가지로 구분하였으나 랑가나단은 좀더 세구분하여 4가지로 제시하고 있다. 여기서 랑가나단이 제시하고 있는 조기성의 일반원칙에 대한 개념들과 함께 조기성에 대하여 살펴보면 다음과 같다.

① 전개표 조기성(Scheduled Mnemonic)

랑가나단의 전개표 조기성 원칙이란 “분류표는 어떤 주제이든지간에 동일한 독립개념(Isolate Idea)이나 동위독립개념(Array Isolate Idea)을 동일 디지트 또는 디지트 그룹으로 사용하여야 한다.” 는 것으로서, 분류표에는 조기성을 지닌 어떤 전개된 조기표가 미리 준비되어 있어야 한다는 것을 의미하고 있다.

현대 주요 분류표들은 이 조기성을 다양한 방법으로 사용하고 있는데, 실제로 이들 분류표에서 사용되고 있는 전개표 조기성의 유형은 크게 두가지로 구분되고 있다.

"하나는 분류표 작성시 동일한 기호에는 가능한 한 동일한 의미를 부여하여 표내에 고정적으로 기호를 설정하는 방법이며, 다른 하나는 문헌의 형식, 특성 지리적요인 등에 따라 주제의 공통적 성질을 추출하여, 분류자가 각 주제의 전부 또는 일부에 필요한 때마다 적용할 수 있는 조기성 기호를 설정하는 방법이다."

분류표에서 이러한 전개표 조기성을 자주 사용함으로써 다음과 같은 이점을 얻을 수 있다.

첫째, 많은 기호 가운데 반복적인 사용에 의하여 분류자가 신속하게 분류표에 익숙해 질 수 있다.

둘째, 분류표의 외형적 부피를 감소시키고 분류표 조직을 단순, 간결하게 하여 분류표의 이해 및 기억을 도와준다.

② 체계적 조기성(Systematic Mnemonic)

랑가나단의 체계적 조기성 원칙이란 "한 동위류(Array)내의 독립개념들은 '유용한 배열순서 원칙'(Principle for Helpful Sequence)에 따라서 배열되어야 한다"는 것으로서, 개개의 독립개념들은 이용에 가장 유용한 순서로 배열되어야 함을 강조하고 있다.

여기에서 유용한 배열순서하고 함은 "배열의 순서가 사람들의 이용목적에 유용해야 한다"는 것으로 도서관 분류의 근본 목적이 이용에 편리를 기한다는 것을 주장하고 있다. 그리고 블리스(H.E. Bliss)도 "전문가와 그 분야 종사자들간의 의견이 일치한 주제 순서가 가장 유용한 순서"라고 주장하여 역시 편리한 이용에 강조를 두고 있다. 결국 유용한 배열의 순서는 이용의 편리를 바탕에 둔 배열순서가 되어야 함을 의미하고 있다고 하겠다.

이러한 체계적 조기성의 유용한 배열순서에 관하여 랑가나단은 그 구체적 원칙을 다음과 같이 제시하고 있다.

㉠ **시대순 원칙** : 주제가 여러 시간대에 걸쳐 형성된 것으면 이들은 시간순서대로 배열하는 것이 유용한 배열순서라는 원칙이다.

㉡ **진화순 원칙** : 주제가 진화의 여러 단계에 속하면 이들은 진화의 순서대로 배열하는 것이 유용한 배열순서라는 원칙이다.

㉢ **인접순 원칙** : 주제가 계속적으로 인접공간에서 발생할 때 이들을 인접공간의 순서에 따라 배열하는 것이 유용한 배열순서라는 원칙이다. 인접순의 세부 원칙으로는 수직적 인접순, 수평적 인접순, 순환 인접순, 방사선 인접순, 거리 인접순 등의 원칙이 있다.

㉣ **양 증가순 원칙** : 주제가 양적인 구별을 허용한다면 이들을 양증가의 순서에 따라 배열하는 것이 유용한 배열순서라는 원칙이다.

㉤ **복합성 증가순 원칙** : 주제가 다양한 복잡성을 지니고 있다면 이들을 복합성 증가의 순서에 따라 배열하는 것이 유용한 배열순서라는 원칙이다.

㉥ **전통적순 원칙** : 주제가 전통적으로 특정배열 순서로 되어 왔다면 비록 적용되는 특정 원칙이 없어도 전통적인 배열순서를 따르는 것이 유용한 배열순서라는 원칙이다.

㉦ **문헌량순 원칙** : 주제는 출판되었거나 출판되리라 예견되는 문헌량의 대소에 따라 배열되어야 유용한 배열순서라는 원칙이다.

㉧ **알파벳순 원칙** : 주제에 유용한 배열순서가 없을 때 이들은 국제적으로 통용되고 있는 명칭의 알파벳 순서로 배열하는 것이 유용한 배열이라는 원칙이다. 그러나 이러한 배열순서 원칙은 이 순서보다 우세한 배열기준이 있을 경우에는 사용하지 않아야 한다.

이들 원칙이외에도 닐라메간(A. Neelameghan)은 추가적인 원칙으로,

㉠ 구체 - 추상순서원칙

㉡ 외면 - 내포순서원칙

㉢ 발전적 순서원칙

㉣ 자연 - 인위순서원칙

㉤ 의존성 순서원칙을 들고 있다.

이상과 같은 체계적 조기성을 갖춘 분류표의 장점으로는 첫째, 체계적 배열을 최대로 이용한 아푸파(Apupa)배열이 되기 때문에 이용자에게 최대한 만족을 줄 수가 있다. 여기서 아푸파배열이란 이용자가 찾고자하는 핵심주제영역을 중심으로 그 양쪽주변에

가장 인접하는 주제부터 시작하여 관계가 점차 멀어지는 주제의 순으로 주제를 배열하여 이용시키는 배열방법을 말한다. 다음 두 번째 장점으로는, 이용자의 시간과 정신적인 노력을 절약할 수 있다는 것이며, 셋째, 분류가와 이용자의 기억부담을 덜어 주는 장점을 가지고 있다.

③ 근본적 조기성(Seminal Mnemonic)

랑가나단의 근본적 조기성 원칙이란 "분류표는 주제가 무엇이든지 또 어느 곳에서 발생하든지 간에 근본적으로 동등한 개념이면 동일한 디지트를 사용하여 이것을 표현해야 한다"는 것이다.

다시 말하면 인간은 개념의 실체를 자연언어의 도달단계 이상으로 매우 심도있게 인지 할 수는 있어도 실제 자연언어로 근본적 개념 전부를 나타낼 수는 없는데 분류언어는 이것을 나타내는 것이 가능하다는 것이다.

근본적 조기성은 전개표 조기성의 한층 발전된 형태의 조기성이라고 할 수 있는데 이 두 조기성의 차이는 근본적 조기성이 단위 개념을 대상으로 하고 있으며 기본 전개표가 없음에 비하여 전개표 조기성은 동위류내 전주제 항목을 대상으로 하고 있다는 점에서 구별될 수가 있다.

콜론분류법(C.C.)는 근본적 조기성을 위하여 엠프티 디지트(Empty Digit)로 사용하는 9를 제외한 1에서 8까지 8개의 아라비아 숫자를 사용하고 있는데, C.C.는 이러한 근본적 조기성의 사용으로 분류표의 자질을 한층 높이고 있다.

표 2.1은 8개의 아라비아 숫자와 그 조직적인 아이디어를 각각 나타낸 것이다.

일반적으로 직관적인 단계에서 수행되는 근본적 조기성은 다음과 같은 장단점을 지니고 있다. 먼저 그 장점으로는

㉠ 분류자와 이용자의 기억을 도와주며,

㉡ 여러 분야의 지식 영역 속에 있는 실체가 아니더라도 그 논리적인 연결성(Coherence)을 나타내줄 수 있고,

㉢ 분류자에게 분류표의 전반적인 개관을 가능하게 해준다는 것 등을 들 수가 있다(Rahman and Ranganathan).

반면에 근본적 조기성의 단점으로는

㉠ 이 조기성이 너무 추상적이고 보통지식의 이해범위보다 심층적인 것이어서

이것을 가르치고 이해시킨다는 것이 어렵고,

㉡ 이 조기성을 취급하기 위하여는 실체의 매우 깊은 심층을 인식할 수 있는 안목(시각)과 직관을 분류자가 소유하여야 하는데, 모든 분류자가 이러한 능력을 소유한다는 것은 불가능하다는 것 등을 들고 있다.

표 2.1 근본적 조기성기호 및 아이디어

기호	조기성 아이디어
1	출발점(정책, 문제, 근원등과 유사한 아이디어)
2	조직형태의 구성요소(구조, 형태학, 조직등과 유사한 아이디어)
3	기능(활동, 역할, 구문등과 유사한 아이디어)
4	오류(질병, 손해, 병리학, 논쟁점등과 유사한 아이디어)
5	생태학(환경, 외부와의 접촉등과 유사한 아이디어)
6	유전학(미래, 발전을 위한 과정등과 유사한 아이디어)
7	개성(발전된 단계, 육체적 · 정신적 관점, 종합적인 합성 등과 유사한 아이디어)
8	적합성

④ 알파벳 조기성(Alphabetic Mnemonic)

알파벳 조기성은 "알파벳 순서를 사용하여 최종항목의 분류에 조기성을 부여하는 것"으로서, 문자조기성(Literal Mnemonic) 또는 구두조기성(Verbal Mnemonic)이라고도 하는데 이 조기성은 대부분이 유용한 배열순서는 아니다.

따라서 알파벳 조기성은 오직 독립개념들이 어떤 특성을 기초로 한 배열이 알파벳 배열보다 못할 경우에 사용한다. 그리하여 랑가나단도 "알파벳 소기성은 알파벳순서보다 더 유용한 순서가 있을 경우에는 지체 없이 거절되어야 한다"고 규정하고 있다.

2.3 건설정보 통합분류체계의 기준

2.3.1 분류 체계의 목적

건설정보 통합분류체계는 업무 기능별 작업기준을 설정하고, 정의하여, 정보의 전산화를 이룸으로써 자료의 체계적 이용 효율성과 관리의 정보화를 이루어 국가적 정보 통일화를 목적으로 한다.

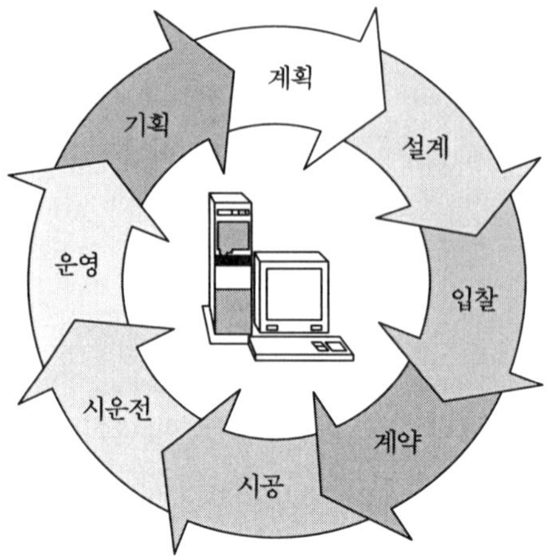

그림 2.2 건설정보통합 System의 Cycle

2.3.2 분류 체계의 범위

(1) 건설정보 통합분류체계 대분류 기본항목은 통일성을 이루어 국가적 기본 골격을 구성하고, 사용자의 필요 요건에 따라 중분류·소분류·소소분류·특별분류 등 여러 형태로 운영하되 중·소 분류까지는 향후 구축되어질 국가 표준 분류체계를 준수함에 주안점을 둔다. 이것은 국가적 제도로서의 표준체계가 강제성을 가질 수도 있다는 것을 의미한다.

(2) 건설산업에 있어 컴퓨터에 의한 정보화가 가속화되어 가는 현실에서 건설정보 통합분류체계의 필요성은 더욱 증가되고 있다. 특히 각 기업체와 산업체의 ISO 인증을 통한 업무의 효율성 증진에 있어서도 통합분류체계의 필요성이 높아지고, 건설사업에서의 통일된 언어의 사용 노력이 가시화 되고있으며, 해외공사의 수주성과 확대 증가로 프로젝트관리체계의 표준화가 필요 요소로 대두되면서 국지적이 아닌 국제적으로 통용 가능한 표준을 구축한다.

(3) 건설정보 통합분류체계는 관계 조직간의 자료 공유의 효율화 및 노력의 최소화를 실현함으로서 업무 분석의 통일화와 관계산업과의 의사소통 원활화를 목적함수로 둔 체계의 구축에 목적이 있다.

2.3.3 건설정보 통합분류체계의 정보분석

기존분류 사용 현황과 방향

(1) 건설정보 통합분류체계는 기업체, 국내, 국제적으로 관계되는 건설사업 Project에 통일성을 부여하며 사용성과를 얻을 수 있도록, 각 기업체나 관공서 기타 건설사업 수행 단체에서 사용하고 있는 공정분류 범위를 규정하는데 이의 기준은 건설공사 표준품셈을 기반으로 한다.

(2) ISO 표준분류체계를 기본골격으로 하고, 건설행위의 결과물로 형성되는 각 구조체의 범위를 토목, 건축, 전기, 설비, 플랜트, 원자력, 우주항공 등 완성 구조물의 공사 용도에 따라 분류한다.

(3) 일반적으로 건설업에 만족할 수 있는 건설정보 통합분류체계의 구성을 위해서는 세부적인 분류가 각 행위의 기능상 특성에 충족되어야 하고, 분류 관점에 따라 결정 지워져야 하는데, 본 분류체계는 다음에서 제시된 대로 국제표준기구인 ISO에서 건설정보를 분류하는 8가지의 분류 관점을 활용한다.

① 시설물(Facilities)
② 공간(Spaces)
③ 부위(Elements)
④ 공종(Work Sections)
⑤ 자재(Construction Products)
⑥ 장비(Construction Aids)
⑦ 관리(Management)
⑧ 속성(Attributes)

(4) 건설정보 통합분류체계의 분석은 건설업무의 기능 관점에서 해석하고, 건설업무의 기능은 활용성을 중요 사항으로 하며, 모든 건설업무에서 나타날 수 있는 기능들에 포괄적으로 이용될 수 있도록 설정되어야 한다.

(5) 건설정보 통합분류체계의 사용자는 정부, 발주자, 사업자, 설계자, 자원공급자, 시공자, 시설관리자 등 건설행위에 직·간접적으로 참여하는 모든 이를 대상으로 하며, 각 사용자의 관심 사항에 따라 분류 체계를 선택하여 사용 할 수 있다.

건설정보와 CM

표 2.2 ISO의 건설정보분류체계(자료 : ISO Technical Report 14177, 1994년)

분 류	정 의	분류의 예	사용의 예
시설물 (Facilities)	• 용도 관점의 물리적 시설물	공장, 병원, 주택 등	건축 법규, 설계 요건 등
공간 (Spaces)	• 실체 또는 이론적인 공간	사무 공간, 주거 공간 등	설계 요건, 시방서 등
부위 (Elements)	• 기능 관점의 시설물 구성 요소	기초, 보, 기둥 천정재 등	도면번호, 설계 자료, 시방서 등
공종 (Work Sections)	• 결과물 관점의 작업	토공사, 철콘공사 등	시방서 견적서 원가관리 등
자재 (Construction Products)	• 시설물을 구성하는 원재료	목재, 가구, 콘크리트, 등	설계 자료 물가 정보 구매 관리 등
장비 (Construction Aids)	• 시설물의 구성 요소가 아닌 도구	거푸집, 건설기계 등	장비 자료 물가 자료 시공 계획 등
관리 (Management)	• 활동 주체 관점에 의한 관리	기획, 설계, 건설관리 등	건축 법규, 계약서 등
속성 (Attributes)	• 물리적 개체의 특성	형태, 규격, 열 효율 등	시방서, 제품 정보 등

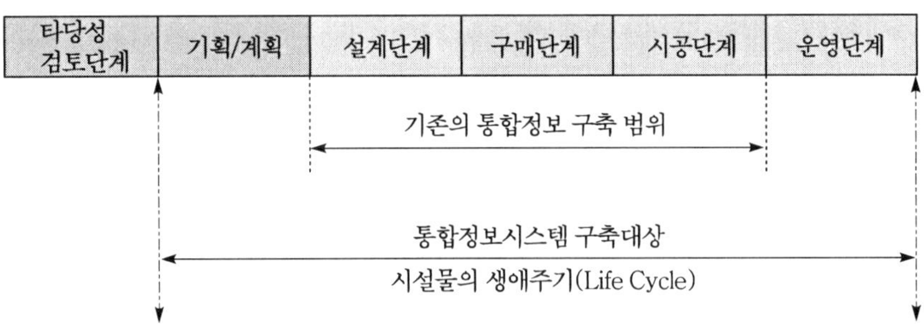

그림 2.3 건설정보시스템 정보화 범위

2.4 외국의 건설정보시스템 운영사례

2.4.1 미국의 MasterFormat

(1) 미국의 민간 협회인 CSI(Construction Specifications Institute)의 MasterFormat은 건설산업에 필요한 제반 행위 및 결과물의 표준화된 번호 체계와 항목의 목록화하여 사용한다. MasterFormat은 1963년 후로 39년 동안 꾸준한 연구와 실행 그리고 수정을 통해 현재의 체계로 발전되어 왔고 북미 지역에서 건설되는 대부분의 건설구조물에 적용하면서 표준분류체계로 정착되어 왔으며 입찰·계약·시공 등 건설활동과 결과물(Construction Products and Activities)의 표준으로서 자리를 잡게 되었다.

(2) MasterFormat은 일반적으로 자재와 공종을 중심으로 구성되었고, 구성 요소에 대하여는 별도의 분류 체계인 CSI의 UniFormat을 따르고 있으며, 최근에는 시설물과 공간에 대한 관점을 추가하여 사용성을 더욱 증진시켰다.

(3) CSI는 MasterFormat의 주요 활용 분야로서 시방서 작성, 자재정보, 견적형식, 도면분류, 물가정보, 시설물관리 등을 규정하는 대 활용 성을 두고 있다.

(4) 미국건축사협회(AIA)의 MasterSpec도 MasterFormat의 분류체계를 기준으로 하여 개발 보급되고 있으며, 자재의 경우도 Sweet's Catalog와 각 생산자의 자료 모두가 MasterFormat을 따르고 있다.

2.4.2 영국의 Uniclass

(1) 영국의 정부기관과 민간협회가 공동으로 97년에 출판한 Uniclass의 기본계념은 ISO의 분류기준을 따르고, 기존에 유럽에서 공통적으로 활용되던 CI/SfB 분류체계를 대체할 목적으로 작성되었다.

(2) Uniclass의 구성은 기존의 분류체계인 CAWS(Common Arrangement of Work Sections for Building Works), CESMM3(Civil Engineering Standard Method of Measurement), EPIC(Electronic Product Information Co-operation)에도 기반을 두고 있다.

(3) Uniclass는 ISO의 8가지 분류관점의 각 항목을 하나 또는 두 개 이상으로 나누어 정의함으로서 총 15가지의 테이블로 구성하여 사용한다. 건설의 경우 공종분류를 토목, 건축 등 별도 테이블로 구성하였고, 정보의 종류, 업무분야, 도서분류 등도 별도로 구성하였다.

(4) Unicalss는 ISO기준에 부합하는 최초의 표준분류체계로 건설정보에 대해 포괄적인 사용성을 목적으로 가짐은 문론 북미의 경우와 마찬가지로 유럽의 대부분 건설사업에서 보편적인 기준으로 활용되고 있다.

2.5 국내 건설정보분류체계의 현주소

2.5.1 기업체 활용현황 분석

(1) 국내 상위 건설회사에서는 각 회사의 필요성에 따라 자체 내의 표준분류 코드를 나름대로 작성하여 사용하고 있고, 80년대부터 일부 대기업 및 해외건설 활성화 기업체 내에서는 CI/SfB 등 외국의 분류체계를 기업 여건에 맞게 수정하여 활용하였으나 그 사용 범위는 기술서류의 관리 차원에 한정된 경우가 많았다.

(2) 통합건설 정보분류체계를 활용하는 기업체들도 일부 회사를 제외하고는 기업체 내의 코드 표준화가 부서간, 현장간, 현장과 본사간에 완전한 통일성을 이루지 못하는 경우가 많다.

표 2.3 국내 건설기업의 건설분류체계도 활용 현황

내 용	A사	B사	C사	D사	E사
분류기준 작성연도	1997	1991	1996	1994	1996
사용대상	기업체	기업체	기업체	기업체	기업체
적용대상	건축, 토목 플랜트	건축, 토목 플랜트	건축, 토목 플랜트	건축	건축, 토목 플랜트
분류기준 (ISO 기준근간)	공종, 자재 장비	시설물, 공종 자재, 장비 관리	공종, 자재 장비	공종, 자재 장비	시설물, 공종 자재, 장비
적용 대상업무	견적관리 원가관리 자재관리	견적관리 원가관리 자재관리 문헌관리	견적관리 원가관리 자재관리	견적관리 원가관리 자재관리 문헌관리	견적관리 원가관리 자재관리 문헌관리
분류체계 활용도	B	C	C	C	D
분류체계 보완성	수시 보완	99년 2차 수정	98년 재작성	98년 재작성	99년 수정
정보 시스템 구축	작업중	마스터플랜 작성 완료	작업중	작업중	작업중
공사관리 개선작업	공정관리 보완	작업중	작업중	작업중	작업중

(3) 현재 대부분의 통합건설 정보분류체계를 사용하거나 사용하고자 하는 기업체에서는 국가적이고 세계적으로 대표성을 갖고 있는 체계를 만들어 사용하고자 한다. 이는 분류를 활용함에 따른 자료 분석 및 공유, 정보화의 효율성 증대 뿐만 아니라, 각 기업체에서 중복적으로 발생하고 있는 분류체계 작성 상의 노력과 비용을 줄임으로써, 기업 경영상의 자원 낭비를 줄이는 효과가 있기 때문이다. 따라서 건설교통부에서 공시한 "공고 2000-11호"의 통합정보분류체계의 보완 및 활용성이 절실히 요구되고 있다.

2.6 통합가능성 분석 및 방안

국내 건설분류체계의 현실에서 서술한 것과 같이 아직도 건설업계에는 통합건설정보분류체계가 활용되지 못할 뿐만 아니라 대표적으로 활용되는 분류체계도 없는 현실이다. 그러나, 이러한 건설정보 통합분류체계의 필요성에 대한 인식이 고조되고, 최근 건설교통부에서 공포한 건설정보 통합분류체계가 기업체 및 공공기간에서 효율적으로 사용될 수 있는 추진 방향의 기틀로서 자리잡길 바라며 몇 가지 방안을 제시해 본다.

2.6.1 통합가능성을 위한 방안

(1) 건설교통부의 대분류 기준 안을 근간으로 표준분류체계를 위한 통일된 기준 체계를 정립하는 것이 중요하며 나아가 대분류의 취약점을 보완하고, 중분류의 통일안과 소분류의 기준을 하루빨리 선정하여야 한다. 또한 소분류, 세분류 및 별정분류의 사용 범위를 규정함으로써 사용상의 혼동을 방지하여야 한다.

(2) 현재의 건설기술연구소 분류체계가 기준 체계가 되기 위해서는 건교부가 실적공사비 체계의 수용에 앞서 내역공사비의 장점을 발취하여 실적공사비의 약점으로 돌출될 수 있는 부분에 대한 대비책을 설정하여야 한다.

(3) 각 분류단계의 독립성이 부여되어야 하고, 연속적 사용에 있어서도 어색함이 없어야 한다. 기존의 일반적 견적 및 원가 내역에서는 사용의 용이성에 따라 장점이 있을 수 있으나 시공사 입장에서의 업무 기능의 관점에서는 독립적 구성이 필요하고, 최근의 견적관리, 원가관리상의 내역서 작성 상에서도 필요함으로 이러한 독립적 구성이 현업의 사용상 장애가 되지 않아야 하기 때문이다. 이는 통

합건설분류체계의 사용 성과는 대·중·소·세 및 별정분류를 적절히 혼용하여 이용하는 것에서 결정되고, 이는 WBS의 작성 기본이 된다. 정리해 보면 공종 또는 자원이 분류체계의 최하위의 구성 요소가 되기 때문에 이러한 내역 항목을 공통적으로 관리할 수 있는 Work Package를 이루어야 한다는 것이다.

2.6.2 표준화작업성 및 시기성

(1) 상기에서 기술한 통합건설 정보분류체계의 구축에는 산·학·연·관의 연합된 노력이 필요하고, 실적공사비 적산체계의 운영이라는 새로운 방법의 도입에 앞서 기본적으로 부합되는 제도의 개선이 필요하다. 또한 실제 업무의 수행에 있어 적합성이 보장되기 위해서는 사용자의 적극적인 참여를 통해 각 분류 기준별로 실무적 사항들이 고려된 기준의 틀이 작성되어야 한다.

(2) 통합건설분류 체계도는 일회적 작성을 통한 단시간에 기대효과를 거둘 수는 없다. 따라서, 계속적인 수정과 운영의 활성화를 위해서는 MasterFormat을 위한 CSI(Constrcution Specification Institute) 또는 Uniclass를 위한 NBS Services(National Building Specification Services)등과 같이 비상업적인 전문 전담 기구의 체계적 관리가 필요하다.

(3) 통합건설정보 분류체계는 ISO규정 및 국내, 국외표준협회의 기준과 호환성을 갖추고, 향후 추구해 나갈 건설 CALS 및 CIC사업과도 연관관계를 갖도록 진행하여야 한다.

표 2.4 국내외 표준분류체계 비교

관 점	MasterFormat	Uniclass	건기연 표준	건교부 실적공사
발간 연도	1963	1997	1996	2000(수정안)
분류 범위	국가/국제	국가/국제	국가	국가
건설물 종류	건축	건축, 토목	건축, 토목	건축, 토목, 플랜트
분류 기준 (ISO 기준)	공종 자재 장비	전체	시설물, 공간 부위, 공종 자재, 장비	대분류공종
건설 업무 기능*	설계관리 견적관리 원가관리 자재관리	설계관리 견적관리 원가관리 자재관리 문헌관리	설계관리 견적관리 원가관리 자재관리 문헌관리	견적관리 설계관리 자원관리 원가관리
사용자	전체	전체	전체	전체

2.7 건설정보분류체계의 대분류

건설정보통합전산화 방안의 일환으로 건설공사 전 공정에서 발생될 수 있는 건설공종을 주제별로 분류하여 활용 Scope별로 Level화하여 정리한다. 이 분류는 건설공사의 기획, 설계, 시공 및 유지관리단계 에서 발생되는 건설공사 관련업무를 수행할 때 건설정보분류의 기준으로 적용할 수 있도록 정리하였다.

2.7.1 건설정보 분류단계

건설정보분류단계는 총 7단계(자원 3단계 포함)로 나누어 대분류 하였고, 그 세부내용은 하기와 같이 구성하였다(ISO 표준분류체계를 근간으로 한 분류).

(1) Facilities에 따른 분류 [F]

건설활동의 최종 결과물로서 나타나는 시설물과 그 주변 환경요인 및 부대사항을 사용목적, 용도 및 기능에 따라 구분한다.

(2) Space에 따른 분류 [S]

설계 및 시공단계에서 고려되는 공간적 요인을 형태, 구간, 시설, 용도, 목적, 위치별로 그 구성요소를 구분한다.

(3) Elements에 따른 분류 [E]

시설물의 기능과 용도 및 활용도에 따라 공간의 기능과 활용성을 지원하는 시설물의 구성요소로 구분한다.

(4) Work Sections의 업무영역에 따른 분류 [W]

시설물의 작업단위를 기준으로 한 기술적 범위내에서 자원의 동원을 통해 고안되는 기능을 유형별 공사 단위로 구분한다.

(5) Resources지원에 따른 분류(Matrial, Equipment, Labor) [M : EQ : L]

건설공종에 투입되는 자원 중 구조물의 구성여건이 되는 자재, 작업을 지원하는 장비, 그리고 건설작업을 수행하는 행위적 인력으로 구분한다.

2.7.2 분류체계의 사용성

(1) 건설정보 분류체계는 시설물분류, 공간분류, 요소분류, 공종분류, 자원 분류의 5개 Level로 구성하여 사용성을 단일화 및 체계적 계층화 하고자 하였다.
(2) 건설정보 분류체계는 사용용도, 적용하고자 하는 사업특성 및 사용자의 개별적 사고에 따라 5개 Level 주제면을 모두 사용하거나 선택적으로 사용할 수 있다.

2.7.3 분류기호 및 기준

(1) 건설정보 분류체계는 분류 Level 표기는 영문 알파벳의 앞 대문자로 표기하고, 각 Level내의 항목분류 표기는 아라비아 숫자 2자리수로 표기한다.
(2) 건설정보 분류를 위한 각 주제별 항목분류는 대분류를 기준으로 하였고, 하위 분류대상인 중분류 및 소분류 항목은 사용성에 맞게 별도 작성하여 사용한다.

2.7.4 보조기호의 표기 및 사용

건설정보 분류체계에서 각각의 분류 주제를 조합하여 복합적인 개념을 정의하거나 계층적인 분류형태를 표현할 수 있도록 하기 위하여 다음의 4가지 유형의 보조기호를 사용한다(Notation System in Uniclass).

(1) 더하기기호 (+)

동일 Level 주제 내에서 연속되지 않은 두가지 이상의 분류항목을 표현하는데 사용한다.

(2) 사선기호 (/)

동일 분류 Level 내에서 연속된 두가지 이상의 분류항목을 표현하는데 사용한다.

(3) 콜론기호 (:)

분류 Level 또는 분류항목간의 상호 연관관계만을 표현하고, 상·하의 계층적인 의미를 가지지 않는 구조를 표현하는데 사용한다.

(4) 부등기호 (〈 · · 〉)

분류주제 또는 분류항목간의 귀속관계나 계층적 구조를 표현하는데 사용한다.

2.8 활용절차

발주청 및 건설관련업체 등의 건설공사단계에서 발생되는 도면, 시방서, 일의대가, 내역서, 구조계산서, 수량산출서 및 공사관련문서 등을 이 기준에 의하여 분류, 관리한다.

표 2.5 건설정보분류체계의 구성

보조기호	조합사례	의 미
단독분류	S05	S05(서비스공간)
+ 조합	S05 + S41	S05(서비스공간)과 S41(자연환경공간)
/ 조합	S41 / S47	S41(자연환경공간)부터S47(생물학적공간)까지
: 조합	S03 : S05	S03(구조물공간) 기능을 갖는S05(서비스공간)
〈 〉 조합	S71 〉 S05	S71(자연공간)에 부속된 S05(서비스공간)

표 2.6 조합기호의 분류체계상 사용방법(참조: Notation System in Uniclass)

Level 1 :	Facilities [F}			* 시설물
Level 2 :	Space [S}			* 공간
Level 3 :	Elements [E]			* 요소
Level 4 :	Work Sections [W]			* 공종
Level 5 :	Resources [R]	5-1	Matrial [M]	* 자원 → 자재
		5-2	Equipment [EQ]	* 자원 → 장비
		5-3	Labor [L]	* 자원 → 인력

표 2.7 건설정보분류체계의 자릿수 구성(참조 : ISO 표준분류체계)

<table>
<tr><th colspan="2">기호</th><th colspan="2">분류체계상의 주제</th><th>대분류 자릿수</th><th>중 · 소분류 자릿수</th></tr>
<tr><td colspan="2">F</td><td colspan="2">시설물</td><td>2</td><td>1</td></tr>
<tr><td colspan="2">S</td><td colspan="2">공간</td><td>2</td><td>1</td></tr>
<tr><td colspan="2">E</td><td colspan="2">요소</td><td>2</td><td>1</td></tr>
<tr><td colspan="2">W</td><td colspan="2">공종</td><td>2</td><td>1</td></tr>
<tr><td rowspan="3">R</td><td>M</td><td rowspan="3">자원</td><td>자재</td><td>2</td><td>–</td></tr>
<tr><td>EQ</td><td>장비</td><td>2</td><td>2</td></tr>
<tr><td>L</td><td>인력</td><td>2</td><td>1</td></tr>
</table>

각 분류체계 주제의 대분류 범위는 00~99까지 사용하고, 사용목적에 따라 세부 항목을 분류, 체계화하여 사용할 수 있다.

2.8.1 건설정보 분류체계의 활용

예제 2.1

택지조성사업 중 연약지반 처리공사의 건설정보분류체계.

건설정보 분류체계의 대분류 항목에서 각 분류항목표의 해당 번호를 구성 순서별로 찾아 나열한다.

시설물 분류(F) ▶ 지역지구계획구역 → [F03]
공간 분류(S) ▶ 표면공간 → [S04]
요소 분류(E) ▶ 일반부지 → [E11]
공종 분류(W) ▶ 지반개량공사 → [W21]
자원 분류(R) ▶ 자재분류 ⇒ 골재/시멘트/레미콘 → [M09]
인력분류 ⇒ 토목 → [L20]
장비분류 ⇒ 복합장비 → [EQ81]

택지조성사업의 연약지반처리공사 코드
[F 03 〉 S 04 〉 E 11 〉 W 21 〉 R(M09 : L20 : EQ81)]를 기입.

택지조성사업의 연약지반처리 공사

F 03 〉 S 04 〉 E 11 〉 W 21 〉 R[M09 : L20 : EQ81]
자재 : 인력 : 장비 수급

지반개량공사
일반부지
표면공간
지역지구계획구역

예제 2.2

오피스텔 신축공사시 외벽판넬 조립공사의 건설정보분류체계.

건설정보 분류체계의 대분류 항목에서 각 분류항목표의 해당 번호를 구성 순서별로 찾아 나열한다.

시설물 분류(F) ▶ 업무시설 → [F45]
공간 분류(S) ▶ 시설물 외부공간 → [S73]
요소 분류(E) ▶ 벽체마감 → [E43]
공종 분류(W) ▶ 패널/커튼월 Unit공사 → [W67]
자원 분류(R) ▶ 자재분류 ⇒ 조립식 판넬 → [M29]
인력분류 ⇒ 건축 → [L10]
장비분류 ⇒ 크레인 → [EQ31]

오피스텔공사 외벽판넬조립공사 코드
[F45 〉 S73 〉 E43 〉 W67 〉 R(M29 : L10 : EQ31)]를 기입.

오피스텔의 외벽판넬 조립공사

F 45 〉 S 73 〉 E 43 〉 W 67 〉 R[M29 : L10 : EQ31]
자재 : 인력 : 장비 수급

패널/커튼월 Unit공사
벽체마감
시설물 외부공간
업무시설

예제 2.3 상수도사업의 수도관 신설공사시 건설정보분류체계

건설정보 분류체계의 대분류 항목에서 각 분류항목표의 해당 번호를 구성 순서별로 찾아 나열한다.

시설물 분류(F) ▶ 수자원공급시설 → [F33]
공간 분류(S) ▶ 배관공사 → [S62]
요소 분류(E) ▶ 액체공급설비 → [E53]
공종 분류(W) ▶ 관공사 → [W31]
자원 분류(R) ▶ 자재분류 ⇒ 토목용관 → [M13]
인력분류 ⇒ 토목 → [L20]
장비분류 ⇒ 복합장비 → [EQ81]

상수도사업의 수도관 신설공사 코드
[F 33 〉 S 62 〉 E 53 〉 W 31 〉 R(M13 : L20 : EQ81)]를 기입.

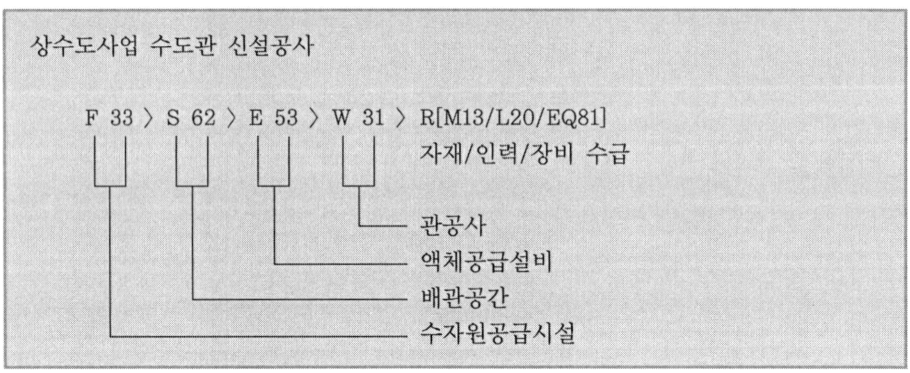

예제 2.4 해양공사의 항만부두 신설공사 건설정보분류체계

건설정보 분류체계의 대분류 항목에서 각 분류항목표의 해당 번호를 구성 순서별로 찾아 나열한다.

시설물 분류(F) ▶ 항만시설/해운 → [F15]
공간 분류(S) ▶ 구조물공간 → [S03]
요소 분류(E) ▶ 항만/하천 → [E05]
공종 분류(W) ▶ 댐/제방공사 → [W46]
자원 분류(R) ▶ 자재분류 ⇒ 댐/제방용 자재 → [M18]
인력분류 ⇒ 토목 → [L20]
장비분류 ⇒ 복합장비 → [EQ81]

해양공사의 항만부두 신설공사 코드
【F15 〉 S03 〉 E05 〉 W46 〉 R[M18:L20:EQ81]】 를 기입.

항만부두 신설공사

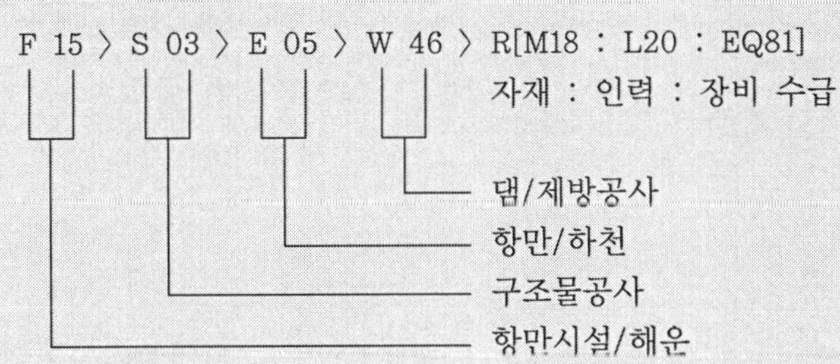

건설정보 분류체계 대분류

표 2.8 시설물[Facilities]의 대분류 CODE [F]

대분류	대분류
〈구역/지역단위〉	〈공공 건축시설〉
01 국가적 계획구역 *	51 관청 및 부대공공시설 *
02 공란	52 보안/방재/설비시설 *
03 지역/지구 계획구역	53 교육/훈련시설 *
04 공란	54 연구/과학/재단시설 *
05 도로/교통지역계획 구역 *	55 정보/통신시설
06 토지이용계획 구역	56 공란
07 공란	57 사회복지시설
08 산림시설계획구역 *	58 문화재/자원보존시설 *
09 공용구역	59 기타 공공 건축시설
〈운송/교통시설〉	〈보건/휴식/종교시설〉
11 도로	61 공란
12 철도	62 의료시설
13 교량	63 전시/관람/공연시설 *
14 터널	64 집회시설
15 항만시설/해운 *	65 공란
16 지하운송시설 *	66 운동시설
17 공란	67 휴식/위락시설
18 항공운송시설	68 종교시설
19 기타운송시설	69 기타 보건/휴식시설 *
〈환경/정화/처리시설〉	〈중공업시설〉
21 액성폐기물 처리시설	71 제철/제강시설
22 가정용 쓰레기 처리시설 *	72 비철금속 제조시설
23 고체폐기물 처리시설	73 금속제품 제조시설
24 산업폐기물 처리시설 *	74 일반/특수기계 제조시설 *
25 오염 방지시설	75 공란
26 공란	76 운송기계 제조시설
27 자원 재생시설	77 공란
28 조경시설	78 항공우주기계 제조시설
29 기타 환경처리시설	79 기타 중공업 시설
〈자원/에너지공급시설〉	〈경공업시설〉
31 전력/에너지 공급시설	81 섬유/의류류 제조시설 *
32 광물자원시설	82 식음료품 제조시설
33 수자원 공급시설	83 전기기계/변환장치 제조시설
34 원자력에너지 공급시설 *	84 전자제품/통신장비 제조시설
35 농/수/축산시설 *	85 광섬유/의료/정밀/광학기기 제조시설 *
36 공란	86 기타 생활용품 제조시설
37 공란	87 건자재 제조시설
38 자원 저장시설	88 공란
39 기타자원 공급시설	89 기타 경공업시설
〈주거/상업/공간시설〉	〈석유/유화/화학시설〉
41 단독주택	91 유화/석유정제 시설
42 공동주택	92 공란
43 숙박시설	93 기초화합물 제조시설
44 공란	94 비료/질소화합물 제조시설
45 업무시설	95 고무/플라스틱 제품 제조시설
46 판매시설	96 공란 *
47 복합시설	97 기타 화학제품 제조시설
48 근린생활시설	98 공란
49 기타주거 및 상업시설	99 공란

표 2.9 공간[Space]의 대분류 CODE [S]

대분류	대분류
〈토목시설공간〉	〈산업공정 구획공간〉
01 지상공간 *	51 기자재보관공간
02 지하공간	52 기자재공급라인공간
03 구조물공간	53 제조/조립라인공간 *
04 표면공간	54 공란 *
05 서비스공간	55 마감/검사라인공간 *
06 유용공간(공익설비/공리성공간) *	56 공란 *
07 안전/통제공간	57 완성품보관공간
08 공란 *	58 제품출하공간
09 기타 토목시설공간	59 기타 산업공정 구획공간
〈구조적 구획공간〉	〈설비/설치공간〉
11 구조물구획공간	61 장비설치공간
12 수직적구획공간	62 배관공간
13 수평적구획공간	63 전선배선공간
14 공란	64 덕트공간
15 공란	65 조인트/분기공간
16 공란	66 점검/보수공간
17 공란	67 통제/제어공간
18 공란	68 공란
19 기타 구조적 구획공간	69 기타 기계장비/설비 설치공간
〈개방형태별 공간〉	〈외부공간〉
21 전체폐쇄공간	71 자연공간
22 4면벽 폐쇄공간	72 시설물 내부공간 *
23 3면벽 폐쇄공간	73 시설물 외부공간 *
24 2면벽 폐쇄공간	74 공란
25 1면벽 폐쇄공간	75 공란
26 4면벽 개방공간	76 공란
27 바닥/지붕 개방공간 *	77 공란
28 공란	78 공란
29 기타 개방형태별 공간	79 기타 공간
〈기능적 구획공간〉	〈분석적 구획공간〉
31 시설군	81 구간분석공간
32 건물	82 높이분석공간
33 기능구획공간	83 토지/대지면적분석
34 실/방	84 건물면적분석공간
35 이동순환공간	85 공간체적분석공간
36 공란 *	86 기능/용도별 면적 분석공간
37 공란	87 기능/용도별체적 공간 분석공간
38 공란	88 공란
39 기타 기능적 구획공간	89 기타 분석적 구획공간
〈환경적 구획공간〉	〈기타 구획공간〉
41 자연환경 구획공간	91 점유공간
42 온도/습도 구획공간	92 보안/통제/안전구획공간
43 빛 구획공간	93 개별/공용구획공간
44 진동/소음 구획공간	94 기밀공간
45 기체/먼지 구획공간	95 공란
46 전기/전파 구획공간	96 공란
47 생물학적 구획공간	97 공란
48 방화/소화 구획공간	98 공란
49 기타 환경적 구획공간	99 공란

건설정보와 CM

표 2.10 요소[Elements]의 대분류 CODE [E]

대분류	대분류
〈토목시설 부위〉	〈기계/배관/덕트설비〉
01 도로/지하도로 *	51 공란
02 철도/지하철도 *	52 폐기물처리설비
03 교량	53 액체 공급설비
04 터널	54 기체 공급설비
05 항만/하천	55 냉방설비
06 댐	56 난방설비
07 수중구조물 *	57 공기정화/환기 설비
08 공항	58 기타형태의 기계설비
09 기타 토목시설 부위	59 기계설비의 부속관계사항
〈지반/지하구조〉	〈전기설비〉
11 자연부지(일반부지) *	61 전력공급설비
12 공란	62 공란
13 파일기초	63 조명설비
14 바닥기초	64 통신설비(인터넷/시청각/OA 포함) *
15 공란	65 공란
16 수중기초 *	66 운반설비
17 옹벽	67 보안/방재설비
18 기타 하부구조물	68 제어/통제설비
19 공란	69 전기설비의 부속관계사항
〈기본구조〉	〈내부 설비〉
21 기둥	71 안내 설치물 *
22 보	72 업무/숙박관계 설비 *
23 벽체	73 주방/취사설비 *
24 바닥	74 위생/정화설비 *
25 계단/경사로	75 청소/세탁설비
26 공란	76 저장/차폐 설비
27 지붕	77 시설별 특수설비
28 기타형태의 기본구조	78 기타형태의 내부설비
29 공란	79 내부설비의 부속관계사항
〈이차구조〉	〈가구/집기/비품〉
31 공란	81 공란
32 공란	82 업무/가정용 가구, 집기
33 벽체 이차구조	83 주방용 가구, 집기
34 바닥 이차구조	84 공란
35 계단/경사로 이차구조	85 청소/세탁용 가구, 집기
36 천정	86 저장용 가구, 집기
37 지붕 이차구조	87 시설별 가구, 집기
38 기타형태의 이차구조	88 기타 형태의 가구, 집기
39 공란	89 가구, 집기의 부속관계사항
〈구조물마감〉	〈외부 설비〉
41 기둥 마감	91 옥외 설비 및 설치물
42 보 마감	92 공란
43 벽체 마감	93 공란
44 바닥 마감	94 공란
45 계단 마감	95 공란
46 천정 마감	96 공란
47 지붕 마감	97 공란
48 기타형태의 구조물 마감	98 기타형태의 외부 설비
49 공란	99 외부 설비 부분/부속사항

표 2.11 공종[Works]의 대분류 CODE [W]

대분류	대분류
〈일반사항〉	〈건축공종〉
01 가설공사일반 *	51 조적공사
02 공통공사일반 *	52 미장공사
03 공란	53 방수공사
04 공란	54 금속공사
05 공란	55 공란
06 공란	56 지붕/홈통공사
07 공란	57 공란
08 공란	58 창호/유리공사
09 공란	59 공란
〈공통공종〉	
11 지반/토질조사 *	61 타일/돌공사
12 수위/수질조사 *	62 공란
13 공란	63 도장공사
14 환경/생태계조사 *	64 수장공사
15 구조물안전/변위조사 *	65 조경공사 *
16 방수시트 포설공사 *	66 목공사 *
17 측량공사 *	67 벽판넬/커튼월 Unit공사 *
18 공란	68 공란
19 골재채집공사 *	69 건축물 부대잡공사
	〈기계설비공종〉
21 지반개량공사	71 배관설비공사
22 공란	72 보온공사
23 토공사	73 급배수설비공사
24 말뚝공사/지정공사	74 공기조화설비공사
25 공란	75 위생/소화설비공사 *
26 현장타설 콘크리트공사(철근콘크리트공사)	76 가스설비공사
27 프리캐스트/콘크리트공사	77 기계설비 자동제어공사
28 강구조/철골공사	78 운송설비공사
29 목공사	79 공란
〈토목공종〉	〈전기통신설비공종〉
31 관공사	81 발전소 전기설비공사
32 배수공사	82 송전설비공사
33 구조물공사 *	83 변전설비공사
34 공란	84 배전설비공사
35 교량공사	85 산업시설물 전기설비공사
36 개간공사 *	86 건축물 전기설비공사
37 도로 및 포장공사	87 구조물 전기설비공사
38 DUCK 공사(DRY) *	88 교통 · 철도 전기설비공사
39 지하/수중터널공사 *	89 정보통신 설비공사
	〈산업시설물 특수설비공종〉
41 철도/궤도공사	91 수력발전설비공사 *
42 일반터널공사	92 석유화학설비공사 *
43 공란	93 제철기계설비공사 *
44 하천 및 항만공사	94 공란
45 공란	95 환경처리설비
46 댐/제방공사	96 원자력발전기계설비공사 *
47 철강/철골공사 *	97 기타 프랜트산업설비공사 *
48 공란	98 화력발전기계설비공사 *
49 조경공사	99 공란

표 2.12 자원[Resources]의 대분류 CODE 자재분류[Matrial] [M]

대분류	대분류
〈공통공사〉	〈기계공사〉
01 일반강재류(철근/형강/강판)	41 관류
02 특수강재류(티타늄/스텐/동/알미늄 등)	42 관부속류
03 관 (강성/연성Pipe 등) *	43 밸브류
04 철선/못/철망/철재발판	44 스트레나/트랩류 및 관부속기기
05 볼트/너트/앵커류	45 계기류 및 부속
06 목재/합판/판넬/잡목 등 *	46 냉.난방기구류
07 접착제/아교/유제본드 *	47 위생기구/정화조
08 유류/연료/오일 등 *	48 닥트기구류
09 골재/시멘트/레미콘/벤토나이트 *	49 행가류 및 관지지물
〈토목공사〉	
11 도로용자재	51 잡재료 *
12 교량/하천용자재	52 분진/소음자재 *
13 토목용관(흄관/강관 등) *	53 보온재 (보온/마감재)
14 토목용블럭(보도/포장/바닥재)	54 소방설비자재
15 토목용말뚝 *	55 가스설비자재
16 조경자재 *	56 자동제어설비자재
17 화약/TNT등 폭발물 *	57 주방기구
18 댐/제방용 자재 *	58 공란
19 공란	59 공란
〈건축공사〉	〈전기/통신공사〉
21 가설자재	61 전력용전선/케이블
22 벽돌/블록/PC/시멘트재 등 *	62 전선/케이블접속재
23 타일	63 전선관로재
24 석재	64 전력기기
25 창호재	65 개폐기류
26 유리	66 수/변전기기
27 단열/흡음/방음재 *	67 배선기구
28 내장재(천정/벽/바닥)	68 조명기구 및 가로등주
29 조립식판넬/외벽판넬 류 *	69 전주및 금구
31 방수재	71 통신용전선.케이블
32 미장/혼화재	72 정보/통신기구
33 도장재	73 방재설비
34 공란	74 교통/신호장치
35 철물/철가공재류	75 피뢰침및 접지
36 지붕재/지붕마감재 *	76 계장설비
37 기타 건축재	77 공란
38 공란	78 공란
39 공란	79 공란

표 2.13 자원[Resources]의 대분류 CODE 장비분류[Equipment] [EQ]

대분류	대분류
〈일반기계〉	〈토공장비〉
01 고성능 확정기 *	11 불도우저
02 하수관 천공기 *	12 립퍼 *
03 골재 포설기 *	13 굴삭기
04 세륜기 *	14 브레이커 *
05 라인마커 *	15 로우더
06 발전기 *	16 BC컷터기 *
07 용접기 *	17 TBM장비 *
08 펌프 *	18 스크레이퍼
09 로우더 *	19 기타 굴삭장비
〈다짐장비〉	〈운반 및 하역장비〉
21 로울러	31 크레인(무한궤도/트럭) *
22 램머 *	32 건설용리프트(호이스트) *
23 콤펙터 *	33 컨베이어
24 공란	34 트럭 및 차량
25 공란	35 지게차/경운기 *
26 공란	36 디이젤 기관차 *
27 공란	37 트렉터/트레일러 *
28 공란	38 기타
29 공란	39 공란
〈포장장비〉	〈콘크리트장비〉
41 믹싱 플랜트	51 콘크리트믹서 *
42 페이퍼(휘니셔) *	52 컷터 *
43 아스팔트 살포기(스프레이어/디스트리뷰터)	53 콘크리트 배치플랜트
44 현장가열표층제생기 *	54 콘크리트 믹서트럭 *
45 골재 살포기	55 고압펌프 *
46 콘크리트 슬리폼 페이퍼 *	56 공란
47 콘크리트 조면 마무리기 *	57 콘크리트 진동기 *
48 공란	58 숏그리트 머신 *
49 공란	59 공란
〈타공 및 천공장비〉	〈수상 및 준설장비〉
61 착암기	71 준설선(펌프/그래머/버켓) *
62 크로울러 드릴	72 운반선(예선/양묘선/기중기선/토운선 등) *
63 점보 드릴	73 항타선
64 브레이커	74 도상 작업기
65 보링기계	75 레일 작업기
66 항타기(디젤햄머/진동햄머) *	76 침목 작업기
67 안정액 믹서	77 운반 작업기
68 공란 *	78 공란 *
69 공란	79 공란
〈기타 지원장비 및 공구〉	〈계측장비〉
81 기타 복합장비	91 길이/부피/중량
82 크럿셔 *	92 압력/속도/유량
83 에어프런 피이더 *	93 습도/온도
84 천공공구(드릴)	94 진동/음향
85 타공구(착암기)	95 전기/자기/방사선
86 절삭공구(노면파쇄기) *	96 광학 측정계기
87 크럿셔(죠/로울/콘) *	97 화학 측정계기
88 공란	98 기타 측정계기
89 공란	99 공란

표 2.14 자원[Resources]의 대분류 CODE 인력분류[Labor] [L]

대분류	대분류
〈관리인력〉	〈기술인력〉
01 본사관리인력 *	10 건축
02 현장관리인력 *	20 토목
03 특수관리인력 *	30 기계
04 지원관리인력 *	40 전기
05 공란	50 중기
06 공란	60 플랜트 기계
07 공란	70 플랜트 전기
08 공란	80 시험 *
09 공란	90 공통/일반

CHAPTER

03

VE/LCC

CHAPTER 03 VE/LCC

3.1 VE의 탄생과 개념

3.1.1 VE의 탄생

VE(Value Engineering) 탄생의 계기가 된 것은 1947년 미국 GE(General Electric)사에서 일어난 석면 사건이다. 당시는 제2차 세계대전 직후로써 물자 구입이 어려운 시기였으므로 GE사에서는 창고 바닥의 깔판으로 필요한 석면을 구하기가 힘들었다. 그래서 회사의 구매 담당자는 전문업자와 의논한 결과 그 사용 목적을 달성할수 있는 대체품의 값이 싸면서도 구입하기 쉽다는 것을 알게되었다. 그러나 당시 사내의 소방법에는「창고의 깔개에는 석면을 사용해야 한다」라는 조건이 붙어 있었으므로 그후 이 대체품의 불연성 안정성을 증명해 보임으로써 소방법을 개정하는데까지 이르렀던 것이다. 이를 아스베스토(Asbestos : 석면) 사건이라 한다.

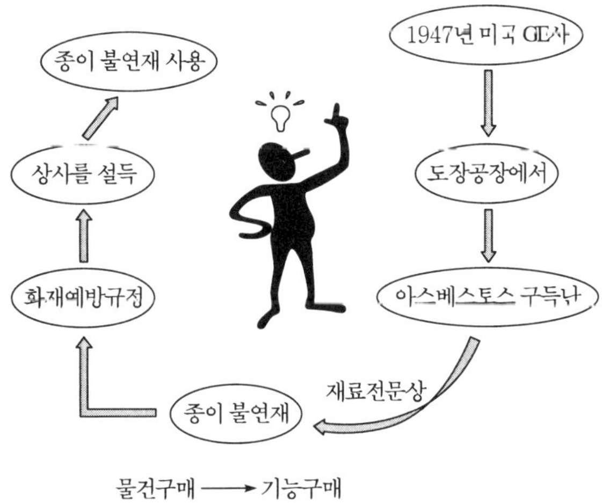

그림 3.1 아스베스토스(Asbestos) 사건(L.D.Miles)

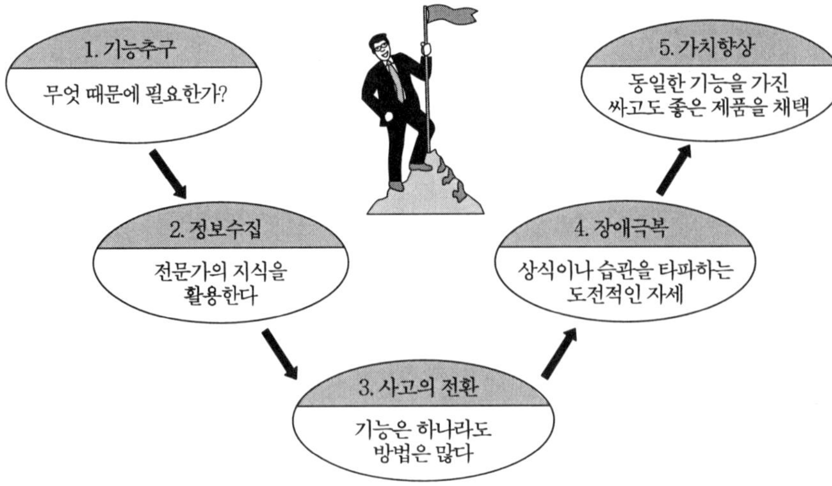

그림 3.2 아스베스토스 사건의 교훈

이 사건을 통하여 사용 목적을 달성하는 데는 재료나 방법 등이 여러 가지 있을 수 있다는 것을 알게 되었고 이러한 일을 계기로 "기능을 유지하면서도 코스트가 싸진다"는 사실을 알고 제품의 기능에 대한 연구가 시작되었는데 GE사의 마일즈(L.D.Miles)가 중심이 되어 제품의 가치를 향상시키는 가장 효과적인 방법을 찾기 위하여 개발한 것이 V.A(Value Analysis)라고 불리우게 된 것이다.

3.1.2 VE의 개념

(1) VE의 정의

최저의 총코스트로 필요한 기능을 확실하게 달성하기 위하여	V.E의 목적
제품이나 서비스의 기능 연구에 쏟는 조직적인 노력	V.E의 대상 및 방법

최저의 ① 생애주기비용(Life Cycle Cost)으로 최상의 ② 가치를 얻기 위한 목적으로 수행되는 프로젝트의 ③ 기능분석을 통한 대안창출 노력으로, ④ 여러 전문분야의 협력을 통하여 수행되는 ⑤ 체계적인 프로세스라고 정의할 수 있다.

위의 정의에 포함된 5가지 핵심사항은 진정한 VE의 이해를 도우며, 또한 일반적인 설계 검토과정에서 다루어지는 여타 단순한 원가절감 기법과의 차이점을 설명하여 준다.

1) 생애주기비용 : VE의 대안비교에 다루어지는 비용은 초기비용에 국한되지 않는다. 건축물 혹은 시설물의 완성 후 사용기간 동안의 유지-관리-교체 비용을 포함한 생애주기비용을 사용한다. 생애주기비용의 관점에서 대안의 총체적인 평가가 가능하여진다. 이러한 VE의 생애주기비용의 접근방식은 일반적인 설계검토 과정에서 다루어지는 비용에 대한 접근방식과 다르다.
2) 가치(Value) : VE의 궁극적인 목표는 프로젝트의 가치향상에 있다. 가치의 향상은 프로젝트의 3대요소인 시간-비용-품질(기능)의 적정한 안배를 통하여 이루어진다. 또한 VE의 제안은 반드시 최적안을 의미하지 않는다. 다만 적정안에 머무르지 않도록 하는 것이 VE에서 추구하는 가치의 향상이라 할 수 있으며, 또한 VE는 프로젝트가 요구하는 필수적인 기본기능의 수준을 낮추는 설계의 변경을 추구하지 않는다.
3) 기능(Function) : VE는 프로젝트의 기능분석을 수반한다. 대안의 개발에 있어 VE의 질문은 “What does it do?”인 반면 일반적인 원가절감 방법 또는 설계검토 과정에서는 “What else we can use?”를 사용한다. 이러한 기능 중심의 사고는 VE에서만의 독특한 접근이다.
4) 여러 전문분야의 협력(Multi-disciplinary Effort) : VE는 대상 프로젝트의 모든 분야에 전문지식을 가진 팀 또는 그룹에 의해 수행된다. 팀의 리더가 수행하는 조정역할을 통하여 개별팀 구성원의 전문지식이 효과적으로 운용된다. VE활동을 통하여 얻어지는 최상의 아이디어는 구성원 상호간의 시너지 효과에 의해 창출된다.
5) 체계적 프로세스(Systematic Process) : VE는 Job Plan이라 불리우는 시작과 끝이 분명한 체계적인 절차(정보-고안-평가-개발-제안)에 의해 수행된다. 이것은 비체계적인 절차에 의해 수행되는 여타의 원가절감 방법론과의 차이를 설명한다.

(2) 설계 VE

계획, 기본설계 및 실시설계단계에서 실시하는 것으로 발주자가 해당 프로젝트의 계획이나 설계에 종사하지 않았던 자로 구성한 VE팀을 편성하고, 프로젝트의 수명주기비용의 절감을 도모하기 위하여, 원래의 계획이나 설계를 검토하고, 대체안을 작성하는 것이다. 이 단계에서의 VE를 총칭하여 설계VE로 부르며, 설계VE에서 제안된 대체안을 VE제안(VE Proposal ; VEP)이라고 부른다.

(3) 시공 VE

공사계약 후, 시공자가 자발적으로 계약내용을 검토하고, 공사비를 절감할 수 있는 대체안을 작성하여 발주자에게 계약변경을 제안하는 것이다. 발주자는 그 제안을 심사하여 변경에 의해 당초의 계약에서 요구된 프로젝트의 기능을 손상시키지 않고, 공사비의 절감이 가능한지를 확인한 후, 정식으로 계약을 변경한다. 일반적으로 절감액의 절반가량을 VE에 대한 보상금(補償金) 또는 장려금으로 시공자에게 지급한다(미국, 일본, 한국).

시공 VE에서 시공자가 계약변경을 제안한 대체안은 VE변경안(VE Change Proposal ; VECP)이라고 한다.

3.1.3 VE활동에서 본 가치

(1) 가치의 개념

VE 방법론적 검토의 목적은 검토의 대상이 무엇이든 관계없이 그것의 가치를 증가시키는 것이다. 불행하게도 우리 모두는 생산품이나 서비스의 가치에 영향을 주고 있는 것에 관한 각자의 의견을 가지고 있는데, 이것은 개인의 관점에 따라 크게 변화한다는 것이다.

우리의 판단은 비용, 성능 혹은 공정과 같은 단 하나의 기준에만 의존하는 경향이 있다. 이러한 기준으로는 최상의 판단을 하지 못한다. 성능은 개선되지만 생산품이 더 이상 시장성이 없게 되어 버리는 시점에 비용을 증가시키는 것은 성능이 손실되면서 비용을 감소하는 것만큼이나 용납될 수 없다. 또한 비용과 가치는 서로 혼동하지 않는 것이 중요하다. 자재, 노동, 간접비가 추가되면 비용이 증가하지만 반드시 가치를 증가시키는 것은 아니다. 추가된 비용을 통하여 필요한 기능의 수행가능성을 개선시키지 못하면 가치는 저하된다.

가치의 개념을 이해하기 위해서는 VE방법론에 사용된 몇몇 중요한 용어와 그 정의들을 먼저 숙지할 필요가 있다.

1) 기능

생산품 또는 서비스에 의해 수행되는 자연적 또는 특성화된 행위. 생산품, 시설물,

서비스는 현재 설계되거나 계획한대로 수행된다.

2) 성능

의도된 기능을 완수하기 위한 생산품의 능력을 나타낸다. 성능은 미래의 고객 또는 사용자가 정의하는 것이 이상적이다. 적절한 성능이라 함은 생산품, 시설물, 서비스가 품질, 신뢰도, 상호교류성, 유지관리성, 생산성, 시장성, 조달성에 대한 사전에 정해놓은 수준을 만족함에 있다. 이 성능수준은 고객의 요구사항에 부합되어야 하고 프로젝트의 특성에 따라 바뀐다.

가치의 척도로서 고객에게 제공되는 3가지의 기본구성요소가 있다. 이 3요소는 "범위(scope)", "일정(schedule)", "비용(cost)"이다. 이 3요소는 모든 프로젝트를 관리하는데 있어서 기본 구성요소가 된다.

3) 범위

고려해야 하는 두가지 관점의 범위-생산품 범위와 프로젝트범위-가 있다. 성공적인 프로젝트는 모두 유일한 생산품(유형적인 항목 및 서비스)을 만들어 낸다. 이러한 생산품은 새로운 고속도로 일수도 있고 더 좋은 냉장고 혹은 새로운 경영절차일 수도 있다. 고객이나 사용자는 자신들이 얻고자 하는 생산품의 특징에 대해 기대감을 가지고 있다. "생산품 범위"란 생산품의 의도된 성능 및 특징으로 설명된다. "프로젝트 범위"란 의도된 생산품 범위 내에서 생산품이나 서비스를 조달하기 위해 필요한 직업을 의미한다. 생산품 범위는 생산품을 직접 사용하는 고객이나 사용자에게 중점을 두지만 프로젝드 범위는 주로 그 프로젝트를 실행할 사람에게 초점을 맞춘다.

4) 일정

고객들은 일반적으로 주어진 시간내에 특정한 장소에서 제품을 제공받기를 원한다. 최고의 생산품과 서비스가 유행에 맞게 고객들에게 제공되지 않으면 전혀 가치가 없게 된다. 일정은 또한 "시간"으로 언급되기도 한다.

5) 비용

비용은 프로젝트의 조달을 위해 필요한 모든 자원을 포함한다. 비용은 일을 하는 인력, 장비, 그들이 사용하는 자재, 그리고 자원소비를 요구하는 여타 모든 환경들을 포함한다.

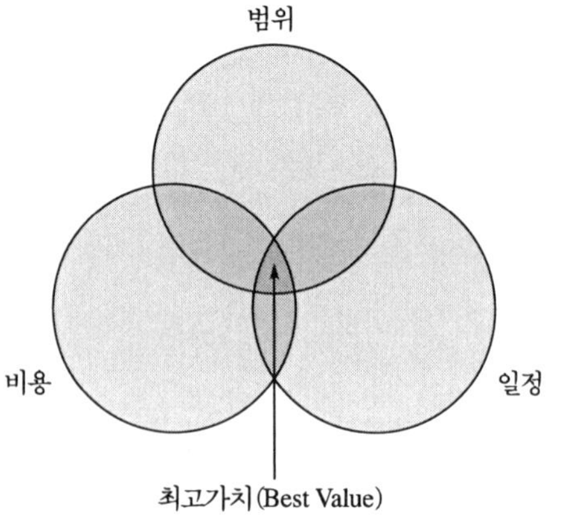

그림 3.3 가치의 구성요소

프로젝트 관리자는 고객이나 사용자에게 가능한 한 최고의 가치를 안겨주기 위하여 상기의 3요소 사이의 균형을 조정하며 일을 수행하는 역할을 하고 있는 사람이라는 점을 금방 알 수 있다. 이 세가지 요소들의 관계를 극대화 시키는 것이 고객을 만족시키고, "최고의 가치"에 도달하기 위해 중요하다. 그림 3.3은 이러한 관계를 나타내고 있다. 이 관계로부터 범위, 일정을 개선하거나 비용을 절감시킴으로써 가치를 높일 수 있다는 사실을 쉽게 알 수 있다. 대부분의 VE검토들은 성능개선, 비용절감, 개선된 조달과 같은 특정목적이 있으나 여기에는 산출된 가치관계의 균형잡힌 접근 방식을 필요로 한다. VE검토를 용이하게 하기 위해서는 가치의 3요소를 최적화 시키는 방법을 모색해야 할 것이다.

(2) 가치향상의 형태

가정주부들이 세탁기를 구입하고 물건값을 지불하는 것은 빨래하는데 수고를 덜어줄 것을 기대하고 세탁기의 가치를 인정하기 때문이다. 일반적으로 물건이나 작업(일)에 대한 우리의 만족도는 요구하는 것에 대하여 지불하는 금액의 비율로 결정된다. 여기서 만족도란 가치를 말하는 것이며, 요구란 물건이나 작업에 기대하는 기능이며, 지불하는 금액이란 코스트를 말한다.

이것을 수식화 하면 다음과 같다.

$$\text{가치}(Value) = \frac{\text{기능}(Function)}{\text{코스트}(Cost)}, \quad V = \frac{F}{C}$$

여기서 기능이란 제품이라든가 작업의 활동, 역할, 목적, 사명에 관한 것으로서 "왜 그것이 필요한가", "그것은 무엇을 하기 위한 것인가"에 대한 해답이라고 할 수 있다. 또 코스트란 그 기능을 달성하기 위해서 현재 지불되는 코스트를 말한다.

이러한 개념에서 본다면 가치를 향상시키는 형태는 4가지로 분류할 수 있다.

① 기능을 일정하게 유지하면서 코스트를 낮춘다.

② 기능을 향상시키면서 코스트는 그대로 유지한다.

③ 기능을 향상시키면서 코스트도 낮춘다.

④ 코스트를 추가시키지만 그 이상으로 기능을 향상 시킨다.

⑤ 기능과 코스트를 모두 낮춘다(시방규정을 낮출 경우).

<4가지 유형의 가치향상의 형태>

$$\text{가치}(V) = \frac{\text{기능}(F)}{\text{코스트}(C)}$$

	①	②	③	④	⑤
기능(F)	→	↗	↗	↗	↘
코스트(C)	↘	→	↘	↗	↘
	V.E	Value & Design			Spec.Down

* V.E 목적은 가치를 향상시키는 것이다.

(3) 관리기술로서의 V.E

기업은 수익개선이나 합리화를 추구하는 과정에서, 세상에 있는 다양한 관리기술을 탐욕스럽게 활용해 왔다. VE도 IE나 QC라고 하는 다양한 관리기술의 하나이다. 이들의 관리기술은 각각 다른 목적과 배경을 근본으로 태어났다. 실제의 과제해결의 장에서 활용하는 데는 분리하여 사용할 수 있을 만큼의 충분한 이해가 필요하다.

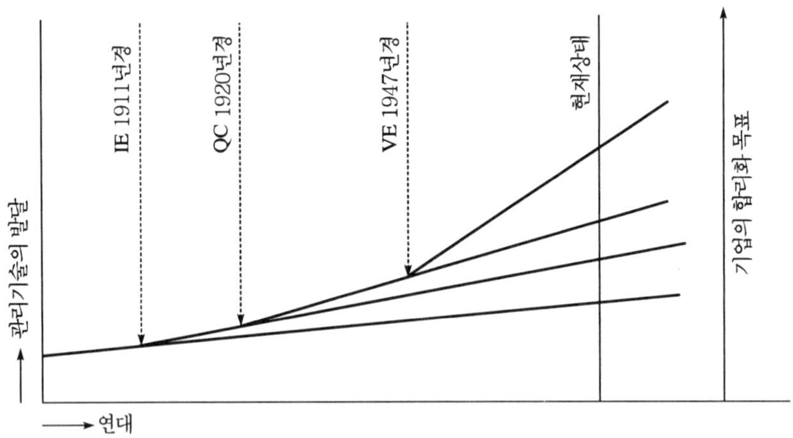

그림 3.4 관리기술의 발달

그림 3.4는 3개의 관리기술의 발달 과정을 나타낸 것이다. 이 그림으로부터 알 수 있듯이 기업합리화는 각각의 관리기술을 축적해 가면서 진보되어온 것이다. 또, 표 3.1은 관리기술의 대표적인 것으로써 IE, QC, VE를 간단히 비교한 것이다. VE기법은 주로 코스트 문제를 해결하기 위해 필요한 기술로써 필연적으로 발생한 것이라고 말할 수 있다.

표 3.1 관리기술의 비교

관리기술	IE (Industrial Engineering)	QC (Quality Control)	VE (Value Engineering)
목적	능률을 높임	품질을 통제함	가치를 높임
어프로치의 특징	현상분석	원인추구	기능추구
테크닉(방법)	방법연구 작업측정 작업연구	SQC QC 7가지 도구 QC스토리	기능분석 창조기법 Job Plan Team Design
효과적인 적용시기	시공단계	설계단계 시공단계	개발단계 설계단계 시공단계

3.2 VE 추진절차 및 운용기법

성공적인 VE는 발주청 VE담당자, 설계자, CMr, VE 책임자, 팀 구성원들의 우호적인 협력관계 구축 및 모든 VE 절차의 체계적인 관리와 조직에 달려있다. 따라서 VE의 원활한 수행을 위해서는 단계별 VE 추진절차 및 내용이 필요하다.

본 장에서는 준비단계, 분석단계, 실행단계로 나누어 각 단계별 주요업무내용에 대해서 기술한다. 본 장에서 제안한 절차 및 내용은 일반적인 내용이므로 프로젝트의 조건에 맞게 다양하게 적용될 수 있다.

본 장에서 소개하고 있는 각 단계별 기법들은 모두 적용하는 것이 아니라 각 프로젝트의 성격에 맞추어 선택하여 적용할 수 있다.

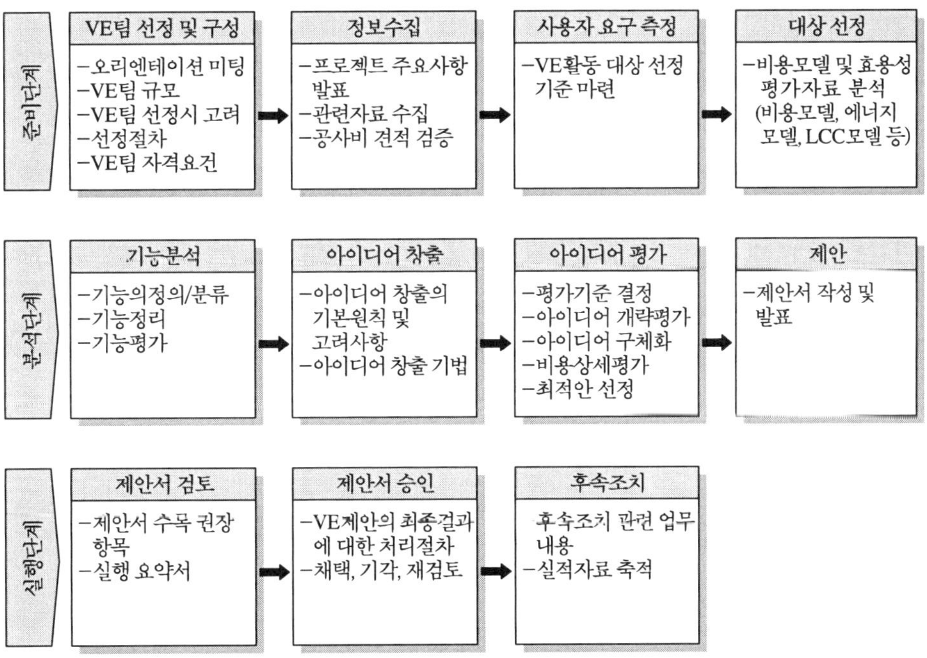

그림 3.5 VE 표준절차

3.2.1 준비단계

준비단계의 주요 목적은 원활한 VE 수행을 위하여 관련된 집단의 협력체계를 구축하고, 공동목표를 설정하며, VE 분석단계에 요구되는 충분한 자료를 확보하는데 있다.

(1) 오리엔테이션 미팅(Orientation Meeting)

1) 목적

오리엔테이션 미팅은 VE 분석단계활동 1~2주전에 VE 책임자의 주관 하에 개최되며, 발주청의 VE 담당자, VE팀 구성원, 설계팀의 대표자, CMr 등이 포함된다. 오리엔테이션 미팅의 주요 목적은 다음과 같다.

① 프로젝트에 대한 VE팀 구성원의 전반적인 이해

② 발주청의 목표 확립

③ VE 활동에 요구되는 각종 정보의 파악 및 수행전략의 수립

④ 설계제약조건, 정치적인 문제 등 각종 제반요소의 파악을 통한 VE 활동의 범위 설정을 위한 기초적인 정보의 습득

⑤ VE팀 선정 및 구성계획 마련

⑥ 요구되는 기술 및 비용 데이터 규정 및 배포

2) 주요 업무내용

오리엔테이션 미팅의 주요 내용은 팀의 구조, 연구기간 및 발주청과 설계팀의 참여 여부 등의 전략적인 문제와 연구개시일 및 편의시설 등의 실질적인 문제가 다루어진다. VE 책임자는 전반적인 프로젝트 이해를 통하여 VE 활동에 관련된 집단으로부터 필요한 정보 리스트를 작성한다.

① VE 활동기간의 결정

일반적으로 VE 분석단계의 활동은 5일 동안 40시간으로 진행되며, VE 활동기간은 프로젝트의 규모, 특성, 난이도, VE가 실시될 프로젝트의 단계에 따라 가감될 수 있다. 예를 들면 기획 또는 기본설계단계의 VE 활동은 짧은 기간 동안에 수행될 수 있으며, 난이도가 있는 대규모 사업에서는 보다 많은 기간이 필요하다. 그러나 활동기간이 짧아도 기능분석과 같은 핵심 VE 프로세스를 간과해서는 안된다.

② VE 활동장소 및 조건

VE 활동장소 결정은 발주청의 담당자, 설계자, CMr, VE 책임자가 상호합의하여 결정한다. 활동장소로서 가장 바람직한 위치는 일상적인 업무에서 벗어날 수 있는 곳으

로 하되 설계자 사무실과 가까운 곳이 좋다. 또한 VE 활동에 사용되는 방의 크기는 모든 팀 구성원에게 충분히 여유 있는 공간이 필요하고 인터넷, 팩시밀리, 복사기, 컴퓨터 등 여러 가지 편의시설이 제공되는 곳이 바람직하다.

(2) VE팀 선정 및 구성

1) 목적

VE팀 선정 및 구성단계의 목적은 분석단계에서 해당 부문에서 활동할 개별 VE팀 구성원들의 규모, 자격 및 구성안에 대해 결정하는 것이다.

2) VE팀의 규모 결정

일반적으로 VE팀의 규모는 5~7명 정도의 전임요원으로 구성되는 것이 바람직하며, 규모 결정 시 고려사항은 다음과 같다.

① 팀 구성원 전체가 참여시 VE 책임자가 팀을 통제할 수 있는 규모여야 함
② 규모가 커지면 소수의 구성원에 의해 토론이 진행되어 구성원 전원의 실질적인 참여가 어려워짐
③ 규모가 커지면 팀의 단결이 와해될 가능성이 있음

분석단계의 VE 대상의 수 및 시기에 따라 VE팀의 규모는 달라질 수 있다. 일반적으로 VE팀은 VE 책임자 및 전임(Full-Time) 팀원으로 구성되어 VE를 수행하는 것이 바람직하나, 대상 프로젝트의 특성과 준비단계에서 결정되는 VE 대상에 따라 전문 인력 등이 부족할 경우 VE 연구부문별로 비전임(Part-Time) 팀원을 추가로 구성할 수 있다.

3) VE팀 선정 및 구성 절차

준비단계에서 결정되는 VE팀 선정 및 구성은 전체 VE 활동의 성공여부를 결정하는 중요한 사항이므로 다양한 전문지식을 가진 팀의 편성과 구성원의 수의 적절한 안배가 요망된다.

프로젝트의 규모, 유형 및 상황, 설계 VE의 수행시기에 의해 결정되며, 설계 및 시

공부문 뿐만 아니라, 시공후 유지관리 및 사용기관의 대표, 발주청의 대표 등의 다양한 전문가의 참여가 구성원 선정 시 고려되어져야 한다. 또한 준비단계에서 결정되는 VE 대상의 각 부문에 따라 VE팀 구성원이 갖추어야 할 전문영역이 결정될 수 있다. 다음은 VE팀 선정 및 구성 절차를 기술한 것이다.

① 준비단계에서 VE 책임자는 오리엔테이션 미팅을 통하여 프로젝트의 각종 정보를 세부적으로 검토하고 VE팀들의 해당 전문분야를 특수한 분야와 일반 분야로 구분하여 규정하고 이를 발주청의 VE 담당자에게 보고하여야 한다.
② 발주청의 담당자는 이를 검토한 후 준비단계에서 결정되는 VE 연구대상 및 대상의 수, 그리고 시기에 따라 요구되는 개별 VE팀 수, 자격과 규모를 검토한 후 이에 대한 승인여부를 VE 책임자에게 통보(단, 발주청이 필요하다고 판단한 경우 원설계자도 VE팀에 포함될 수 있음)
③ 지정된 방법에 의해 VE팀들이 구성이 되면 VE 책임자는 각 팀 구성원이 프로젝트의 기술적 자료를 검토할 수 있도록 이를 배포

(3) 정보수집

1) 목적

정보수집단계의 목적은 VE 활동을 효율적으로 수행하기 위해서 팀 구성원들이 VE 대상 프로젝트의 주요사항에 대해서 충분히 파악하는 것이다. 본 단계에서 수집된 정보의 질과 포괄성이 VE 활동에 많은 영향을 미치므로 아주 중요한 단계라 할 수 있다. 따라서 정보수집은 그 질과 포괄성을 향상시키기 위하여 본 단계에서만 실시되는 것이 아니라, VE 활동 전반에 걸쳐 수집되어야 한다.

2) 기대효과

VE 수행은 대상 프로젝트에 대해 수집된 정보의 품질에 따라 많은 영향을 미치므로 요구되는 정보를 교환하고 필요한 정보를 목록화하여 보다 효율적인 VE 수행을 가능케 한다.

3) 주요 업무내용

① 프로젝트의 주요사항 발표

프로젝트의 주요사항에 대하여 완전한 이해를 돕기 위해서 발주청, 설계팀, VE팀에 의해 다양한 발표들이 이루어진다. 표 3.2는 발표주체와 내용 및 효과를 나타낸 것이다.

표 3.2 정보수집 단계의 발표 주체, 내용 및 효과

발표주체	내용	효과
발주청 경영진	VE 활동의 목표 및 시행의지	VE팀과 유관그룹의 단합
VE 책임자	VE 프로세스 및 업무내용의 개략설명	모든 VE 관련자에 VE프로세스를 인지하게 함
발주청 담당자 (CMr)	프로젝트의 목표	프로젝트에 대한 거시적 목표 제시
설계팀	전문 부문별 설계의도 및 배경 설명	VE팀의 설계 제약요건에 대한 논리적 배경 설명

② 관련자료 수집

VE 책임자는 적합한 정보수집을 위해 정보제공자와 VE 팀의 협력관계를 구축하는데 많은 노력을 기울여야 한다. 그리고 발주청의 VE 담당자는 VE 관리자가 이러한 협력관계를 구축하는데 있어서 전폭적인 지원을 하여야 한다. 표 3.3은 준비단계에 요구되는 수집 정보의 유형을 나열한 것이다.

표 3.3 정보수집 및 분석 단계에서 요구되는 정보의 유형

• 프로젝트 개요서	• 시방서
• 설계기준	• 법규
• 공간계획	• 지반 조사서
• 시공계획 및 단계	• 환경 조사서
• 설계도면(건축, 구조, 기계, 전기, 토목 등)	• 현장 사진
• 대지계획	• 생애주기 비용정보(이자율, 연료비, 사용기간, 운영 및 유지관리 계획서)
• 공사비 견적(상세 데이터 포함)	
• 설계계산(구조, 기계, 전기 등)	• 조달 전략

③ 공사비 견적 검증

VE 활동에 활용되는 공사비 견적 정보가 VE 결과에 미치는 영향은 매우 크며, 이

비용자료는 VE 대상 선정 및 이후 개발되는 대안과의 비용비교의 근간이 된다. VE팀은 잠재 연구영역을 확립하고 대체적 아이디어 평가에 제시된 공사비 정보를 활용하기 때문에 본 단계의 공사비 견적 정보는 매우 중요한 것이므로 발주청의 VE 담당자, 설계자, CMr, VE 책임자 등은 이의 중요성을 충분히 인식해야 한다.

필요한 경우 발주청의 VE 담당자와 VE 책임자의 협의를 통하여 외부 공사비 분석 전문가를 고용하여 당해 프로젝트의 공사비에 대한 재견적을 시행할 수도 있다. 하지만 중복된 견적에 소요되는 시간과 비용을 고려한다면 일반적으로 제공된 견적자료의 간단한 검증 후 조정을 하는 것이 보다 효율적이다.

(4) 사용자 요구측정

1) 목적

사용자 요구측정단계의 목적은 VE 대상 프로젝트에 대한 발주자·사용자의 요구를 측정하여, VE 활동의 대상을 선정하는 기준을 마련하는데 있다.

2) 기대효과

사용자 요구측정단계의 기대효과는 다음과 같다.

① VE 활동 시 기능정의, 기능정리, 기능평가, 대안평가 시 의사결정의 지침 제공
② 운영상 또는 기술상의 성능수행에 관한 기대나 의향을 명백히 정의하고 이해할 수 있으며 문서화된 참고자료로 사용
③ 대안이 발주자의 요구에 합당한지를 확인할 수 있는 평가 척도로 활용

3) 사용자 요구측정 방법(품질모델 작성)

품질모델 작성 절차는 다음과 같다.

① 발주자·사용자의 프로젝트 성능에 대한 요구와 기대를 파악
② 파악된 요구와 기대와 그에 대한 대응 수준에 관하여 발주자, 설계자, VE팀 구성원들 간의 토론을 통하여 합의
③ 이러한 합의에 의해 도출된 사항을 품질모델 다이어그램에 도식적으로 표현
④ 품질모델은 VE 활동 시 의사결정의 지침을 제공
⑤ VE 설계대안이 발주자의 요구에 합당한지를 평가할 수 있는 척도로 활용

Sample 품질모델

품질모델

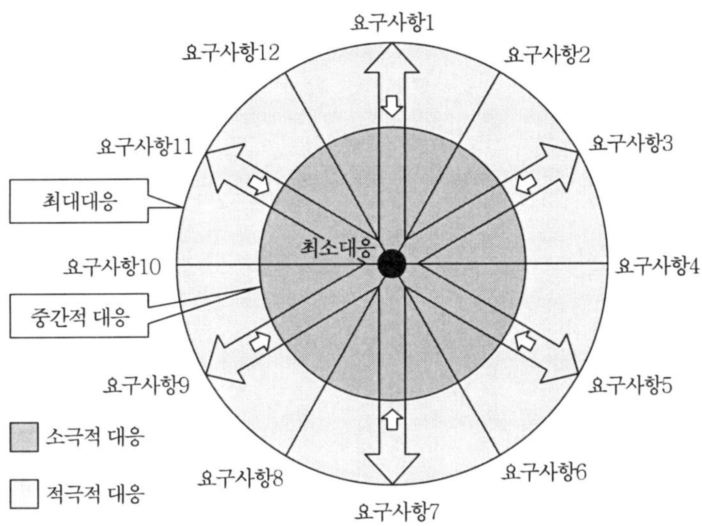

품질모델 다이어그램 양식

품질모델

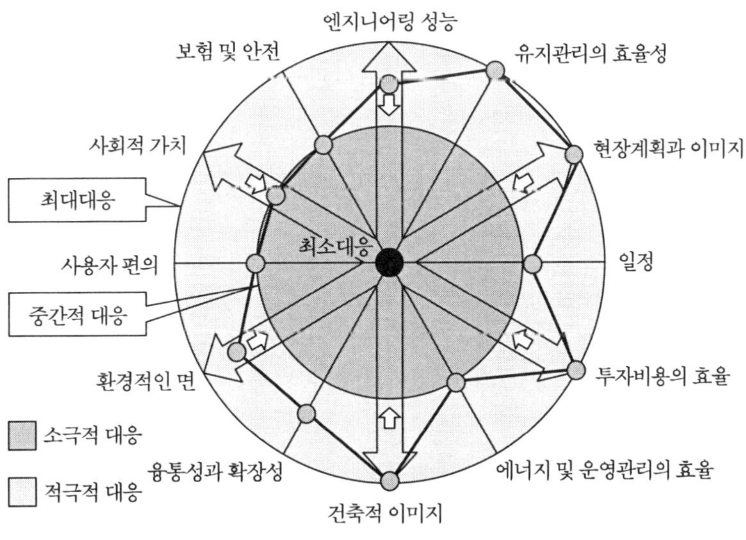

품질모델 다이어그램 작성 Sample

위에서 기재된 항목에 대한 대응수준을 주관적 판단에 의해 결정하여 점으로 표시하고 선으로 잇는다. 큰 화살표 방향(큰 원 둘레)으로 향할수록 그 요구에 대한 대응의 수준이 높다는 것을 표현한다.

(5) VE 대상선정

1) 목적

VE 대상선정 단계의 목적은 각종 기법을 활용하여 프로젝트의 특성과 사용자·발주자의 요구측정에 따른 적합한 VE 대상선정을 하는 것이다.

2) 기대효과

대상선정 단계의 기대효과는 다음과 같다.

① 모델 등의 각종 기법 활용으로 여러 대안을 비교·분석할 수 있음
② 모델의 활용으로 고비용 분야 등을 식별하여 VE 대상선정 가능
③ 잠재적인 VE 대상분야 선정을 고려할 수 있음

3) 모델 작성

① 비용모델(Cost Model)

미국 VE협회(SAVE International)에서는 비용모델은 “전체 시스템이나 구조물 내에서 시스템의 전체 혹은 일부에 대한 총 비용을 나타내기 위해 사용되는 도식화 기법”이라고 정의하고 있다. 즉 비용모델은 총 시설물의 비용을 쉽게 분석할 수 있도록 기능적 단위로 분류하고 그래프나 표로 작성한 것이다.

본 모델의 특징 및 작성 시 고려사항은 다음과 같다.

- 비용모델은 현재까지 견적한 프로젝트의 비용과 목표공사비를 공종별로 세분화 한 것으로 대상분야선정 등 효과적인 VE활동의 수단으로 활용됨
- 목표공사비는 VE 준비단계에서 결정되어야 함
- 목표공사비 결정은 구성원의 과거경험과 실적공사비 자료를 근거로 할 수 있음
- 견적된 공사비와 목표공사비 차가 큰 분야가 가치향상이나 공사비 절감의 가능성이 높음

- 비용모델은 프로젝트 특성과 설계 진척 정도에 따라 이용 가능한 정보가 다르기 때문에 다양한 형태와 표현 양식으로 나타날 수 있음

표 3.4 비용모델의 구성

구 분	유 형
그래프 형태	다이어그램형, 막대그래프 형, 파이차트 형
이용 가능 정보	프로젝트별, 공구별, 공간/부위별(Space), 공종별 세부구성항목별 등
비용	공사비 모델, LCC, 에너지 비용 등

② 에너지모델(Energy Model)

VE 활동의 또 하나의 큰 목표는 에너지 사용의 최적화이다. VE 책임자는 필요에 따라 비용모델과 유사한 방식으로 에너지모델을 만들어 VE팀이 활용할 수 있도록 제공해야 한다.

본 모델의 특징 및 작성 시 고려사항은 다음과 같다.

- 에너지 모델은 정확한 에너지의 요구량이나 그 비용 산정을 위해 작성하는 것이 아니며, 에너지 소비가 가장 많은 영역을 신속히 규정하고자 하는 것으로 이를 통하여 비용절감과 에너지 절감 가능성이 높은 잠재영역을 검색하기 위한 목적으로 활용되는 것임
- 시실물의 하부시스템이나 특정 지역의 에너지 소비량을 제시
- 일반적으로 년간 kwh단위로 에너지를 표시
- 비용모델과 마찬가지로 목표에너지 소비량이 VE 분석단계 동안에 각 영역별로 할당되어야 함
- 에너지 소비목표량 또한 VE 구성원의 과거경험과 실적자료를 바탕으로 작성함

③ 생애주기비용모델(LCC Model)

생애주기 비용 모델을 초기 공사비뿐만 아니라 운영 및 유지관리에 소요되는 생애주기비용을 분석하기 위해 활용된다.

본 모델의 특징 및 작성 시 고려사항은 다음과 같다.

- VE 분석단계동안 VE팀이 제시하는 각종 대안의 공사비 영향도를 뒷받침하는 자료로 사용됨

- 특히 에너지 소비가 집중적으로 발생하는 시설물이나 공간에 유용
- 본 모델에서 사용되는 각종 이자율, 할인율 등에 대한 적정 값은 발주청의 VE 담당자, 설계자, CMr, VE 책임자 등에 의해 검토된 후 사용

④ 대상선정 기법의 종류 및 특징

비용모델을 활용한 대상선정 기법과 그 외 실무에 적용할 수 있는 몇 가지 VE 대상선정 기법들을 소개하고자 한다. VE 대상을 선정하기 위해 사용되는 기법으로는 고비용 분야 선정기법, Cost to Worth 기법, 비용·성능 평가기법, 복합 평가기법, 가중치부여 복합 평가기법 등이 있다. 대상선정 기법간의 주요 특징을 평가기준을 바탕으로 비교하면 표 3.5와 같다.

표 3.5 VE 대상선정 기법간의 비교

VE 대상선정 기법	운용기법의 개요	평가기준	특성
고비용 분야 선정 기법	고비용 분야를 VE 대상으로 선정	비용	공종별, 공구별 비용산출이 쉬운 프로젝트에 적합
Cost to Worth 기법	가치 대비 비용의 크기가 큰 부분을 VE 대상으로 선정	가치 대비 비용 크기	공종별, 공구별 비용산출이 쉽고 많은 유사 프로젝트에 대한 과거 실적자료가 있는 프로젝트에 적합
비용·성능 평가기법	비용과 성능을 함께 고려하여 VE 대상을 선정	비용과 성능을 종합적으로 판단	공종별, 공구별 비용산출이 쉽고 과거 실적자료가 불충분한 프로젝트에 적합
복합 평가기법	VE 대상선정 평가항목으로 개선예상효과, 투입가능노력, 팀의 능력, 제약조건 등을 복합적으로 고려하여 대상 선정	개선 예상 효과, 투입가능 노력, 팀의 능력 등	시공VE에 적합, 해당 프로젝트가 대규모일 때 적합
가중치 부여 복합 평가기법	VE 대상선정 평가항목으로 품질향상, 원가절감, 공기단축, 안전성, 제약성 등에 가중치와 예상 만족도를 고려하여 대상선정	품질향상, 안전성, 제약성 등	복합 평가기법과 유사함, 평가 항목에 대한 가중치 산정이 중요

㉠ 비용·성능 평가기법

비용·성능 평가기법은 비용중심의 고비용 분야 선정기법, Cost to Worth 기법

과는 달리, 비용과 프로젝트의 성능향상(발주자·사용자 요구를 포함)을 동시에 고려하여 VE 대상을 선정하는 기법이다.

비용·성능 평가기법의 절차는 다음과 같다.

- VE팀은 각 항목별 비용을 기입하고, 각 성능항목 등에 대하여 VE팀의 주관적인 평가치(만족도)를 기입(예: ○: 3점(만족), △: 2점(보통), ×: 1점(불만족))
- 각 항목별 비용의 총합과 성능 평가치를 각각 합산하여 총합계를 구함
- 각 항목별로 비용 및 성능의 상대적 비율(%)을 구함
- 비용과 성능의 비율을 함께 고려하여 VE 대상분야와 강화대상분야를 판정

표 3.6 비용·성능 평가기법 적용의 예 (단위 : 천원)

구성항목	비용		성능				
	비용 (공사비)	비율 (%)	발주자 사용자 요구	공기	기술적 타당성	합계	비율 (%)
대지조성	1,000,000	8.0	○	△	△	7	13.6
상·하부 구조체	1,770,000	14.0	△	×	×	4	7.7
지붕	1,000,000	8.0	×	○	△	6	12.0
외벽/창/문	1,080,000	8.5	×	○	△	6	12.0
승강기	200,000	1.5	○	○	△	8	15.0
기계설비	3,420,000	26.0	○	○	△	8	15.0
전기설비	2,030,000	17.0	○	○	○	9	17.0
내부공사/마감	2,180,000	17.0	×	×	△	4	7.7
총 계	12,680,000	100				52	100

※ 범례 : 성능판단기준 ○ : 3점(만족), △ : 2점(보통), × : 1점(불만족)

표 3.6은 비용·성능 평가기법의 한 예로서, 비용 외에 발주자·사용자의 요구, 공기(시간), 기술적 타당성을 포괄하는 성능이라는 평가기준을 제시하였다. 세부 평가기준, 항목, 평가방법 등은 각 프로젝트의 유형 및 VE팀의 의견에 따라 다양해 질 수 있다.

㉡ 복합 평가기법

비용모델 기법을 적용하지 않고, VE 대상선정을 위한 평가항목으로 개선 예상효과, 투입 가능시간, 팀의 능력, 제약조건 또는 해결 가능성 등을 설정하

고, 복합적으로 평가하여 VE 대상을 선정하는 기법이다. 이러한 복합 평가기법의 사용 시에는 대상 프로젝트의 유형과 특성에 맞추어 평가항목을 정하는 것이 중요하다.

복합 평가기법의 활용 절차는 다음과 같다.

- 당해 프로젝트에 대해 개선의 여지가 많은 분야를 후보 대상으로 선정
- 당해 프로젝트의 특성에 맞추어 평가항목(예, 효과성, 투입노력 등)을 정하고 VE팀의 주관적 판단에 의해 평가치(예 : ○, △, × 등)를 기입
- 평가항목에 대한 평가치의 결과를 고려한 뒤 최종 판정

표 3.7은 VE 대상선정을 위해 복합 평가기법을 적용한 예를 나타내고 있다.

표 3.7 복합 평가기법 적용의 예

현장명 : 000 매립현장　　　　　　　　　　　　　　　　　　작성일 :

후보 대상명	효과성	투입노력	현장조직	제약성	판정
1. 상치콘크리트 침하 방지	○	×	△	×	×
2. 상치콘크리트 타설방법 개선	△	×	×	△	×
3. 오염방지막 설치방법개선	○	○	△	△	◎
4. 사석 선별 방법 개선	×	×	○	△	×
5. MAT 포설방법 개선	△	○	○	○	◎
6. 속채움 사석 투하 방법 개선	○	○	△	○	◎
7. BLOCK 거치 방법 개선	○	×	○	×	×
8. BLOCK LIFTING 용 ROPE 설치 방법 개선	△	△	○	×	×
9. BLOCK 거푸집 조립방법 개선	×	×	△	△	×
10. 매립 방법 개선	○	×	×	×	×

※선정 대상명(◎)　3. 오염방지막 설치 방법 개선
5. MAT 포설 방법개선
6. 속 채움 사석 투하 방법 개선

※표기방법　○: 평가항목에 대하여 충분히 가능함
△: 평가항목에 대하여 검토 또는 조사가 요망
×: 평가항목에 대하여 불가능

※판정방법의 예　○표가 3개 이상이면 채택한다.
△표가 2개 이상이면 재검토하여 판정한다.
×표가 1개 이상이면 제외한다.

㉢ 가중치 부여 복합 평가기법

복합 평가기법의 또 다른 형태로 가중치 부여 복합 평가기법이 있다. 가중치 부여 복합 평가기법은 복합 평가기법과 마찬가지로 프로젝트의 유형 및 특성에 따라 다양하게 선정된다(예 : 품질향상, 원가절감, 공기단축, 안전성, 제약성 등). 그러나 평가항목에 가중치를 설정한다는 점에서 큰 차이가 있다.

가중치 부여 복합 평가기법 활용 절차는 다음과 같다(표 3.7 참조).

- 대상 프로젝트에 대해 개선의 여지가 많은 분야를 후보 대상으로 선정
- 대상 프로젝트의 특성에 맞추어 평가항목(예: 품질향상, 원가절감, 공기단축 등)을 선정하고 VE팀의 주관적 판단에 의해 가중치를 부여
- 이 때 가중치는 100점을 총점으로 하여 각 평가항목별로 주관적으로 산정
- 각 후보 대상에 대한 평가점수를 부여
  <평가치 분류 - 5 : 매우 우수, 4 : 우수, 3 : 보통, 2 : 곤란, 1 : 매우 곤란>
- 「㉮(가중치) × ㉯(평가점수)」를 계산하여 결과를 ㉰란에 기입
- 각 후보대상별 평가점수의 합계를 ㉱(총점)란에 기입
- 총점이 높은 순서대로 VE 대상선정 순위를 부여

표 3.8은 가중치 부여 복합 평가기법의 예를 나타내고 있다.

표 3.8 가중치 부여 복합 평가기법 적용의 예

번호	후보 대상명	평 가 항 목										총점	순위
		품질향상		원가절감		공기단축		안전성		제약성			
		가중치 30 ㉮		가중치 20		가중치 20		가중치 10		가중치 20			
1	목재 천정틀공법개선	5 ㉯	150 ㉰	3	60	2	40	4	40	1	20	310 ㉱	2
2	인조석 현장 물갈기 공법 개선	4	120	2	40	3	60	4	40	1	20	280	4
3	지하주차장 바닥마감 개선	3	90	2	40	5	100	3	30	3	60	320	1
4	방수공법 변경	1	30	2	40	4	80	4	40	5	100	290	3

※ 범례
- 평가항목별 예상 만족도(5 : 아주 우수, 4 : 우수, 3 : 보통, 2 : 곤란, 1 : 아주 곤란)
- 선정된 VE 대상명: 3번 지하주차장 바닥마감 개선

㉣ 착수순위 결정

선정된 VE 대상에 대한 착수순위 결정은 효과성, 취급 용이성, 해결능력 등을 ○, ×로 평가하여 ○의 수가 가장 많은 순서대로 결정한다.

착수순위 결정표의 활용 절차는 다음과 같다(표 3.9 참조).

- 당해 프로젝트의 특성에 맞추어 평가기준에 대한 하위 평가항목을 정함
- 평가항목에 의거, 각 선정된 대상을 VE팀의 주관적 판단에 의해 ○, ×로 표기
- ○의 수의 합계가 많은 대상을 우선 착수 대상으로 선정

표 3.9는 표 3.8에서 선정된 대상의 착수순위를 결정한 예를 나타내고 있다.

표 3.9 착수순위 결정표의 예

현장명 : 부산 감천항 매립현장 작성일 :

기 준	평 가 항 목	선정된 VE 대상 번호				
		3	5	6		
효과성	1. 개선 효과가 있는 것	○	○	○		
	2. 동일 형태가 많은 것	○	○	×		
	3. 반복이 기대되는 것	×	○	○		
	4. 비용절감 효과가 큰 것	○	×	×		
	5. 사용자의 애로가 많은 것	×	×	×		
	6. 비용비율이 높은 것	○	×	×		
	7. 시공이 복잡한 것	×	×	×		
취 급 용이성	1. 개선안의 실현이 예측되는 것	○	○	○		
	2. VE팀 구성원이 문제로 삼고 있는 것	○	○	×		
	3. 자료가 정리된 것	×	×	×		
	3. 비교적 소규모 대상의 것	○	×	×		
능 력	1. 독자적으로 할 수 있는 것	○	○	○		
	2. VE팀 구성원의 능력에 적합한 것	○	○	○		
	3. VE팀 구성원의 전문분야에서 선정한 것	○	○	○		
	4. 시간, 사람을 사용할 수 있는 범위의 것	○	○	○		
○의 수 합계		11	9	7		
착 수 순 위		1	2	3		

※ 범례 : 선정된 VE 대상명(표 3.5 참조)

3. 오염방지막 설치 방법 개선, 5. MAT 포설 방법개선, 6. 속채움 사석투하 방법 개선

3.2.2 분석단계

분석단계는 VE 활동의 핵심적인 단계로서, 정보 수집 및 사용자 요구측정을 통해 VE 대상을 선정하고 여러 기법을 활용하여 실질적인 VE 대안 제시의 기초가 되는 것이다.

(1) 기능분석

기능분석 단계의 목적은 VE 대상선정 단계에서 결정된 VE 대상분야에 대하여 기능정의(분류포함)-정리-평가의 세 단계를 수행하여 프로젝트를 새로운 안목으로 관찰하게 하여 아이디어 창출의 근본을 만드는 것이다.

1) 기능정의/분류

기능정의란 시스템 및 그 구성요소들의 작용이나 역할을 언어구조상의 형식(명사 + 동사)을 사용하여 그 존립 목적을 표현하는 방식이고, 기능분류는 기능정의에서 정의된 기능들을 핵심적인 필요사항과 이것을 달성하기 위한 부수적 기능으로 분류하는 것이다.

기능정의/분류의 목적은 "왜 이 요소가 한 시스템의 구성에 필요한가?"를 기능적 측면에서 고찰하여, 그 기능을 대신하는 아이디어 창출의 실마리를 얻고자 하는 것이다.

기능정의/분류의 절차는 다음과 같다.

① 기능은 '명사+동사'의 조합으로 표현

② 명사는 계량 및 측정을 통하여 정량화가 가능한 표현을 사용

③ 동사는 팀 구성원의 사고의 폭을 넓게 할 수 있도록 함축적, 단순하고, 쉬우며, 동적인 표현을 사용

④ 한 요소가 여러 기능을 가질 수 있으며, 사용목적에 따라 그 기능은 달라 질수 있음

⑤ 가장 많이 쓰이는 기능분류 방식은 기능정의에서 정의된 기능들을 주기능(기본기능)과 부기능(2차기능)으로 분류하는 것임

표 3.10 기능분류의 구분

구분	기준	유형
주기능(기본기능)	프로젝트의 핵심기능	발주청의 핵심적인 필요사항 및 요구사항
부기능(2차기능)	주기능 이외의 모든 기능	주기능을 달성하기 위해 선정된 방법 또는 공법의 결과로 생김
필수 부기능	반드시 수행되어야 하는 특정 부기능	법규에 의해 요구되는 기능

2) 기능정리

기능정리란 기능정의/분류 단계에서 정의된 기능의 목록에서 실제로 필요한 기능을 확인하여 이를 분류하는 과정이다.

기능정리의 목적은 'How-Why Logic'을 이용하여 기능간의 위계관계를 정리함으로써 분석 대상의 필요, 불필요 기능을 규명하여 구성원의 아이디어 창출을 촉진시키는 것이다.

기능정리의 절차는 다음과 같다.

① 주기능을 맨 왼쪽에 위치시키고 주기능에 대한 수단(How?)이 되는 부기능들을 주기능의 오른쪽에 위치시킴

② 부기능의 목적(Why?)이 되는 기능들을 왼쪽에 위치시킴

③ 기능평가 및 아이디어 창출을 위한 연구 범위선(Scope Line)을 설정

기능정리 기법(FAST 다이어그램)의 종류 및 특징은 다음과 같다.

표 3.11 기능정리 방법 간의 주요 특징

기능정리 방법	개요	주된 적용 목적
전통적인 FAST 다이어그램	모든 기능들의 상호 관련성을 "How?"-"Why?" 논리를 이용하여 표현하는 방법	가장 일반적인 기능정리 방법으로 널리 사용되어 왔음
고객중심의 FAST 다이어그램	발주자 사용자의 관점에서 프로젝트, 제품, 서비스에 대한 기능을 총체적으로 검토하기 위한 방법	프로젝트 전체의 기능을 전반적으로 정립할 때 유리함 기능평가 시에는 부정합의 사용에 유리
기술적인 FAST 다이어그램	주 기능정리 선에 주기능과 부기능들을 위치시킨 후, 필수기능들을 수직("When") 선상에 위치시킴	프로젝트 일부 공종, 공구, 부위를 대상으로 기능을 정리할 때 사용될 수 있음

고객중심의 FAST 다이어그램(Customer/Task FAST Diagram)은 발주자 · 사용자(고객)의 관점에서 프로젝트, 제품, 서비스에 대한 기능을 총체적으로 검토하기 위한 FAST 다이어그램이다. 기능을 필수기능(Needs)과 지원기능(Wants)으로 분류한다는 점에서 일반적인 기능정리와 차이가 있다.

필수기능(Needs) : 발주자 · 사용자의 관점에서, 프로젝트가 반드시 내포해야하는 기능

지원기능(Wants) : 발주자 · 사용자의 관점에서, 프로젝트 성능을 향상시키기 위해 요구되는 기능

Sample 고객중심의 FAST 다이어그램(교량 상부공 거푸집 개선)

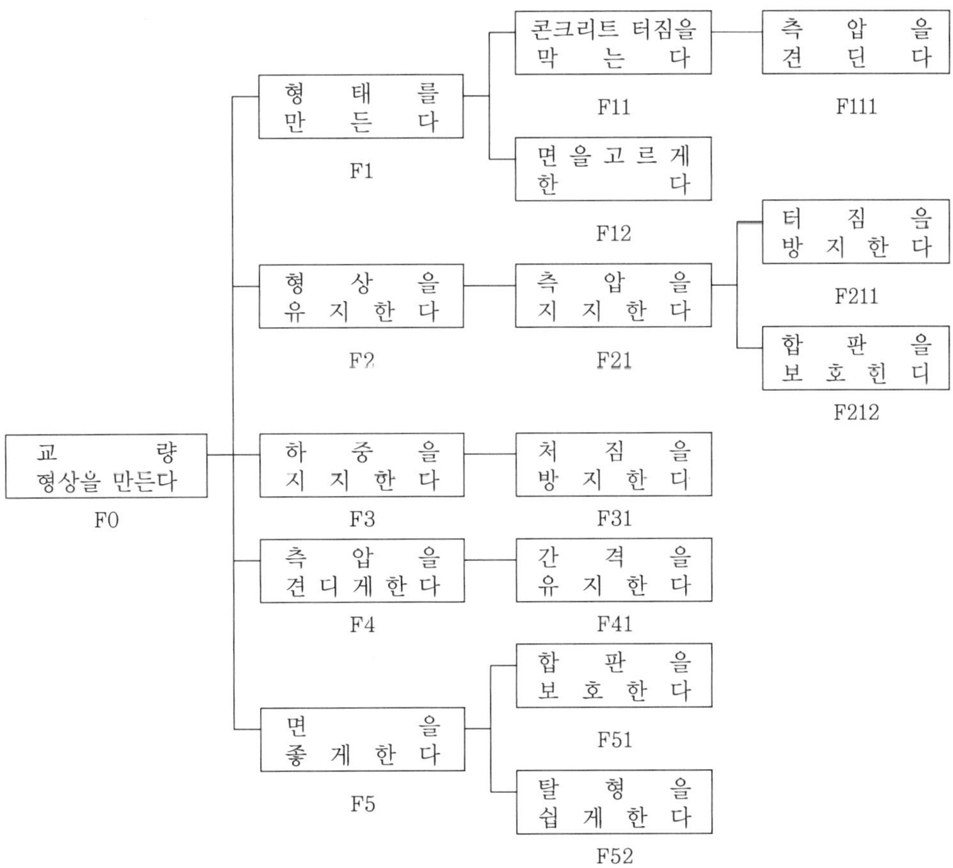

3) 기능평가

FAST 다이어그램 상의 기능들은 중점개선 대상기능을 선정하기 위하여 다양한 방법을 통하여 금전적으로 평가되는 것이 일반적이다. 즉, 각 기능에 현재비용(C)과 그 기능을 수행하는데 소요되는 최소비용인 기능비용(F)을 산정하고, 「V=F/C」로 비교·평가하여 각 기능들의 가치지수(Value Index)를 산정한다. 가치지수가 작으면 절감의 가능성과 가치향상의 가능성이 크다고 할 수 있다. 이러한 일련의 기능을 평가하는 과정을 기능평가라 한다.

① 기능평가의 절차

- FAST 다이어그램에서 평가대상의 기능레벨을 설정하고 평가할 기능들을 선정(평가대상 기능들은 일반적으로 연구 범위선 내의 주기능들임)
- 각 기능분야별 현재비용(C)을 배분
- 각 기능분야별 기능비용(F)을 구함
- 「V=F/C」를 이용하여 가치가 작은 분야 확인
- 「Pi=C-F」를 이용하여 개선가능금액이 큰 분야 확인(Pi: 개선가능금액)
- 개선대상 기능들의 착수순위를 결정하여 중점개선 대상기능을 최종 결정
- 개선의 목표를 수치화함으로써 개선활동의 동기를 부여하고, 개선활동의 결과를 예측함

② 기능평가 기법의 종류 및 특징

기능비용(F)의 산출과정은 VE 추진과정 중에서 상대적으로 어려운 부분이다. 기능비용(F) 값의 산정은 비용절감의 개선 잠재력이 큰 부분을 선택하고, 기능분석의 최종 목적인 중점개선 기능분야를 식별하기 위한 하나의 과정이기 때문에 필요 이상으로 정확히 산정하지 않아도 된다.

기능평가 기법간의 특징을 살펴보면 표 3.12와 같다.

표 3.12 기능평가 기법간의 특징비교

기능평가 기법	개요	특징	비고
과거 실적자료	해당기능을 달성하는데 소요되는 최소비용을 산정하기 위해 과거의 비용자료를 사용하는 방법	해당기능의 실적 자료가 있을 경우 현재의 비용과의 단순한 비교로 판단 가능하여 손쉽게 사용할 수 있음	실적자료가 있을 경우 사용가능
FD법과 IWDM법	기능 상호간의 기능의 중요도를 판단, 평가하는 방법	실적자료가 없을 경우 사용하는 방법으로 기능간의 쌍별 비교법이 사용됨	기타 방법이 어려울 경우 사용 가능하지만 복잡한 계산 절차가 약점
경험에 의한 기능비용산출 방법	복수의 전문가 의견을 활용하는 방법	수명의 전문가로부터의 의견을 델파이 기법을 활용하여 수 차례에 걸쳐 수렴시키는 방법	다수의 전문가의 의견을 수렴시키는 의사결정방법으로 델파이 기법 사용
부정합 (Value Mismatches)	기능에 소요되는 현재비용과 발주청·사용자 만족도를 비교하여 상호 일치하지 않는 부분을 판단하는 방법	발주청·사용자 관점의 기능평가가 가능하며, 고비용 분야와 기능개선 및 조정 분야를 동시에 파악할 수 있음	기능에 대한 발주자, 사용자의 요구 및 만족도에 대한 파악이 선행되어야 기능중요도가 정해짐

- 과거 실적자료(Historical Data)에 의한 기법

  과거의 실적 데이터를 기준으로 해당기능을 수행하는데 소요되는 비용을 통계적 수지로 나타내어 그 중 최서의 값을 기능비용(F)으로 정하는 방법이다. 이는 실적 데이터가 존재하는 경우에 가능한 기법이다.

- 강제결정법(FD법-Forced Decision)과 기능분야별 가중치부여 결정법(IWDM법-Improved Weight Decision Method)

FD법 : 기능상호간의 1:1 비교를 통하여 중요도를 평가하는 기법으로 VE팀의 주관적 판단에 의해 각 기능의 중요성에 대한 순위를 집계함

FD법의 활용절차는 다음과 같다.

- 각 기능에 대해 짝을 지어 비교함

  (예 : F1과 F2, F3, F4 각각과 기능의 중요도를 비교)
- VE 팀의 주관적 판단에 의해 각 기능의 중요성 평가치를 기입

(높은 쪽 : 1, 낮은 쪽 : 0)

- 각 기능별 중요도 평가 점수를 합산
- 중요도 평가 점수를 합계를 기준으로 집계하여 순위를 결정
- IWDM법의 표에 정해진 기능의 중요 순위대로 위에서 아래로 기입

● IWDM법: FD법에 의해 결정된 기능의 중요 순위대로 표로 작성하여 기능의 상대적인 중요도, 누적치, 가중치 등을 구하는 기법

IWDM법의 활용절차는 다음과 같다.

- FD법에 의한 최하위 기능을 1로 기준할 때, 다른 기능의 중요도는 몇 배인가를 VE팀 주관적 판단에 의해 결정
- 위에서 구한 기능의 중요도를 표의 중요도란에 기입
- 각 기능의 누적치와 합계를 구함
- 각 기능의 가중치를 구함
- 보정치를 VE팀의 주관적 판단에 의해 구함
- 가중치와 보정치를 가감하여 확정가중치를 구함
- 현재비용(C)을 기입
- 기능비용(F)을 구함

Sample FD법과 IWDM법을 이용한 기능별 개선 착수순위 결정표

FD법(강제결정법)의 예

기능	내용	F1	F2	F3	F4	합계 점수	순위
F1	형태를 만든다.		0	1	1	2	2
F2	형상을 유지한다.	1		1	1	3	1
F3	하중을 지지한다.	0	0		1	1	3
F4	면을 좋게한다.	0	0	0		0	4

IWDM법의 예

기 능	비교평가			중요도	누적치	가중치(%)	보정치	확정 가중치(%)	현상 비용(C)	기능비용 (F)
F2	2			2	12(6*2)	57.0 (12/21*100)	−3.1	54.0	48,011	41,703 (77,227*0.54)
F1	1	3		3	6(2*3)	28.6 (6/21*100)	+1.4	30.0	18,940	23,168 (77,227*0.30)
F3		1	2	2	2(1*2)	9.5 (2/21*100)	−0.5	9.0	6,398	6,950 (77,227*0.09)
F4			1	1	1	4.8 (1/21*100)	+2.2	7.0	3,878	5,406 (77,227*0.07)
합계					21	100.0	0.0	100.0	77,227	77,227

기능별 개선 착수순위 결정표의 예

기능분야	현재비용(C)	기능비용(F)	V=F/C	C−F	순위
F1	18,940	23,168	1.22	−4,228	3
F2	48,011	41,703	0.87	6,308	1
F3	6,398	6,950	1.09	−552	2
F4	3,878	5,406	1.39	−1,528	4
계	77,227	77,227		0	

• 경험(델파이기법)에 의한 기능비용산출 기법

경험(델파이기법)에 의한 기능비용산출 기법은 복수의 전문가 의견을 활용하는 기법으로 그 활용절차는 다음과 같다.

- VE팀 구성원 각자 기능별 가중치를 경험과 주관에 의해 부여하여(1차 평가) 해당 칸에 기입
- 각 기능별 가중치 합계의 1차 평균치를 산출하여 ㉮란에 기입
- 산출된 평균치의 내용을 참고하여 팀원 각자 기능별 가중치를 2차 평가하여 해당 란에 기입
- 2차 평가에 대한 각 기능별 가중치 합계의 평균치를 산출하여 ㉯란에 기입
- 각 팀원의 각 기능에 대한 가중치의 합은 항상 100임
- 확정가중치(㉰)는 2차 평가의 평균치를 사용하고 단위는 백분율(%)을 사용 (확정가중치를 2차 평가의 평균치를 사용하는 이유는 2차 평가의 결과가 더욱 더 신빙성과 정확성이 있다는 전제가 있기 때문)
- 현재비용(C)의 합계(㉱) × 확정가중치(㉰) = 비용배분
- 기능비용(F) 산출 : 현재비용(C)과 비용배분 항의 비용 중에서 작은 값을 선택

표 3.13은 경험(델파이법)에 의한 기능비용산출의 예를 나타내고 있다.

표 3.13 경험에 의한 기능비용산출 기법의 예

구 분	배 준 태	이 상 섭	방 철 언	강 충 구	허 남 택	판정
F1	40 / 38	45 / 42	46 / 42	42 / 40	41 / 40	43 / 40
F2	31 / 30	32 / 30	33 / 31	32 / 31	31 / 30	32 / 30
F3	24 / 24	20 / 21	18 / 20	24 / 24	25 / 25	22 / 23
F4	4 / 6	2 / 5	2 / 5	1 / 4	2 / 4	2 / 5
F5	1 / 2	1 / 2	1 / 2	1 / 1	1 / 1	1 / 2
계	100 / 100	100 / 100	100 / 100	100 / 100	100 / 100	100 / 100

• 기능평가표

프로젝트의 구성항목(공간별, 부위별, 공종별)에 대하여 기능정의-정리-평가한 결과를 종합하여 기능평가표를 작성한다. 이러한 표는 VE 제안서와 최종 VE 보고서 양식으로도 활용될 수 있다. 기능평가표의 작성 절차는 다음과 같다.

- 구성항목에 대한 기능을 정의(명사 + 동사)
- 각 기능을 주기능과 부기능으로 분류
- 각 기능의 현재비용(C)과 기능비용(F)을 구함
- 가치지수를 산정하고 가치지수가 작은 기능을 선정
- 구해진 가치지수를 이용하여 중점개선 대상기능 선정

기능평가표의 사례는 표 3.14와 같다.

표 3.14 기능평가표(예)

기 능 분 야	현재 COST(C)	기능의 평가도(나)%	COST배분 (가)×(나)	기능의 평가치(F)	V= F/C	C-F	착수 순위
F1(면을 만든다)	5,872	40	6,572	5,872	1.00	0	5
F2(형상을 유지한다)	5,916	30	4,929	4,929	0.83	987	1
F3(하중을 지지한다)	3,444	23	3,779	3,447	1.00	0	3
F4(측압을 견디게 한다)	874	5	821	821	0.94	53	2
F5(면을 좋게 한다)	324	2	329	324	1.00	0	4
계	(가)16,430	100	16,430	15,393	93.7		

(2) 아이디어 창출

아이디어 창출 단계의 목표는 정보 단계에서 수집된 정보와 기능 분석을 통하여 선정된 개선대상 기능들을 달성할 수 있는 대체방안(아이디어)을 팀 구성원의 숙고를 통하여 되도록 많이 창출하는 것이다.

1) 기본원칙

다수의 아이디어의 창출을 위하여 고안 단계에서 VE 팀에 의해 반드시 지켜야 할 원칙은 다음과 같다.

① 판단의 연기

- 제안된 아이디어의 판단은 엄격히 금지되어야 함
- 자신 및 다른 구성원의 아이디어에 대한 부연 설명도 금지되어야 함
- 부연설명을 금함으로써 아이디어의 창출이 방해 없이 동시 다발적으로 이루어 질 수 있고, 판단을 금함으로써 비현실적이라고 생각되는 아이디어의 제안을 가능케 함
- 이러한 비현실적인 아이디어는 실행 가능하며 가치 있는 아이디어 제안의 촉매 또는 시너지 효과를 가져옴

② 긍정적인 분위기

- 팀 구성원의 각각의 아이디어는 상호 존중되어야 함
- 자신의 안이 팀 전체가 창출한 안에 긍정적인 효과를 준다는 확신을 갖도록 함
- 아이디어가 실행 불가능하다는 부정적인 시각을 버리고, 실행 가능할 수 있도록 하는 이유를 찾도록 팀의 분위기를 조성하여야 함

③ 다수의 아이디어

- 소수의 우수한 아이디어 창출보다는 다수의 아이디어(Quantity of Ideas)의 창출이 중요함
- 비현실적 아이디어는 팀 구성원의 사고의 전환을 유발시킴

④ 아이디어 편승

- 팀 구성원간의 아이디어의 상호 교환 작용을 통하여 다수의 아이디어가 창출되는 효과가 있음
- 아이디어의 양부에 관계없이 다른 사람의 아이디어에 편승하여 가치 있는 아이디어의 제안이 가능함

2) 장애요소

아이디어 창출 단계에서 극복되어야 할 창의력의 장애 요소는 크게 다음의 다섯 가지로 구분될 수 있다.

① 인식적 장애 : 자신이 알고 있는 부문 이외의 지식이나 정보에 대한 자연적인 거부감을 말함
② 습관적 장애 : 대부분의 설계 팀 및 시공 팀이 오래된 시방서나 규정에 도전 의식 없이 그대로 사용하는 경우가 많음
③ 정서적 장애 : 일반적으로 옳지 않거나 차선책의 아이디어에 반한 의견을 제시하는 것을 두려워함
④ 문화 환경적 장애 : 개인이 자라온 문화나 환경에 의해 그 문화에 동질화됨으로써 창의적 사고의 폭이 좁아짐
⑤ 직업적 장애 : 전문 직종에 대한 교육 및 규제는 사람들의 행동과 인식의 범주를 제한함으로써, 창의적인 사고에 장애요소가 될 수 있음

3) 아이디어 창출의 기법 및 특징

① 브레인스토밍(Brainstorming)

브레인스토밍은 Alex F. Osborne 박사가 창안한 창조성 개발기법으로 일명 '오스본법'이라고 한다. 이것은 리더, 기록자 외에 10명 내외의 참가자들이 기존의 관념에 사로잡히지 않고 자유로운 발상으로 이이디어나 의견을 내는 것이다.

브레인스토밍의 원칙은 다음과 같다.

- 타인의 아이디어나 의견에 대해 판단(비판) 금지
- 자유롭게 아이디어나 의견 제시
- 질보다 양을 추구하여 다수의 아이디어 도출
- 타인의 아이디어에 의견을 결합하여 새로운 아이디어와 의견을 발상

브레인스토밍의 장·단점은 표 3.15와 같다.

표 3.15 브레인스토밍의 장·단점

장점	단점
• 아이디어 창출이 용이 • 거의 모든 경우에 적용이 가능 • 다양한 아이디어를 얻을 수 있음 • 새로운 아이디어를 얻기가 쉬움	• 타인에게 의지하여 진지하게 생각하지 않는 참가자가 나올 수 있음 • 리더에 따라 성과가 좌우됨 • 발표력이 부족한 사람은 능력을 살리기 어려움

② 오스본의 체크리스트

- 다른 용도는 없는가 … 현재상태를 약간 변경하여
- 다른데서 아이디어를 구할 수 없을까 … 이것과 비슷한 것은 무엇인가, 다른 아이디어를 구할 수는 없는가, 과거와 비슷한 것은 없는가
- 바꾸면 어떤가 … 요소를 바꿔보면 어떤가, 다른 레이아웃으로 하면, 다른 순서로 하면, 원인과 결과를 바꿔보면,
- 확대하면 어떤가 … 무엇인가 첨가하면, 시간을 들이면, 보다 수를 늘리면, 길게 하면, 강하게 하면, 다른 가치를 첨가하면, 중복시키면, 과장하면
- 축소하면 어떠한가 … 무엇인가 제거하면, 적게 하면, 압축하면, 엷게 하면, 소형으로 하면, 낮게 하면, 짧게 하면, 가볍게 하면, 분할하면, 줄이면
- 대용하면 어떠한가 … 다른 사람을 대신하면, 다른 것으로 대신하면, 다른 요소로 하면, 다른 재료로 하면, 다른 공정으로 하면, 다른 동력으로 하면, 다른 방법에 의하면
- 거꾸로 하면 어떠한가 … 포지티브(Positive)와 네거티브(Negative)를 거꾸로 하면, 반대로 하면, 뒤집으면, 상하 거꾸로 하면, 역할을 거꾸로 바꾸어 하면
- 결합시키면 어떠한가 … 결합 조립은 어떠한가, Unit을 결합시키면, 목적을 결합시키면, 아이디어를 결합시키면

(3) 아이디어 평가

아이디어 평가 단계는 아이디어 창출 단계에서 고안된 수많은 아이디어들 중 개발, 시행 가능한 것들을 스크린 하는 과정이다. 이 단계에서 이루어지는 평가는 개별 아이디어의 장·단점을 충분히 고려한 객관적인 것이어야 하며, 단순한 아이디어라 할지라도 쉽게 폐기하지 말고 유사 아이디어와 조합하여 가능성을 다시 추구하는 접근을 시도하여야 한다.

1) 목 적

아이디어 평가 단계의 목적은 아이디어 창출 단계에서 창출된 많은 아이디어 중 그 평가를 통하여 구체화시킬 아이디어를 선택하는 것이다.

2) 평가기준 결정

효과적, 효율적인 평가를 위하여 프로젝트 및 아이디어에 따라 적정한 기준의 선정은 매우 중요하다. 건설 사업에서 활용되는 일반적인 평가기준은 다음과 같다.

표 3.16 평가기준

평가기준	주요 평가 항목
비용	• 초기 투자비용, 운영 및 유지비용, 관리요원 비용 등의 절감 가능성 • 시행 용이성 및 재설계 관련 비용 • 부대 비용에 미치는 영향
기능	• 미적 요소, 보안요소, 대안의 필수기능 충족성 • 원 설계에 대비한 대안의 개선 정도 • 시설물의 장래사용 및 확장에 대한 융통성
시간	• 설계시간 및 공사기간에 미치는 영향 • 시설물 또는 그 구성 시스템의 내구성, 신뢰성 및 사용수명
기타	• 시공성(Constructability) 및 법규 관련사항 • 안전성, 환경성, 민원발생

3) 개략 평가

개략 평가란 구성원들이 제안한 많은 아이디어를 개략적으로 몇 가지 기준으로 평가하는 단계로서 일반적으로 개략평가 기준이 되는 지표는 다음과 같은 요소들이 있다.

① 경제성, 시공성, 기술성, 기능 만족도

② 범례 : ○ 실행 가능한 것 (2)

△ 좀더 상세한 조사를 요하는 것 (1)

× 전혀 실현이 불가능한 것 (0)

건설정보와 CM

Sample 개략 평가

아이디어 목록 및 개략 평가표 00지구 00공사									기관	00공사
개선대상기능	앵커 블락의 케이블 정착부 공법 개선									1/1
No.	제안자	아이디어	평가기준					장점	단점	순위 점수
			(1) 작업성	(2) 경제성	(3) 기술성		평균 (1)+(2)+(3)/3			
IE-1	OOO	스틸 파이프 사용	1	2	1		1.3			2
IE-2	OOO	Dwidge공법을 사용	0	1	1		0.7			3
IE-3	OOO	Anchor Frame 미설치에서 설치로 변경	1	2	2		1.7			1
IE-4	OOO	설계사양기준 내에서 타사제품 사용검토	0	0	1		0.3			4
IE-5	OOO	대체품의 개발	0	0	0		0			5

4) 대안의 구체화

개략 평가 단계에서 선정한 아이디어들에 대한 구체적 조사·분석을 통하여 제안서를 작성해 가는 과정이다. 이 단계에 수행되는 작업들은 VE 분석 단계의 약 1/2 정도의 많은 시간이 소요되기도 한다. 본 단계에서의 고려사항은 다음과 같다.

① 개발 단계는 팀 구성원의 기술적 전문지식이 필수적으로 요구됨

② 선정된 대안들에 대한 구체적 연구를 통하여 스케치, 상세 계산 데이터, 소요 비용 및 기타 대안의 특성 등 구체안의 개발이 이루어짐

③ 개발되는 대안은 상호 독립적이어야 하나 미적 기능이 강조되는 경우 의사결정자의 승인 가능성을 높이기 위하여 둘 이상의 저가 대안들을 제공하는 것이 바람직함

5) 대안평가(매트릭스 평가법)

아이디어 창출 후 개략평가를 거친 아이디어 중 서로 경합하는 아이디어가 있을 경

우에는 가장 좋은 아이디어를 구체화시키기 위하여 상세평가를 하여야 한다. 이 때 주로 사용하는 평가기법은 가중치 부여 매트릭스 평가법이다.

① 평가항목 선정

최적안 선정을 하기에 앞서 평가항목을 결정해야 한다. 이 때 품질모델과 FAST 다이어그램을 참고로 하여 평가항목을 결정한다.

평가항목은 보통 5~10항목 정도이고, 상호 독립적이어야 한다. 표 3.17은 평가항목 선정의 예를 나타내고 있다.

표 3.17 평가항목 선정의 예

평가기준	평가항목	
경제적 요인	• 건설사업비용	• 운용 및 유지관리비
경제외적 요인	• 미적 성능 • 기능성	• 편리성
시공성	• 작업성 • 안정성	• 유지관리 성능

② 절 차

매트릭스 평가법의 활용 절차는 다음과 같다.

- 중요한 평가기준 항목들을 평가항목란에 나열
- 평가항목들은 서로 쌍방으로 비교되고, 가중치 측정기준을 참고하여 그 비교정도를 오른쪽 란에 기입(만약 두 평가항목의 중요도가 동일하게 평가되었을 경우에는 A/B와 같은 방법으로 표기)
- 평가항목에 대한 점수를 합산하여 합계 점수란에 기입
- 평가항목에 대한 가중치를 구하기 위하여 합산된 점수를 10점 척도로 환산
- 평가항목의 가중치를 구한 후, 대안을 비교평가하기 위해 대안별 매트릭스에서 대각선으로 표시된 란 중 왼쪽에는 각 평가항목에 대한 대안의 평가치를 5점 척도를 사용하여 나타냄
- 대각선으로 표시된 란 중 오른쪽 란에는 각 평가항목의 가중치와 대안의 평가치를 곱한 값을 기입하고 그 합계를 총점란에 기입
- 각 대안의 총점을 구함
- 가장 높은 점수를 확보한 대안을 최종 대안으로 선정

Sample 매트릭스 평가법

매트릭스 평가법		기관	*AA공사*
사업명	*○○지구 ○○공사*		
회의장소	*AA공사 소회의실*	일시	*2003. 11. 13*

중요도
4 – 상당히 중요한 경우
3 – 중요한 경우
2 – 약간 중요한 경우
1 – 거의 차이 없음
1/1 – 두 기준이 동등한 경우

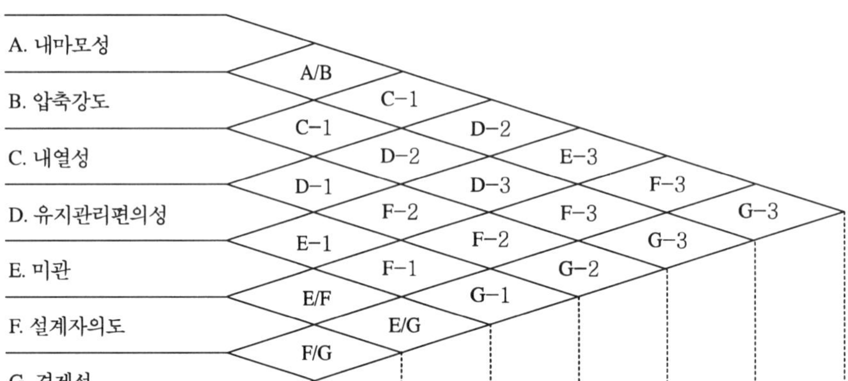

대안평가표		G	F	E	D	C	B	A	총점
	점수	11	11	11	5	2	1	1	
	가중치 (0–10)	10	10	10	4.5	1.8	0.9	0.9	
원안 : 유기질 인조석		1 / 10.0	4 / 40.0	3 / 30.0	3 / 13.5	1 / 1.8	3 / 2.7	3 / 2.7	100.7
대안1 : 유기질+무기질		2 / 20.0	3 / 30.0	3 / 30.0	3 / 13.5	1 / 1.8	3 / 2.7	4 / 3.6	101.6
대안2 : 천연석+무기질		4 / 40.0	2 / 20.0	3 / 30.0	3 / 13.5	4 / 7.2	3 / 2.7	4 / 3.6	117.0
대안3 : 천연석		3 / 30.0	3 / 30.0	3 / 30.0	2 / 9.0	4 / 7.2	4 / 3.6	3 / 1.8	111.6

5–매우 우수　4–우수　3–보통　2–열등　1–매우 열등

(4) 제안

제안 단계는 VE Job Plan의 마지막 단계로서 발주청의 의사결정자(경영진, VE 담당자, CMr 등)와 원 설계팀에게 제안서로 작성한 VE 활동의 결과를 구두로 발표하는 단계이다.

1) 제안서 작성

VE 책임자는 「설계의경제성등검토에관한시행지침」의 <별표 1>서식의 설계의 경제성 등 검토 제안서와 <별표 2>서식의 생애주기비용 절감 제안서에 다음의 내용을 작성 또는 첨부하여 해당 발주청에 제출한다.

① 당초설계와 제안된 설계와의 차이 설명, 각각의 장·단점, 기능이 변경된 경우 그 타당성, 변경에 의한 시설물의 성능에 미친 영향 및 이와 관련된 객관적인 자료

② 제안이 채택된 경우에 변경된 설계기준 또는 시방서의 목록

③ 발주자가 제안을 채택하여 실시한 경우 각각의 제안사항이 건설사업비에 미치는 분석자료

④ 수정설계 비용, 시험 및 심사비용 등 제안을 채택할 경우 발주자가 부담할 가능성이 있는 비용의 설명 및 견적

⑤ 제안된 변경사항이 생애주기비용에 미치는 영향에 대한 예측

⑥ 제안사항이 설계 또는 시공에 미치는 영향

⑦ 기타 제안의 우수성을 판단하는데 필요한 자료

Sample VE/LCC 제안서

<table>
<tr><td>사업명</td><td colspan="6">0000 도시고속화도로 민간투자사업</td><td>VE 대상</td><td colspan="3">금어IC교</td></tr>
<tr><td rowspan="3">제안 내용</td><td colspan="6">제 시 안</td><td colspan="4">차 선 안</td></tr>
<tr><td colspan="6">ST.BOX 거더교</td><td colspan="4">강상판형교</td></tr>
<tr><td colspan="6">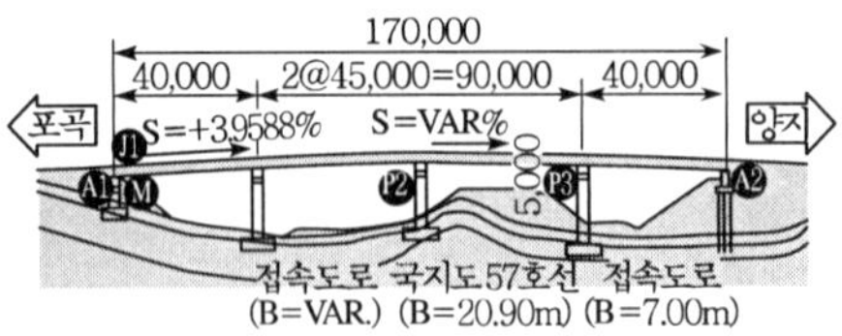
</td><td colspan="4">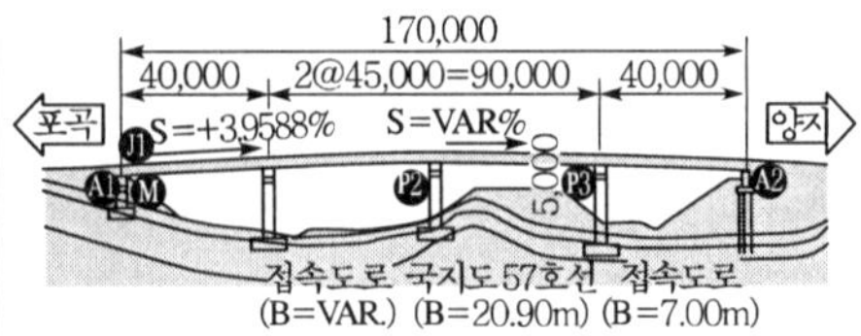
</td></tr>
<tr><td rowspan="5">경제성 평가결과</td><td rowspan="3"></td><td colspan="6">비교안별 생애주기비용(LCC)절감효과</td><td colspan="3">가치향상효과</td></tr>
<tr><td>①</td><td>②</td><td>③</td><td>④</td><td>⑤</td><td rowspan="2">절감율 (⑤/④) ×100%</td><td>⑥</td><td>⑦</td><td rowspan="2">가치향상도 {(V2−V1)/V1} ×100%)</td></tr>
<tr><td>초기 투자비 (억원)</td><td>유지 관리비 (억원)</td><td>해체 폐기비 (억원)</td><td>계 (LCC) (①+②+③) (억원)</td><td>절감액 (=L1−L2) (억원)</td><td>기능 점수 [F](점)</td><td>가치 점수 [V](점)</td></tr>
<tr><td>차선안</td><td>55</td><td>40</td><td>0.7</td><td>L1=96</td><td>−</td><td>−</td><td>F1=81.4</td><td>V1=67.8</td><td>−</td></tr>
<tr><td>제시안</td><td>46</td><td>32</td><td>0.7</td><td>L2=80</td><td>16</td><td>20.0</td><td>F2=93.2</td><td>V2=93.2</td><td>37.5</td></tr>
<tr><td rowspan="2">제안의 특징</td><td colspan="6">장 점</td><td colspan="4">단 점</td></tr>
<tr><td colspan="6">• 크레인 가설로 시공성 우수
• 비틀림 강성이 커서 곡선 적응성 우수
• 주형 변단면처리 및 채색으로 미관 양호
• 초기공사비 저렴</td><td colspan="4">• 자중이 무거워 처짐 및 휨모멘트 발생으로 장경간 사용 불리</td></tr>
<tr><td>검토 결과</td><td colspan="10">• VE/LCC 분석결과 제시안(ST.BOX 거더교)은 차선안(강상판형교)에 비해 비용은 감소하고 교차로의 교통소통 지장을 최소화하여 기능이 우수하고 시공성 및 유지관리성이 우수하여 가치(V)가 37.5% 향상하는 것으로 검토(가치혁신형 형식)</td></tr>
</table>

2) 제안서 발표

VE팀이 VE 수행 결과로서 제시하는 최종 대안을 의사결정자 및 원 설계팀에게 잘 전달하는 것은 매우 중요하다. 발표 시 전략은 다음과 같다.

① 의사결정자는 크게 발주청의 경영진, 담당자, CMr 등 운영 주체와 원설계팀으로 구분되므로 발표의 내용은 이 두 그룹의 주요 관심 사항에 초점을 맞추는 전략의 수립이 필요
② 1시간 내외의 짧은 시간에 여러 부문의 제안들을 발표하는 경우가 보통이므로 시행 가능성이 높다고 판단되는 제안 순으로 발표
③ 토론의 여지가 많은 상세한 사항에 대해서는 별도의 시간을 할당하는 등 발표 시간을 효율적으로 활용
④ 발표 시에는 우호적인 분위기의 조성이 요구됨. 특히, VE팀에 대한 반감을 최소화하기 위하여 발표 시 원설계의 우수성 및 이를 토대로 대안이 창출되었음을 강조
⑤ VE 분석 단계에서 설계의 오류가 발견되더라도 발표 시에 부각시키는 것보다는 대안과의 차이점을 강조하는 우회적인 접근이 필요

일반적인 VE 제안 단계의 업무 내용과 절차는 표 3.18과 같다.

표 3.18 제안 단계의 업무내용 및 절차

- □ 참석자 소개
- □ 개요 설명
  - 프로젝트 개요
  - 연구범위 및 VE 대상 분야
  - 연구기간, 장소, 팀구성
- □ VE 수행절차
  - VE연구 수행단계별 활동
  - 분야별 주요내용 및 절감금액
- □ 제안서 내용설명
- □ 질의 응답
- □ 실행단계업무 및 역할 협의
- □ 총평

3.2.3 실행단계

실행단계는 분석단계에서 제시된 각 VE 제안의 최종처리 단계로서 VE 수행을 마무리하는 아주 중요한 단계이다. 일반적으로 분석단계의 VE 활동이 끝나면 실질적인 VE 활동이 종료되는 것으로 인식하고 있으나 실행단계에서 VE 제안에 대한 사후 처리를 효과적으로 관리하지 않으면 지금까지의 VE 활동은 무의미하게 되므로 VE 수행주체는 이의 중요성을 충분히 인식해야 한다.

(1) 제안서 검토

분석단계가 종료되면 VE 책임자는 발표 시에 논의된 내용을 VE 제안서에 보충하여 발주청의 경영진, 담당자(CMr 포함)와 설계자 등에 제출하여 검토를 받게 된다. 이를 바탕으로 최종적으로 VE 제안의 처리결과가 결정되면, VE 담당자는 VE 제안의 처리결과를 포함한 최종 VE 보고서를 작성하여 VE 제안서의 제출이 완료되면 VE 책임자와 VE팀의 업무는 사실상 종료되며, 이후의 최종 VE 보고서의 작성은 발주청의 VE 담당자가 주관하게 된다.

1) 제안서 수록 권장항목

제안서 및 최종보고서에 기본적으로 수록해야할 권장항목을 표 3.19에 제시하였으며, 그 세부내용은 다음과 같다.

표 3.19 VE 제안서 및 최종 VE 보고서에 수록해야할 항목

	개요 보고서(최소한의 내용)	표준 보고서	종합 보고서
VE 제안서	• 실행계획 요약서 • VE제안 요약서 • VE제안서와 실행제안서 • VE팀원	개요 보고서 내용 포함 • 프로젝트 기술서 • VE팀 의견서 • 기능분석도 • 아이디어/평가표 • 견적서 사본 • 검토된 설계도서 목록	표준 보고서 내용 포함 • 서론 • 적용된 VE기법 설명
최종 VE 보고서	개요 보고서 내용 포함 • VE제안 처리결과	표준 보고서 내용 포함 • VE제안 처리결과 • 교훈	종합 보고서 내용 포함 • VE제안 처리결과 • 교훈

2) 요약 보고서

일반적으로 각 조직의 최상위 관리자 또는 의사결정자는 검토해야할 많은 업무가 있는 주체이다. 그래서 각 프로젝트에서 제안된 VE 보고서의 세부적인 내용에 대한 정밀한 검토는 사실상 불가능하므로 요약 보고서가 필요하다.
요약 보고서에 수록해야할 내용은 다음과 같다.

- 연구 목적
- 연구 장소와 일시
- 각종 모임의 장소와 일시(참석자 명단과 함께)
- VE팀 명단
- 연구 결과의 개략적인 기술(제안 수, 절감(가능)액 등)
- 연구결과 또는 연구와 관련되는 주목할만한 내용
- 다음 VE 수행절차에 대한 개략적인 기술

3) 실행 요약서

실행 요약서의 작성목적은 VE 제안을 시행하고 관리함에 있어 업무의 편리성을 제공하기 위한 것으로 발주청의 요구가 있을 경우에 작성한다. 실행 요약서는 일반적으로 1~2장의 범위에서 VE 실행안의 핵심적인 내용을 간결하게 수록해야 한다.

Sample VE 제안 실행 요약서

VE 제안 실행 요약서		기관	AA공사
사업명	○○지구 ○○공사		
VE 제안 번호	제안명	실행 내용 요약서	
VE-01	증기덕트의 개선	증기덕트의 개선: 배기덕트의 개방장소와 배기방식을 바꾸는 것으로 배기덕트 단말구를 부지경계내에 하향으로 개방하고, 우물물을 이용한 포말 제거용 샤워헤드를 설치한다.	
VE-02	수도인입방식의 개선	수도인입방식의 개선: 구내도로에 공영의 급수본관 설치 협력을 조건으로 공영수조를 부지안의 산꼭대기로 유치	
VE-03	방지, 방음시트벽의 개선	방지, 방음시트벽의 개선: 강풍시 또는 수리시에 시트를 오르내릴 수 있도록 지주형상을 변경하고 기초를 작게 함	
VE-04	지붕의 채광창 개선	지붕의 채광창 개선: 채광창의 치켜 올라간 부분 대신 선입유리를 와이어웨이브로 변경	

제안자	김○○	분야	토목	연락처	000-0000

(2) 제안서 승인

제안서 승인은 제안된 VE 대체안의 최종 처리를 결정하는 것으로 그 절차는 다음과 같다.

- VE 제안의 심의 결과는 '채택, 기각, 재검토'의 세 가지 유형으로 구분
- 발주청의 VE 담당자는 심의결과에 대한 토의를 위하여 심의팀, 설계팀, VE팀이 참여하는 모임을 주관
- 이 모임에서 개별 제안의 심의결과에 대한 이유의 설명과 각 팀의 의견개진 및 조정을 통하여 개별제안의 최종처리방안을 결정
- 기각된 제안에 대해서는 심의자가 잘못된 이해가 있었는가를 점검하고, 재검토제안에 대해서는 어떠한 최종결정을 내려야 하는가에 대하여 상세히 논의되어야 하

며, 채택된 제안에 대해서는 구체적인 실행계획을 수립

- 수정설계에 반영하기 위한 실행계획은 설계자가 주관하여 작성하게 되며, VE 책임자와 CMr 등은 이에 적극적으로 협조해야함
- VE 제안에 대한 협의에서도 최종처리절차가 조율이 되지 않을 경우에는 설계 자문위원회에 이를 회부함

채택, 기각, 재검토와 관련된 세부내용은 다음과 같다.

1) 채택

① 채택은 VE 제안서의 개별 VE 제안에 대한 완전한 수용을 의미

② 수용된 VE 제안은 즉시 수정설계작업이 수행되어야 함

③ 만약, VE 제안 중의 일부내용만 수용되고 다른 요소는 거부된 경우 이는 VE 제안의 기각 또는 재검토의 대상이 됨

④ VE 제안이 채택된 다음 사안에 따라 수정설계를 실시하는 동안 원 VE 제안의 일부 조정이 요구되는 경우가 있다. 이러한 경우에는 조정내용이 실행계획서 및 요약시에 구체적으로 기술되어야 함

2) 기각 혹은 재검토

① VE 제안을 기각할 경우 각 심사 주체는 객관적이고 기술적인 근거를 제시해야 함

② VE 담당자는 심의결과 중에서 반대 혹은 재검토에 대한 근거를 충분히 검토하고 그 수용 여부를 결성

③ 만일 심사자에 따라 다양한 심의결과가 제출된 경우에는 설계자문위원회에 회부하기 전에 전술한 바와 같이 관련주체 모임을 통해 충분히 협의를 거쳐야 함

(3) 후속조치

후속조치 활동의 절차는 다음과 같다.

1) 채택된 VE 제안을 수정설계에 반영한 후 실제적인 효과를 제안당시의 예상효과와 비교

2) 실행 과정상에 발생된 제반 문제점들를 분석하여 향후 VE 활동에 반영
3) 실행이 되지 않은 제안일지라도 VE 분석단계로부터 얻어진 기술정보들을 축적하여 재활용할 수 있는 방안을 각 발주청 차원에서 마련함
4) 제안 적용의 효과는 시공 완료 시 뿐만 아니라 시설물의 사용기간 동안에도 점검되어야 하므로 시공이후 사용자의 만족도 및 시설물의 효용성을 점검하는 POE(Post Occupancy Evaluation)등을 활용하여 장기적인 제안 적용 효과의 평가도 필요
5) 모든 VE 활동이 종료되면 VE 담당자는 최종 VE 보고서를 작성
6) VE 제안의 실행과 관련한 각종 후속조치 업무는 발주청의 주관 하에 수행되는 것으로 해당 기관에서는 VE제안을 적극적으로 수용하고 실행 가능하려는 자세와 노력이 요구됨

3.3 LCC(Life Cycle Cost) 개념

3.3.1 LCC정의와 개념

LCC는 Life Cycle Cost(생애주기비용)로서 프로젝트의 여러 가지 투자대안 중 최적안을 선택하는데 고려하여야 할 모든 중요한 요소들에 대해 주어진 기간에 따른 금전적 가치의 비교를 통하여 경제적 평가를 수행하는 절차라고 정의할 수 있다.

즉 LCC는 프로젝트의 수명기간에 걸친 초기비용과 유지관리, 재시공, 보강, 복구 및 재포장을 위한 비용에 대한 할인된 미래비용(Discounted Futures Cost)을 분석함으로써 프로젝트의 전체적인 경제적 가치를 평가하기 위한 프로세스라 할 수 있다.

LCC의 구성항목은 그림 3.6에서와 같이 크게 초기투자비용과 운영(유지관리)비용 그리고 해체 및 폐기비용으로 나누어진다. 초기투자비용은 기획 및 타당성조사비, 설계비, 감리비, 건설비로서 전체 LCC의 15~20%정도를 차지한다. 운영비용은 전기 및 유류 등과 같은 에너지비용, 운용관리인력비용, 청소보안과 같은 보전비, 수선갱신비, 보수보강비 등의 관리자비용과 차량운행비 및 시간가치비와 같은 사용자비용으로 구성된다. 관리자비용은 전체의 80%정도를 차지하며, 사용자비용은 전체 LCC의 몇배에 이르는 비용으로서 직접 투입되는 비용이라기 보다는 시설물의 보수나 사고로 인한 영향으로 간접적으로 발생이 예상되는 추정비용이라고 할 수 있다.

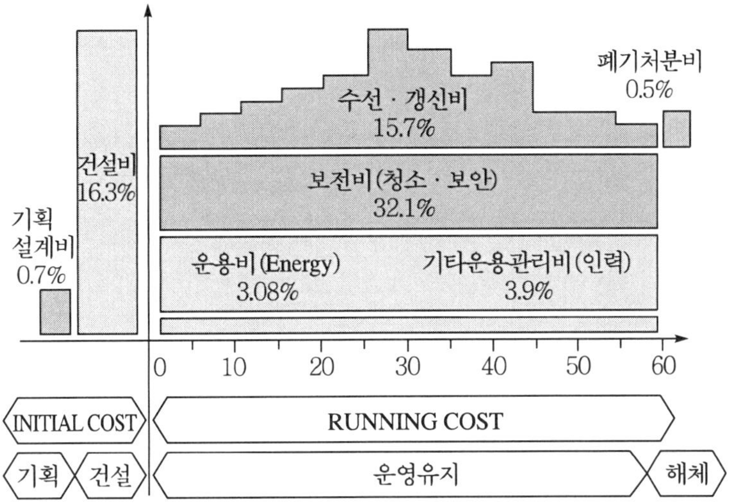

그림 3.6 LCC 구성항목 비율

3.3.2 LCC의 도입배경 및 목적

(1) 도입배경

건설시설물은 사회간접자본으로서 국가경제의 발전과 더불어 많은 시설물이 필요하게 되고 여기에 맞춰서 시설물의 건설 및 유지관리는 필수불가결하다고 할 수 있다. 국내의 경우 1990년대 초까지 늘어나는 건설수요에 의해서 수많은 시설물들이 건설되었다. 그러나 1994년 성수대교 붕괴를 비롯한 몇몇 사회간접시설들에서 대형사고가 발생하였고 그 원인이 유지관리의 미비로 인한 것으로 밝혀지면서 건설이후의 유지관리의 중요성이 인식되었다.

건설시설물의 유지관리에는 막대한 비용이 들어가고 이 비용은 건설비용의 몇 십배에 이른다는 것을 인지하는 데는 많은 시간이 필요치 않았다. 경제적인 시설물을 얻기 위해서 건설비용의 최소화가 아니라 건설이후의 유지관리비용을 최소화하는 것이 더 필요하다는 인식이 사회전반에 자리 잡기 시작하였다.

LCC는 이러한 배경으로 국내에 도입되었으며 경제적인 시설물의 설계 및 시공에 경제성 우선순위에 대한 객관적 지표로서 유용한 도구가 될 수 있다.

(2) 목적

LCC는 생애비용분석을 통하여 다른 의사결정요소들과 함께 프로젝트대안선정의 의사결정에 활용할 수 있는 비용정보를 제공해주며 결과적으로 가장 경제적인 대안선정을 주요 목적으로 한다. 이러한 목적으로 도입된 LCC의 활용성은 그림 3.7에서와 같이 설계대안의 선택, 최적부품의 선택, 적정 유지보수수준에 관한 판단, 수선계획 및 수선충당금 산정, VE지원도구 등과 같은 분야에서 유용하다.

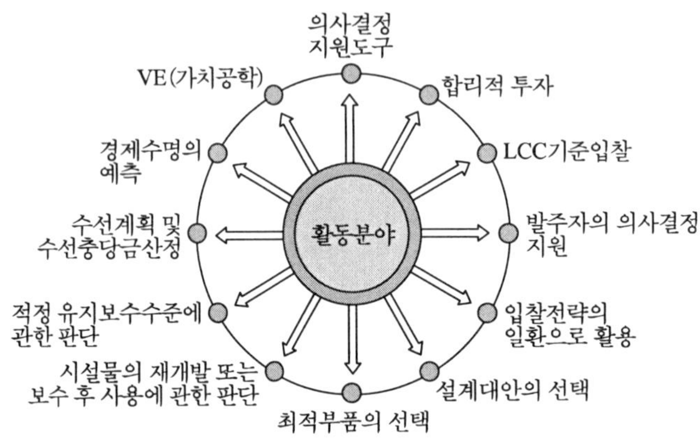

그림 3.7 LCC 활용분야

3.3.3 LCC분석을 위한 경제변수

생애주기비용(LCC)을 분석하기 위해서는 먼저 분석기간을 몇 년으로 할 것인가를 정해야 하고 미래에 발생할 비용을 현재가치로 환산하여 가치를 동일시점의 비용으로 비교할 수 있어야 한다.

(1) 화폐가치의 등가환산방법

LCC 산정과정에서 할인율을 적용하여 화폐의 가치를 동일시점의 비용으로 환산하는 방법으로서 등가환산방법에는 일반적으로 현재가치화법(Present Worth Method)과 연등가액법(Annual Equivalent Cost Method)이 많이 사용된다.

표 3.18 화폐가치의 등가환산 방법

구분	현재가치화법(PWM)	연등가액법(AECM)
개념	시설물의 생애주기동안 매년 발생하는 반복비용을 현재가치화한 비용으로 환산하는 방법	생애주기동안 발생하는 비용이 매년 균등하게 발생한다는 가정하에 초기투자비용을 균일한 연간비용으로 환산하는 방법
환산식	$P=\dfrac{(1+i)^n-1}{i(1+i)^n}\times A$ $\Sigma A/(1+i)^n$ P : 비용의 현재가치 i : 할인율 n : 분석기간 A : 매년발생하는 반복비용	$A=\dfrac{i(1+i)^n}{(1+i)^n-1}\times P$ A : 매년 발생하는 반복비용 i : 할인율 n : 분석기간 P : 분석기간이 n년인 비용의 현재가치

(2) 할인율의 적용

할인율은 화폐가치가 시간이 지남에 따라 변화하기 때문에 적용하는 것으로서 미래의 비용을 현재의 비용으로 추정하기 위해 사용된다. 할인율은 보통 명목할인율(Nominal Discount Rate)과 실질할인율(Real Discount Rate)로 구별하며 명목할인율과 실질할인율의 상관관계는 아래와 같다.

$$i_r=\frac{(1+i_n)}{(1+f)}-1$$

여기서, i_r : 실질할인율

i_n : 명목할인율

f : 물가상승율

명목할인율은 시중은행 정기예금금리를 나타내고 실질할인율은 위 식에서와 같이 예금금리와 물가상승율의 함수로 나타낸다. 즉 화폐의 가치가 이자에 의해 높아지고 물가상승에 의해 낮아진다는 것을 반영한 것이다.

LCC분석에서 할인율은 일반적으로 과거 10년 동안의 실질할인율의 변동 추이를 통계처리하여 미래 공용기간동안 적용하는 것으로 한다. 그러나 할인율의 적용에 있어서 과거의 자료는 중요하나 절대적인 것은 아니다. 미국의 아주 오랜기간에 걸친 과거이력에 대한 실질할인율은 평균 4%이며 최근의 LCC 분석시 대략 3~5%의 실질 할인율을 사용하고 있다. 표 3.19는 최근 10년 동안의 국내의 실질할인율 변화 추이와 할인율 평균을 나타내고 있다.

표 3.19 실질할인율의 변동추이

년도	시중은행 정기예금금리	인플레이션		실질할인율
		소비자물가지수	물가상승률	
1998년	13.39%	82.3	7.51%	5.47%
1999년	7.05%	83.0	0.81%	6.19%
2000년	7.08%	84.9	2.26%	4.71%
2001년	5.46%	88.3	4.07%	1.34%
2002년	4.71%	90.8	2.76%	1.89%
2003년	4.15%	93.9	3.51%	0.61%
2004년	3.75%	97.9	3.59%	0.15%
2005년	3.57%	100.0	2.75%	0.79%
2006년	4.36%	102.2	2.20%	2.11%
2007년	5.01%	104.8	2.54%	2.40%
평균	5.85%		3.20%	2.60%

(3) 분석기간의 적용

LCC분석에 있어서 고려되어야 할 또하나의 중요한 변수는 분석기간의 적용이라 할 수 있다. 분석기간은 시설물의 수명과 관련되며 시설물을 건설하여 얼마나 오랜기간 동안 사용할 수 있느냐를 예측하여 LCC 분석기간으로 설정된다. 즉 시설물의 사용수명이 LCC 분석기간이 된다.

시설물의 수명은 물리적 수명, 기능적 수명, 법적 수명, 사회적 수명, 경제적 수명 등으로 표현된다. 물리적 수명은 시설물의 성능과 관련이 있으며 설계 시에 가정한 건물의 적정 지지하중이나 도로의 평탄성 등 시설물의 성능기준을 만족시킬 때까지를 가리키며, 기능적 수명은 시설물의 건설목적과 관련이 있으며 교량의 경우 강이나 바다를 건너 사람이나 재화를 이동시켜주는 기능이나 하수처리장의 경우 오수나 폐수를 환경적으로 처리하는 기능 등을 다할 때까지를 기능적 수명이라고 한다.

또한 법적 수명은 법적으로 시설물의 사용수명을 정해 놓은 것으로서 아파트의 경우 30년 이상 사용하도록 규정되어 있는 것과 같은 것이다. 사회적 수명은 시설물에 대한 사회적인 요구수준의 변화에 따라 달라지는 것으로서 교량의 지지하중이 과거 DB18에서 DB24로 변경된 것이나 아파트의 내부 자재의 고급화나 평면의 다양화에 의한 재건축수요의 증가 등에 의한 수명단축이 사회적 수명의 결과라 할 수 있다. 즉, 사회적 수명은 기능적 수명과 법적 수명에 영향을 미치는 수명이라 할 수 있다. 마지막으로 경제적 수명은 다른 수명기준이 유사한 경우와 다른 대안에 비해 경제적으로 가장 효율적인 경우에 적용하는 것이다. 교량의 경우 분석기간과 관련하여 공용수명과 기대수명으로 나누어 설명할 수 있다. 공용수명은 어떤 시설물이나 각각의 부분이 사용될 수 있을 때까지의 연수를 나타내고 기대수명은 시설물의 설계 시 몇 년동안 사용할 수 있을 것이라는 가정을 하게 되는데 이 때 사용하는 수명을 말한다.

표 3.20은 통계분석에 의한 각국의 평균 공용수명을 나타낸 것이고 표 3.21은 국가별 교량의 기대수명을 나타낸 것이다.

표 3.20 해외 각국의 교량 기대수명

국 가	기대수명
벨기에	50~100년
덴마크	설계기준에 없음, 평균 50~70년
핀란드	평균 70년, 콘크리트교 70년, 강교 90년, 목표내구연수 70년
프랑스	100년에서 수세기 사이
일본	일반교는 50년으로 가정, 중요교량 100~200년
미국	일반교는 50~60년, 중요교는 100년, AASHTO LRFD 강교설계기순 75년
네덜란드	약 100년, 연구진행중
노르웨이	50~100년
스웨덴	100년
스위스	대략 80~100년
영국	설계 120년으로 가정

표 3.21 통계조사에 따른 교량의 사용수명

국 가	기 간	평균사용수명			
		강 교	콘크리트교		
			RC	PSC	기타
영국	1977~1985	68	72	42	–
덴마크	1976~1988	–	–	–	75
스위스	1980~1988	–	–	–	95
일본	1967~1976	47	47	21	–
일본	1977~1986	50	57	35	–
스웨덴	1984~1988	76	–	–	73
핀란드	1988	75	–	–	86

3.3.4 LCC의 적용상 어려움

일반적으로 LCC는 미래예측프로그램으로서 미래예측은 오랜기간에 걸쳐 체계적으로 수집된 방대한 자료와 여러 가지 예측 프로그램을 토대로 수행된다. 따라서 LCC 분석에는 과거 프로젝트의 실적자료의 수집과 체계적인 분류가 선행되어야 한다. 이를 위해서는 전체 수명주기상에서 요구되는 수선 또는 보수주기와 비용을 비롯하여 미래 금융정책의 영향을 고려한 할인율, 이자율, 인플레이션 등이 모두 예측될 필요가 있다. 따라서 이러한 미래예측에는 불확실성이 동반하게 되므로 여러 가지 어려움이 있기 마련이다. 아래는 LCC 적용상의 어려움을 정리한 것이다.

① 프로젝트에 내재하는 수많은 불확실성
② 고객과 프로젝트 수행자 사이의 견해차이
③ 실적자료의 부정확성
④ 프로젝트 기간의 장기화
⑤ 자산관리 방법
⑥ 정부의 금융정책 등에 관한 지식과 이해의 부족

CHAPTER

04

건설지식경영론

CHAPTER 04 건설지식경영론

4.1 건설사업의 지식경영

오늘날의 건설기업의 기업경영 형태는 조직 전반에 걸친 구성원들의 기술과 지식을 공유하여 새로운 Knowledge 창출로 변화되어 가고 있다. 이것은 급변하는 시대적 환경 속에서 경영인이 다각적으로 분출되는 지적 자산의 효율적 운영과 조직 구성원들의 욕구충족 및 가치창조의 기틀을 마련하고, 개개인의 개발과 창의성에 부흥 할 수 있는 조직 환경을 만들어야 한다는 문제에 봉착하게 한다.

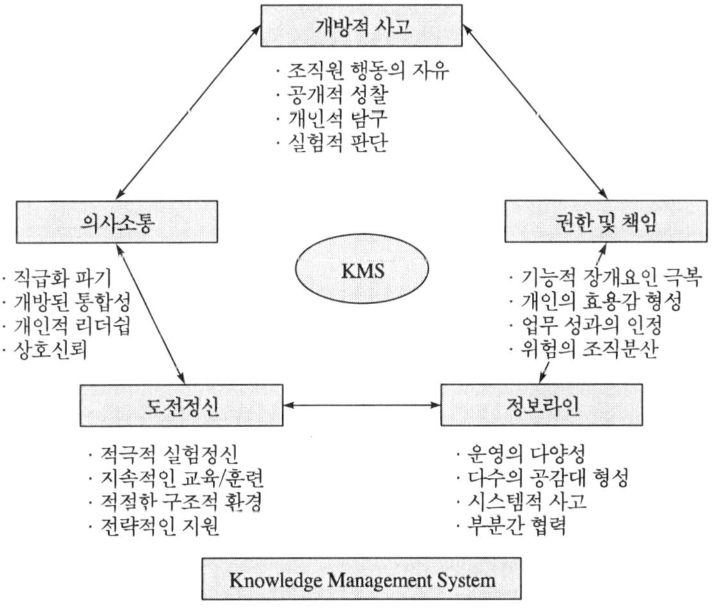

그림 4.1 건설업의 지식경영 실천방법

기업의 자산가치 판단기준도 물적자산가치에 추가하여 조직구성원들의 지적자산을 보호하고 육성하는 것으로 변화되고 있고, 지적자산이란 인재육성을 통한 기술축적, 커뮤니케이션의 원활화를 통한 조직능력 그리고 자기 개발의 욕구충족을 통한 동기유발 등으로 대변할 수 있다. 또한 건설 정보기술도 대중매체와 온라인을 통해 세계시장의 범위를 축소시키고는 있으나 전략적 개념에서 여러 지식의 효용성을 판단하는 것은 조식 구성원의 지적능력에서 파생되기에 국경을 초월한 조직원의 지적능력 개발이야말로 글로벌경영의 핵심적 경쟁력이 되는 것이다. 이러한 필요성 때문에 학습조직은 조직의 구조혁신과 경영혁신 속에서 조직원의 자발적인 참여를 통한 창의성으로 만들어나가야 한다. 따라서 앞으로의 한국 건설기업들도 선진 기업들과의 지식격차를 해소하고, 신흥개발도상국들의 도전을 빠른 속도로 따돌릴 수 있으려면 건설경영 핵심패러다임을 정착시켜야 한다. 본 장에서 건설기업인의 학습능력 향상방법과 지식경영의 실리적 추진방향 그리고 지식경영에 필요한 조직의 변화방향을 제시해 본다.

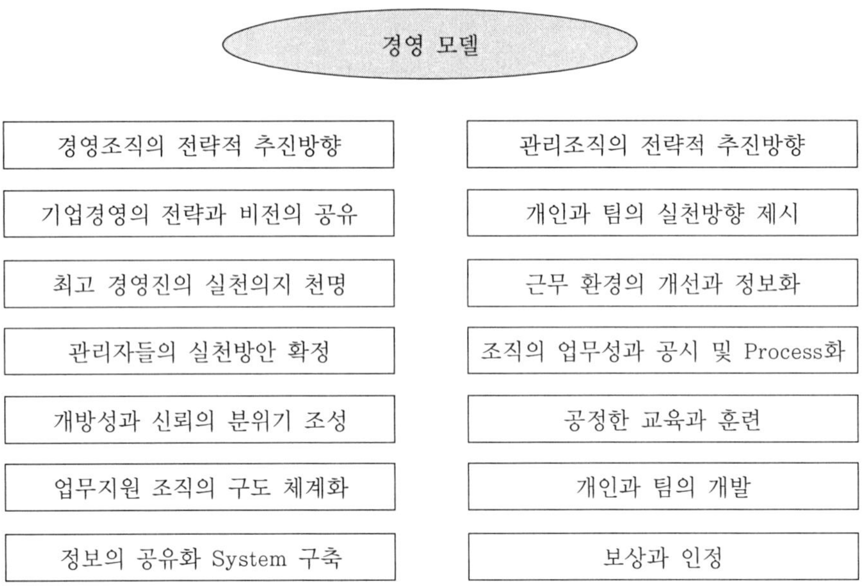

그림 4.2 건설기업의 경영전략 모델

기업의 지식경영이란 생각이나 상상을 기록으로 변화시키고, 직·간접적 경험을 통해 정보로의 가치를 부여하며, 공유·활용·창조를 통해 새로운 지식으로 확장해나가는 것이다. 특히 건설분야는 개개의 구조물별로 기획·계획·조사·설계·조달·시공·시운전·유지관리·폐기에 이르는 건설산업의 Life Cycle이 주문제작에 의한 1회성 상품이고, 장기간에 걸쳐 수행되는 특수성을 갖기 때문에 각종 신진기술과 정보 및 문화적 흐름에 민감하게 적응하여야만 생명력을 유지할 수 있다. 그러나 토목시설물 시공의 경우에는 지리적인 요인에서 신진기술의 접목성이 떨어지기 때문에 더더욱 정보화의 추진에 장애요인이 많다. 건설업에서의 지식경영은 Work Process 분석과 개선을 통해 Business Process의 기반을 갖추고, 생산성·원가·품질·안전·환경 등 다양한 목표의 충족이라는 쉽지 않은 해결점을 찾는데 있다. 이것은 오늘날의 건설업 가치가 고객의 욕구와 관심을 수렴하여 정보화와 지식화의 건설기술에 기반을 둔 새로운 건설상품의 창출과 변신으로 가야한다는 것을 의미한다.

그림 4.3 지식경영의 방법론적 흐름

4.2 지식의 개념

4.2.1 데이터와 정보

지식이 건설경영의 패러다임(Paradigm)이 된지 많은 시간이 지났다. 지난 수년동안 지식경영 관련 학술회의가 개최되었고 많은 관련서적들이 나왔고, IT관련업체나 컨설팅 회사들은 지식경영을 새로운 상품으로 만들어 내놓았다. 이제는 대기업뿐만 아니라 중소기업에서도 지식경영에 대한 도구들을 회사의 경영에 도입하여 효과를 보고 있는 추세이다.

이제 노동과 토지, 그리고 자본 이후에 인간사회와 경제조직을 이끌어갈 근본적이며 필수적인 요소로서의 지식에 관한 그리고 지식을 실제 우리의 생활속에서 효과적으로 이용할 수 있는 방법에 대해 언급하고자 한다. 그러나 지식경영의 주체로서 지식을 논하기 전에 지식이 데이터나 정보와 어떻게 다른지를 먼저 알아봐야 할 것이다.

(1) 데이터와 정보의 의미

데이터(Data)와 정보(Information)간에 차이가 있다는 것은 일반적으로 받아들여지고 있는 사실이다. 그러나 불과 수년 만에 우리들이 탐색할 수 있는 자료의 양은 상상할 수 없을 정도로 넘어 섰으며 이러한 양적 증가는 정보와 데이터(Data)간의 차이를 모호하게 하고 있다. 현실적으로 모든 사람들이 지나치게 많은 데이터와 충분치 않은 정보(Information)를 가지고 있게 된 것이다.

더욱 불행한 사실은 그 많은 자료들 중 우리가 필요로 하는 정보를 찾아내기가 수월치 않다는데 있다. 현재 우리가 사용하고 있는 인터넷 검색 엔진들로 검색가능한 자료는 전체 자료들 중에서 극히 일부에 불과하다. 이것은 급변하는 환경속에서 정보와 데이터의 라이프사이클(Life Cycle)이 줄어들게 되고 그에 따라 유효성이 감소되는 문제점을 노출하고 있다는 사실을 알려주는 것이다.

그렇지만 이러한 사실들이 더 이상 데이터와 정보를 구분할 필요가 없다는 것을 의미하지는 않는다. 현재 우리는 데이터와 정보 그리고 지식으로 이어지는 의미 확장의 단계를 통해 그 의미를 파악하려 하고 있다. 즉, 효과적이며 명확하게 경계를 구분함으로써 자료의 양적 증가에 비례하는 효과적인 정보의 생산을 가능하게 할 수 있는 것이다. 또한 탐색 가능성을 높이고 유효성을 높이기 위한 실질적 방법의 개발을 통해 생산성을 높일 수 있다. 그리고 더욱 중요한 것은 이런 과정을 통해 효과적으로 지식을 창출할 수 있는 기반을 마련할 수 있다는 것이다.

(2) 데이터와 정보의 정의

데이터는 단편적인 사실이다. 또한 데이터는 자료의 단순한 나열이며(Pastore, 1995) 사상에 관한 추상적이고 객관적인 사실들의 모임이다(Davenport & Prusak). 또한 아직 해석되지 않은 상징이라 할 수 있다(Spek & Spijkervet).

이러한 데이터의 예로는 도로에 설치된 신호등의 불을 들 수 있다. 아직 주관적 판단이 개입되지 않은 상태에서는 빨강, 노랑, 파란색의 불빛들은 그 자체로 데이터라 할 수 있다.

반면 정보는 특정한 상황이나 문제를 묘사하기 위해 조직화 된 사실이다. 데이터로 구성되며(Brooking), 의미가 부여된 데이터를 의미한다. 그리고 정보는 관련성과 목적성을 지니게 되며 이러한 사실은 우리에게 다양한 방법으로 데이터에 가치를 부여함으로써 정보로 변환시킬 수 있는 가능성을 보여준다. 이렇게 데이터를 정보로 변환할 수 있게 하는 다양한 방법 들이 Drucker에 의해 제시되고 있다.

표 4.1과 같은 방법들은 데이터에 가치를 부여할 수 있는 방법들을 제시한 것이다. 단순한 사실들의 모임을 맥락화와 분류, 분석, 수정, 요약 등에 의해 정보로 탈바꿈할 수 있게 된다.

다시 이전의 데이터에 대한 예시로 돌아가면 지금까지의 논의를 통하여 정보가 무엇인지에 대해 구체적으로 알 수 있다. 즉, 우리는 도로를 건널 때 신호등에 켜진 불빛을 보게 되면 그에 따라 해석을 하게 되고 각 불빛이 의미하는 바를 파악함으로써 우리의 행동을 결정하게 된다. 바로 이렇게 각 불빛에 의미를 부여한 것을 바로 정보라 한다.

표 4.1 데이터에서 정보로의 변환

구 분	내 용
① Contextualized(맥락화)	데이터의 수집목적에 따라 맥락화
② Categorized(분류)	데이터의 주구성요소나 분석단위에 따라 분류
③ Calculated(분석)	데이터를 수학적 또는 통계적으로 분석
④ Corrected(수정)	데이터 속에 있는 오류를 수정
⑤ Condensed(요약)	데이너를 보나 작은형태로 요약

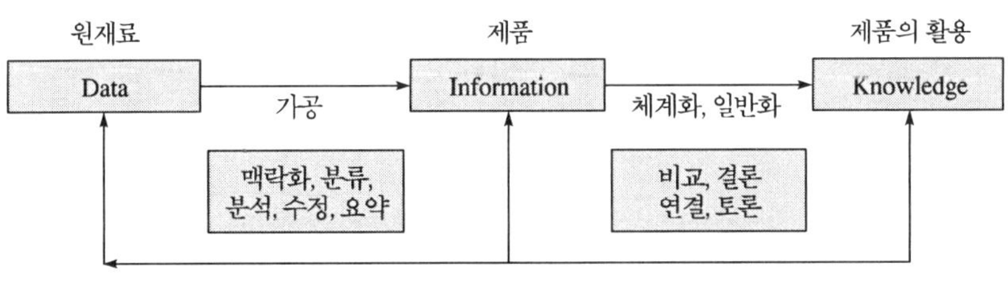

그림 4.4 Data, Information, Knowledge 변환과정

4.2.2 지식이란?

(1) 지식의 정의

지식의 사전적 의미는 '사물에 관한 똑똑한 의식과 그것에 대한 판단' 그리고 '알고 있는 내용 또는 그 범위'를 의미한다. 이는 '알고 있음' 혹은 알고 있음에 대한 '체계적 정리'라 할 수 있다. 여기서 한 걸음 더 나아가 철학적 지식의 개념은 '정당화된 진실에 대한 신념'을 이른다.

그러나 지식경영에서 말하는 지식은 경영자나 조직의 최적 의사결정을 돕는 결정적인 핵심요소가 된다는 점에서, 환경 속에서 생존해 나가거나 환경을 변혁하기 위한 체계적이고 종합적인 개념의 집합체라고 할 수 있다(삼성경제연구소).

또한 지식은 정보가 인간의 경험, 상황 및 인간의 인지적 활동과 결합하여 생성하며, 자료나 정보보다 인간의 개입정도가 더 높은 고부가가치 정보를 말한다. 그리고 지식은 옳고 진실된 통찰력과 경험 그리고 과정들의 전체적인 집합이며, 그로 인해 전체적인 집합이 사람들의 생각과 행동 그리고 의사소통을 이끌어 가는 것을 말한다.

이러한 지식은 데이터에서 정보로 변환의 과정을 거치는 것과 마찬가지로 비교(Comparison), 결론(Consequences), 연결(Connections), 토론(Conversation) 등의 방법을 통해 정보에서 지식으로 변환된다.

표 4.2 정보에서 지식으로의 변환

구 분	내 용
① Comparison(비교)	현재의 상황에 대한 정보를 다른 상황과 어떻게 비교하는가?
② Consequences(결론)	의사결정과 행동을 하기 위한 정보는 무엇을 내포하는가?
③ Connection(연결)	이 지식의 조각과 다른 정보는 어떻게 관련되어 지는가?
④ Conversation(토론)	이 정보에 대한 다른 사람들의 생각은 무엇인가?

(2) 지식의 개념

Michael Polanyi는 지식을 암묵적 지식(Tacit Knowledge)과 명시적 지식(Explicit Knowledge)으로 구분하여 지식이론의 연구에 대한 기반을 마련하게 되었으며 오늘날 Ikujiro를 비롯한 많은 학자들에게 영향을 미쳤다.

그러나 경쟁우위의 원천이 가지는 불특정성과 모방불가능성의 원천에 대한 불확실성 등의 인식과 측정의 문제점으로 인해 한계를 노출했으며 실질적으로 각 지식 유형간에 전환이 자유롭지 않다는 이론적 한계를 보이고 있다.

지식경영에 따라 지식을 분류해 보면 크게 암묵지, 형식지, 조직지, 개인지로 나누어 볼 수 있다. 암묵지와 형식지는 표 4.3에서와 같은 분류기준에 따라 나타낼 수 있고 조직지와 개인지는 회사와 같은 조직에서 널리 사용되는 형태로 지식을 조직이 가지고 있는지 아니면 회사에 속한 개인이 가지고 있는지에 따라 구분한다.

표 4.3 묵시적 지식과 명시적 지식

암묵적 지식(암묵지)	명시적 지식(형식지)
경험에 의한 지식	합리적 논리적 지식
몸에 체득된 지식	순차적 지식
아날로그 지식(Practice)	디지털 지식(이론, 논리)

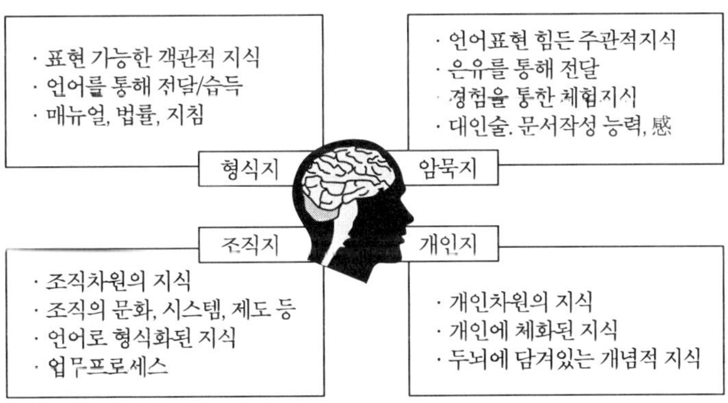

그림 4.5 지식경영에 따른 일반적 분류

4.2.3 지식의 특성

지식경영에서의 지식은 전통적 의미의 지식과는 차이가 있다. 과거 지식의 개념은 이성주의와 경험주의로 대표되는 인식론에 의한 '검증된 참된 믿음(Justified True Belief)'이라 본다면 그 차이는 명백히 드러날 것이다. 이러한 차이는 두 지식간의 보다 근본적인 본질의 차이에서 오는 것 보다는 각 지식이 가진 특성에 기인한다고 보는 것이

타당할 것이다.

다음은 '새로운 지식'이 가져야 할 특성과 이러한 지식을 관리하면서 겪게되는 어려움의 우너천으로서의 특성, 그리고 지식이 자산으로서 가지는 특성에 대해 언급하고자 한다.

(1) 지식경영의 '지식'이 자져야 할 특성

브래머(bramer)와 윈슬로(winslow)는 그들의 저서인 'Future work'을 통해 지식이 가져야 할 특성 6가지에 대해 언급하고 있다.

첫째, 지식은 응용할 수 있거나 또는 실용적이어야 한다(Applicable or Practical).

이는 지식은 전에 응용되어왔던 특성들을 수반하는 정보이며 즉, 큰 노력없이 곧바로 응용 가능함을 나타낸다.

둘째, 지식은 전후관계가 있다(Contextual).

지식은 그 자체로 창조되어 존재하는 것이 아니라 전후관계속에서 특별한 단편적인 지식에 적절한 학습과 경험이 있을 것이라고 추정한다는 것이다.

셋째, 지식은 경험적인 것이다(Experiential).

지식은 정보를 가지고 실생활의 문제에 실제로 부딪힘으로서 그리고 이것을 테스트함으로써 재정의함에 얻어지는 것이다.

넷째, 지식은 역사적인 것이다(Historical).

지식은 '기억을 지닌 정보' 즉, 역사를 가지고 있으며 시간을 더하여 개발되어 왔고 토론되어 왔다는 것을 말한다.

다섯째, 지식은 공공적인 것이다(Communal or Social).

이는 지식이 상호활동 안에서 공동으로 일을 행하는 방법, 말하는 방법, 신념, 가치를 개발하고 나누는 비공식적 집단을 '실행의 공동체'라 하며 이러한 조직체 안에서 대화를 통한 지식의 획득과 교환이 중요한 것이 되었다는 것이다.

여섯째, 지식은 개인적인 것이다(Individual).

학습은 행위안에서 공동체 사람들과의 상호작용 안에서 발생한다. 그러나 마지막에도 지식은 일을 수행하는 근로자의 생활에서 차이점을 만들어야 한다는 것이다.

(2) 지식관리 과정상의 어려움으로서의 특성

지식은 가치창출에 도움을 줄 수 있어야 한다. 이러한 가치창출은 흔히, 기술혁신 또는 관리혁신의 형태로 나타나게 되는데 이러한 혁신은 현상에 대한 불만(예, 기대치와 실적치의 차이)에서 시작된다고 할 수 있다.

이러한 지식관리과정 상의 어려움은 다음과 같은 3가지로 요약할 수 있다.

첫째, 지식은 다른자원과 달리 보이지 않는다.
데이터베이스 혹은 지식베이스에 축적된 지식은 보인다고 할 수 있으나 그 지식의 의미를 이해하는 것은 쉽지 않다.
둘째, 지식은 여러형태로 존재한다.
지식의 대상들은 텍스트, 이미지, 문서(Document) 등의 다양한 형식으로 표현된다.
셋째, 지식은 다양한 경로를 통해 우리에게 전달된다.
기술적 의사소통 혹은 사회적 의사소통 과정에 의해 전달된다.

(3) 지식자산으로서의 특성

전통적 개념의 대차대조표상 유형자산과 자산으로서의 지식간에 나타나는 차이로 인한 지식의 특성은 살펴보면 다음과 같다(Stewart).

첫째, 유형자산과 달리 사용함에 따라 오히려 더 큰 지식으로 확대될 수 있다.
둘째, 한 명이 지식을 이용하나 100명이 지식을 이용하나 원가는 같다.
셋째, 공간과 시간의 제약이 없다.
넷째, 지식창출을 위한 초기 비용은 높을 수 있으나 사용에는 추가비용이 거의 발생하지 않는다.

4.3 지식경영이란?

4.3.1 지식경영의 등장배경

지식경영은 어느 순간 몇몇 사람들의 필요에 의해 우리 앞에 갑자기 나타난 새로운 경영이론이 아니다. 세상을 움직이는 힘의 원동력이 변화함에 따라 자연스럽게 기업과 조직을 경영하는 관점의 전환이 일어나면서 등장한 개념인 것이다.

이런 지식경영의 등장배경을 정보기술의 발달, 창조적 지식의 중요성부각, 학습조직에 대한 반동, 무형자산에 대한 새로운 인식 등 4가지로 요약하여 제시할 수 있다.

(1) 정보기술의 발달

지식경영을 수행하기 위한 정보기술의 발달, 특히 가상공간에서의 네트워킹의 출현은 각 개인이 자신에게 필요한 정보를 시공간을 초월하여 습득할 수 있도록 했으며, 이전까지 불가능해 보였던 신속한 정보처리, 체계적인 분류와 축적, 공유, 관리를 손쉽게 해 줌으로써 지식경영 분야의 발전을 가속화 하게 되었다.

(2) 창조적 지식의 중요성 부각

날로 치열해져 가는 글로벌 경쟁사회 속에서 기업은 지속적으로 성장, 발전하고 차별적인 경쟁우위를 확보하는 원천은 조직구성원이 보유한 창조적 지식이라는 사실을 각 기업들이 인식하게 되면서 지식경영의 중요성이 부각되었다.

(3) 학습조직에 대한 반동

학습할 수 있는 능력ㅇ을 기업의 가장 중요한 발전의 원천으로 내세웠던 학습조직이 구체적인 방법론을 제시하지 못한체 사람들의 관심에서 멀어지게 되었고 그에 대한 반동으로 지식경영이 새로운 대안으로 제시되었다.

(4) 무형자산에 대한 새로운 인식

전통적으로 기업의 자산가치를 재무적인 자산 중심으로 산출하는 방식에 대한 근본적인 문제제기와 함께 최근 인적자본, 회계 등 인간이나 조직이 보유하고 있는 지식자산을 체계적으로 규명, 관리하고자 하는 새로운 노력이 일어나고 있다.

4.3.2 지식경영의 필요성

많은 경영기법들이 기업의 경영성과와 핵심역량을 높이고 궁극적으로 기업의 장기경영전략을 달성하기 위한 도구로 이용되어 왔다. 이제까지 다운사이징(Down Sizing), TQM(Total Quality Management), 리엔지니어링(Re-engineering), 아웃소싱(Outsourcing), 벤치마킹(Benchmarking) 등 많은 경영기법들이 그러한 도구로써의 역할을 충실히 해왔으며 실제로 가시적인 성과를 보이는 업적을 이룩해 왔다.

하지만 최근 이런 기법들은 기업이 높이고자 하는 노력만큼의 성과를 낳을 수 없는 현실에 이르게 되었다. 지식을 기반으로 하는 새로운 경제환경이 그 가장 큰 걸림돌이 되고 있는 것이다. 특히 이제까지 간과하였던 기업 내부의 보이지 않는 지식, 즉 인적 자원의 지식활동이 기업의 성과로 이어질 수 있는 가능성이 커지게 된 것이다.

또한 기업이 가장 중요하게 여겨야 할 것들을 간과한 채 단행된 부분적 효율성 제고나 혁신의 가속화가 오히려 잘못된 목표결정으로 인해 기업의 성과를 나쁘게 악화시키며 기업을 위험으로 몰아넣을 수 있다는 사실을 중시해야 할 때가 되었다는 점에서 어떻게 일을 할 것인가가 아닌 무엇을 할 것인가에 대한 물음을 던져주고 있는 지식경영에 대한 관심이 더욱 높아지고 있다.

(1) 기업의 경쟁력 강화

지식이 새로운 경쟁력의 원천으로 부상함에 따라 지식의 신속한 창출과 전파 그리고 활용 등 기업의 지식활동이 기업의 경영전략과 핵심역량을 증대 시켜줄 수 있게 되었다. 이런 지식활동을 통해 증대된 핵심역량은 기업의 업무전반에 걸쳐 적용되어 실체를 갖춘 부가가치이자 다른 기업과 차별되는 역량으로 나타나게 된다.

(2) 지식공유 시스템의 필요성

실제로 지식이 기업의 자산으로서 가치를 가지게 되었지만 실제 지식을 공유할 수 있는 체계와 방법이 제시되지 못한 상태에서 지식을 공유할 수 이 시스템을 갖추는 것은 기업의 중요한 과제가 되었다.

지식경영은 지식의 창출과 지식관리라는 측면을 통해 이러한 지식을 공유하고 활용할 수 있는 구체적인 시스템을 제공하는 결정적인 역할을 하게 되었다. 또한 이러한 노력은 단순히 조직차원이 아닌 개인차원에 까지 이르게 되어 개인이 가지고 있는 보이지 않는 지식까지 체계화 해주는 지식창조의 개념적 시스템을 창출해 내게 되었다.

4.3.3 지식경영의 정의

지식경에 대한 정의는 학자나 실무자들 사이에서 조금씩 차이가 있을 수 있으나 대부분 지식의 창출과 공유, 저장, 재활용이라는 기본적 틀을 바탕으로 조직내의 지식활용을 극대화하여 핵심역량을 키우는데 그 초점을 맞추고 있다. 다음은 이러한 지식경영에 대한 다양한 정의를 보여주고 있다.

(1) 조직이 지니는 지식자산 뿐 아니라 개개인의 지식이나 노하우를 체계적으로 발굴하여 조직내부의 보편적 지식으로 공유하고 이의 활용을 통해 조직전체의 경쟁력을 향상시키는 경영이론(포스코 경영연구소, 1998)
(2) 새로운 지식을 창출하고 이것을 전 조직으로 확산하며, 그것을 다시 상품, 서비스 시스템으로 형상화하는 것(Nonaka & Takeuch, 1995)
(3) 단순히 데이터와 정보를 저장하고 처리하는 것이 아닌, 개인에게 내재되어 있는 자산인 지식을 인식하고 이를 조직구성원이 의사결정 등에 이용할 수 있도록 자산화 하는 것(Prusak).
(4) 지식창조경영이란 쉽게 외재화, 객관화 시킬 수 없는 암묵적인 지식을 공유, 승화시켜 형식화 하고, 이를 통해 새롭게 창조된 형식적인 지식을 다시 암묵적인 지식으로 선순환 시킴으로써 조직적 경쟁력을 확보하는 경영활동이다(Nonaka, 1991).

이처럼 지식경영은 조직내에 산재해 있는 지식의 영역을 규명하고 창출하며 이를 필요로 하는 사람들이 활용함으로써 개인과 조직의 핵심역량을 극대화 할 수 있는 경영활동이라고 할 수 있다.

4.3.4 지식경영의 요소

통합적인 지식경영 프레임워크를 구축하기 위해 필수적으로 고려해야 할 4가지 요소가 있다. 사람, 전략, 기술, 프로세스가 그 구성요소이며 이 4가지를 통합하는 접근방법을 통해 성공적인 지식경영을 실현할 수 있다.

(1) 사람

아무리 기업내 시스템이 잘 구축되어 있어도 조직 구성원들이 그 시스템의 필요성을 인식하지 못하고 수동적인 조직생활을 영위한다면 오히려 지식경영을 실행하기 위한 노력이 기업에 큰 부담이 될 수 있다. 지식경영의 성공을 위한 가장 큰 역할은 기업지식의 대부분을 가지고 있는 조직구성원에 있으며 지식경영 성공의 가장 핵심적인 열쇠를 쥐고 있다.

기업의 조직구성원을 지식노동자로 탈바꿈시키기 위해서는 적절한 교육훈련과 지식공유를 위한 민주적인 기업문화의 마련 등이 선행되어야 하며 인센티브 제공과 인사고과 활용 등을 통해 조직구성원의 지식창출을 위한 노력이 적절히 평가되어야 한다.

(2) 전략

전략은 실질적으로 지식경영을 실천하는 지침이 된다. 즉 현재 기업이 가장 필요로 하고 가치 있게 생각하고 있는 것을 실현하기 위한 기업전체 및 주요부문 활동을 총체적으로 적응시키기 위한 결정규범이라 할 수 있다.

지식경영을 위한 전략은 조직내 지식의 공유, 저장, 사용 그리고 창출에 이르는 전 과정을 통해 기업에구체적인 목표를 제시할 수 있어야 하며, 단기적인 성과를 얻는데 치중하기 보다는 장기적이며 중요성이 큰 전략을 세우도록 해야 한다. 또한 모든 조직구성원이 지식접근을 용이하게 할 수 있도록 배려하는 것이 중요하다.

더 구체적으로 해당기업은 기업이 필요로 하는 핵심역량을 규명하고 현재 기업이 보유하고 있는 지식수준과 지식의 창출방안, 경쟁우위 확보를 지원할 수 있는 노력의 구체적인 모습을 도출해 낼 수 있어야 한다. 또한 이를 지속적으로 평가하고 전개할 수 있는 노력을 게을리 하지 않아야 한다.

(3) 기술

기술은 넓은 의미에서 반드시 지식경영을 위한 필수조건이라 할 수 없지만 지식경영이 포함하고 있는 지식관리 영역에서는 가장 핵심적인 위치를 차지하고 있다.

대표적으로 구체적인 형태를 가진 지식을 데이터베이스화 하여 쉽게 접근하고 활용할 수 있도록 하는 기본적인 기능으로부터 좀더 진보된 형태의 지능을 갖춘 정보기술 등을 통해 다양하고 강력한 도구를 제공하고 있다.

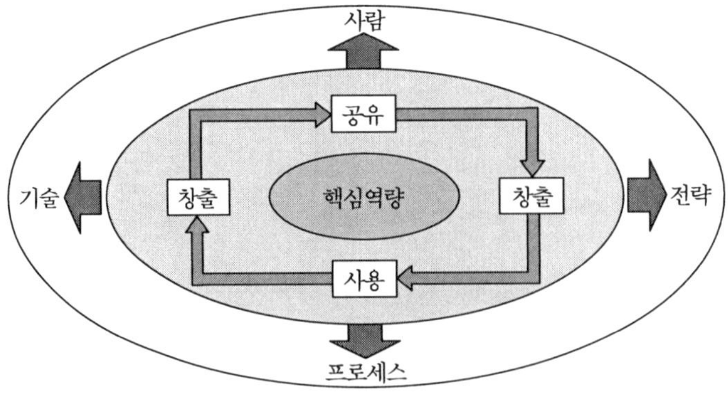

그림 4.6 지식경영의 요소와 순환체계

이러한 기술은 하드웨어와 소프트웨어에서 개인화되고 표준화된 인터페이스를 제공할 수 있어야 하며, 다양한 도구를 통해 언제, 어디서나 접속가능한 채널을 열어 놓아 개방된 형태의 열린 지식공간을 마련해야 한다.

이러한 정보기술은 조직을 통해 창출된 지식의 확산과 활용을 극대화해 주며 업무의 질적 수준을 높일 수 있는 훌륭한 도구가 될 수 있다.

(4) 프로세스

지식경영을 실천하기 위해서는 기업의 각 업무 프로세스(Process)가 지식경영 프로세스에 적합하게 설계되어야 한다. 지식경영 전 과정을 유지하고 발전시킬 수 있는 정책과 업무절차를 마련·발전시켜야 하며 좀더 쉽게 지식프로세스를 실행하기 위한 표준화된 절차를 도입해야 한다.

지식경영을 위한 프로세스는 각 업무영역별로 단절된 과정이 아닌 기존의 업무프로세스와 지식창출 및 지식공유 과정이 하나로 통합된 프로세스로 추진될 수 있도록 해야 한다.

또한 프로세스는 기업이 꼭 필요로 하는 지식을 얻을 수 있도록 설계되어야 한다. 올바르지 못한 프로세스의 도입으로 인해 오히려 기업의 성과가 악화되는 방향으로 그 과정이 가속화될 수 있다.

4.3.5 지식경영의 프로세스

지식활동의 기본적인 프로세스는 지식경영의 정의를 통해 알 수 있듯이 최초에 지식을 창출하는 것에서부터 그렇게 창출된 지식을 다른 조직 구성원과 공유하며 조직내에 저장하고 다시 재사용할 수 있도록 하는 일련의 과정으로 구성되어 있다.

창출, 공유, 저장, 재사용에 이르는 지식활동의 과정을 구성하는 요소는 이전의 내용에서 살펴보았듯이 사람, 전략, 프로세스, 기술 등이며 각 구성요소가 통합적으로 고려되어 지식경영을 위한 기반을 마련해야 한다.

가장 근본적인 지식활동의 바탕은 동기부여된 조직구성원이 그 조직의 주체가 되는 것에서 시작되며, 여기에 민주적이며 진취적인 조직문화가 더해져야 한다. 그리고 지식경영은 단기적이며 일회성의 행사로 그치는 프로세스 재구성 혹은 정보시스템 구축을 위한 과정이 아닌 기업의 장기 경영전략을 달성하기 위한 조직의 전사적 비젼으로 받아들여야 한다.

그리고 실제로 지식활동을 통해 창출된 지식은 기업이 가지고 있는 다양한 데이터와 원재료 등과 함께 새롭게 만들어진 지식프로세스의 과정을 통해 제품과 정보로 만들어지는 적용과정을 거치게 된다. 그리고 이런 과정은 새로운 지식창출과 활용을 위해 평가되고 다시 지식활동과정에 적용되어 또 다른 지식을 창출하는 원동력이 된다.

이러한 지식경영의 프로세스는 지식경영의 요소들 중 어느부분에 중점을 두고 추진하느냐에 따라 '지식창조론적 접근'과 '지식관리시스템적 접근'으로 나눌 수 있지만 이는 관점의 차이일 뿐이며 어느 한쪽에만 지나치게 치중하여 지식경영을 추진할 경우 근본적인 문제를 야기할 수 있다.

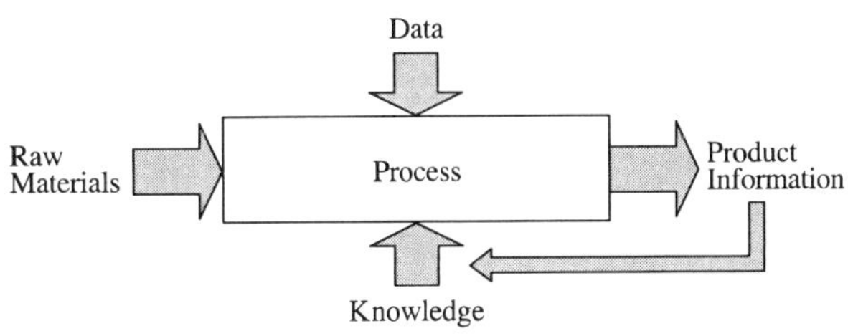

그림 4.7 지식경영의 프로세스

'지식창조론적 접근'은 지식창출과 지식공유의 주체인 조직구성원의 자발적 지식창출활동 및 조직구성원 간의 대화나 비공식적 만남을 통한 자연스러운 지식공유과정을 어떻게 촉진 시킬 것인가에 관심을 두며, '지식관리시스템적 접근'은 주로 정보처리기술, 전산시스템, 경영정보 시스템, 시스템 통합 등과 같이 정보기술을 활용하여 가시적인 지식관리시스템을 구축하는 것에 역점을 두고 있다. 이런 두 접근법은 개별적인 것이 아닌 모두를 포괄하는 종합적이며 통합적인 접근을 통해 지식경영 실천과정에 충분히 반영되어야 한다.

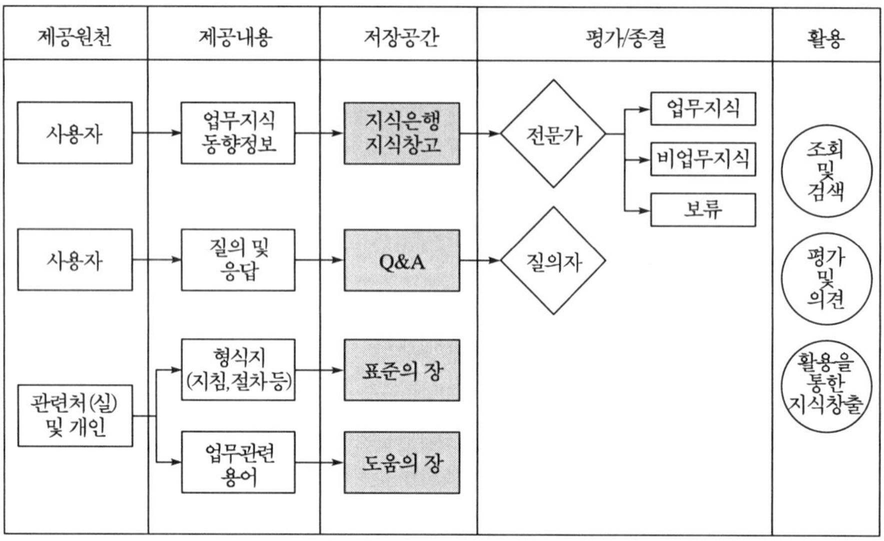

그림 4.8 지식관리프로세스의 예

이전의 많은 경영 기법들이 비교적 짧은 기간에 눈에 띄는 성과를 보이는 프로세스 혁신의 과정이며 방법론이라 한다면, 지식경영은 방법을 제시하기 보다는 기업 경영을 전체적인 모습을 파악하고 통합적 접근을 가능하게 하는 시야를 제공하고 있다는 점에 그 가치를 두어야 할 것이다.

(1) 지식의 창출

지식은 그 특성상 지식창출의 명확한 경로를 밝혀낼 수 없는 한계를 가지고 있다. 그렇기 때문에 단순하고 보편적인 방법을 통해 지식을 창출할 수 있는 가능성을 높이는 것이 지식의 창출과정에서 가장 중요한 성공요인이 된다. 그리고 이러한 방법은 지식을 그 목적에 따라 정확히 분류하고 가공하는 것으로부터 시작된다.

일반적으로 기업이 가지고 있는 지식은 그 형태에 따라 암묵지와 명시지로 나눌 수 있다. 이러한 분류는 폴라니에 의해 처음 제시되었으며, 지식경영을 대중의 관심사로 만든 노나카 이쿠지로 교수에 의해 새롭게 재탄생되었다.

노나카 교수는 새로운 지식은 언제나 개인에서 시작되고, 그 개인의 지식이 조직 전체에 있어서 귀중한 지식으로 변환되어야 한다고 주장하고 이러한 암묵지의 공유를 통해 새로운 지식을 창출해 가는 과정을 반복해야 한다는 지식창조이론을 제시했다.

또한 지식은 그 원천에 따라 조직구성원과 조직으로 나눌 수 있으며 인적자원은 다시 교육, 훈련 그리고 외부영입 등으로 나누어 볼 수 있고, 조직은 조직내부의 정형화된 지식과 벤치마킹을 통한 외부지식의 도입 등으로 나눌 수 있다.

이렇듯 지식의 창출은 지식원천으로부터 재발견된 개인과 기업이 가지고 있는 암묵적 지식 혹은 비체계적 지식을 구체적인 관리와 활용이 가능한 명시적이고 체계적인 지식으로 변환하는 과정을 말한다. 이러한 과정은 조직 구성원 개인의 능력뿐만 아니라 그러한 능력을 극대화 할 수 있는 기업의 노력이 반드시 필요하다.

(2) 지식의 공유

지식공유는 민주적이며 열린 조직문화가 선행되어야 한다. 수직적인 조직구조 보다는 수평적 조직구조가 지식경영을 위해 바람직하며, 성과측정을 통해 개인을 평가할 수 있는 성과시스템이 연공서열에 의한 제도보다 바람직한 모델이 된다.

지식공유를 위해서 기업은 첫째로 조직구성원 간의 신뢰를 구축해야 한다. 신뢰의 부족은 지식공유에 대한 동기를 약화시키는 가장 큰 원인이 된다. 둘째로 지식공유가 업무외적의 부차적인 일이 아닌, 업무 그 자체가 될 수 있도록 배려해야 한다. 많은 사람들이 지식공유를 위한 시간을 쓸만큼 한가롭지 않다고 생각한다. 이러한 기업의 역할은 지식창출을 위한 역할에서도 그대로 적용되어야 한다. 셋째로 기업은 조직구성원들이 지식을 공유할 수 있는 능력을 키울 수 있는 적정한 교육의 기회를 제공해야 한다. 셋째는 지식공유가 반드시 보상을 받기 위한 행위가 아니며 특별한 능력을 가진 사람의 것이라는 고정관념을 없앨 수 있도록 해야 한다.

이는 조직구성원들로 하여금 지식의 공유는 자신을 스스로 향상시키는 계기가 되고 누구나 참여할 수 있다는 점을 인식시킴으로써 가능하다.

(3) 지식의 저장

정보기술의 발전과 함께 지식을 저장하고 활용할 수 있는 다양한 도구들이 선보이고 있으며 그 성능에 있어서도 이전에는 불가능해 보이던 수준의 업무까지 가능하게 되었다. 이러한 지식의 저장은 지식경영에서 소극적 의미의 지식관리시스템(Knowledge Management System)을 통해 가능하다.

지식관리시스템은 이전의 데이터베이스 시스템과 달리 특정목적과 단일화된 인터페이스를 제공하는 것이 아닌 이전의 경영지원시스템을 통합하며 각 개인의 수준에서 필요로 하는 지식을 개인화(Personalized) 할 수 있는 지능적 인터페이스를 제공해야 한다. 또한 지식의 저장을 지원하기 위한 일정수준이상의 전문가집단으로 하여금 지식을 평가하여 분류할 수 있도록 하여야 하고 진부화된 지식을 적시에 제거하여 항상 가치있는 지식만이 지식저장소에 남아 있도록 해야 한다.

그리고 무엇보다도 그렇게 형성된 지식베이스에 조직구성원 누구나 손쉽게 접근하고 활용할 수 있도록 해야 한다.

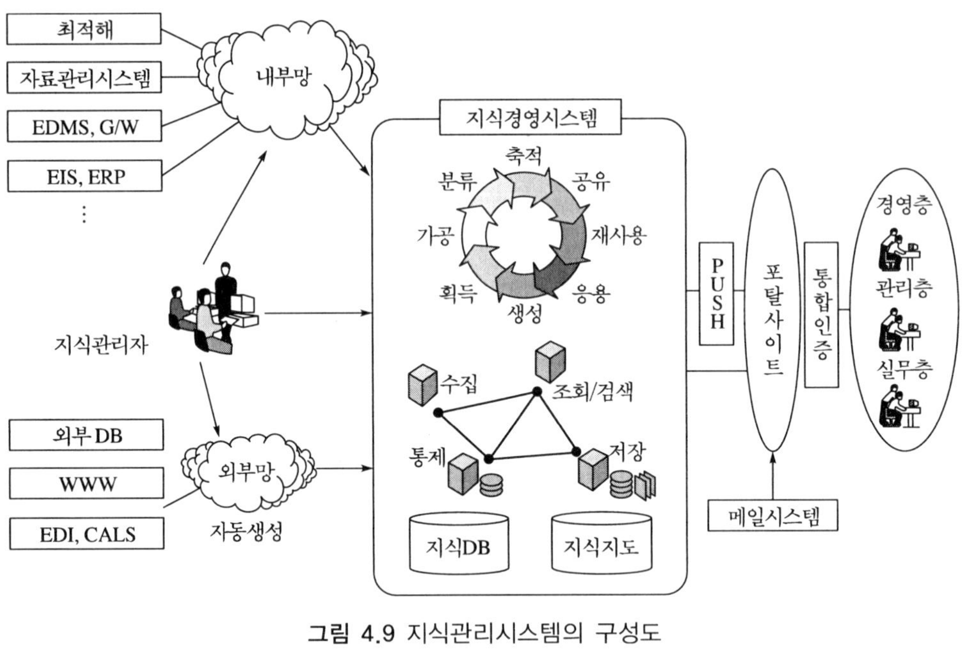

그림 4.9 지식관리시스템의 구성도

(4) 지식의 사용

아무리 가치있는 지식이라도 사용하지 않고, 새롭게 가치를 부여하지 않으면 쉽게 진부화 되고 만다. 또한 지식은 사용 할수록 그 가치가 증폭되는 특성을 가지고 있으므로 조직구성원들의 지식사용을 적극 권장하고 지원해야 한다.

실질적으로 지식의 사용을 통해 기업은 향상된 서비스 혹은 제품을 얻을 수 있다는 점에서 지식활동의 마지막 단계라 생각할 수 있으나 지식활동은 한번에 그치는 것이 아닌 기업이 존재하는 동안 계속되는 영속적 활동이므로 지식의 재활용 혹은 재창출이라는 의미로 받아들일 수 있다. 즉 지식의 사용은 경제적 소모의 의미가 아닌 경제적 가치창출의 의미를 가지게 된다.

이러한 지식재활용은 지식사용 정도의 측정과 재창출 정도를 측정함으로써 인사고과 혹은 임금고과의 자료로 사용하고 보상함으로써 활성화 할 수 있다.

CHAPTER

05

CALS · CIC

CHAPTER 05 CALS · CIC

5.1 CALS(Computer Aided Logistic Support)

5.1.1 CALS의 정의

CALS란 Business 전략행동의 하나로 업무의 효율화와 정보화를 위한 일련의 표준을 만들어 사용하고 공유하는 통합된 전자생산 데이터 전략이다.

> CALS의 전략
> - Business Process의 변화(업무의 컴퓨터를 통한 정보화)
> - 최첨단 정보기술의 사용(광범위한 Network 사용)
> - 공유화된 정보환경(정보의 Open 및 상품화)
> - 국제표준의 사용(국제적 정보)
> - 체계화된 관리체계 수행(System적 운영체계)

(1) 미국방성

CALS란 표준화된 정보기술을 이용하여, 장비 · 부품 등의 설계 · 개발 · 생산 · 조달 · 관리 및 지원이라는 Life-Cycle 전반에 걸친 경비의 절감과 소요시간의 단축 및 품질향상을 위한 기업 및 정부의 전략적 접근방법(Strategic Approach)이다.

(2) 통상산업부

CALS란 서류위주의 정보 · 생산관리를 디지털형태의 기술정보화 하여 교환과 자동화가 통합된 형태로 조성된 환경을 만들기 위한 기업 및 국가의 공동사업이다.

(3) CALS표준화지침(KS C5968)

CALS란 제품의 발주 · 수주 및 구매절차에서부터 유통 · 운영 · 폐기 때까지의 전체 수명주기를 관리할 수 있는 정보체계를 말하며, 제품에 대한 총체적인 관리를 기본으로 모든 산업에 적용할 수 있는 산업정보화를 말한다.

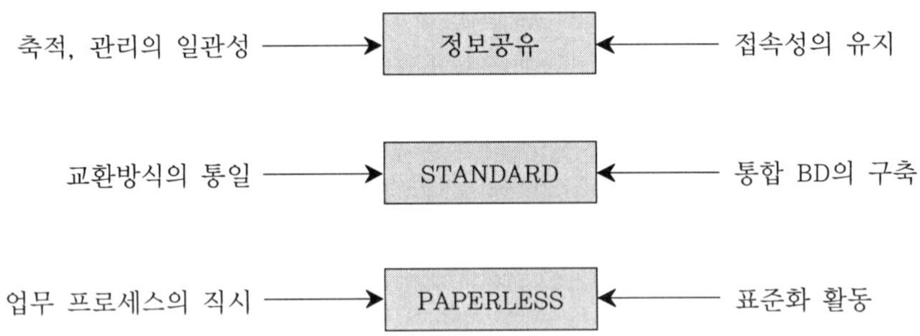

그림 5.1 CALS의 체계 및 목적

표 5.1 CALS의 변천경로(국가정보화 백서)

년도	CALS의 어원	일반적인 의미	적용영역			
			보급 교환	조달	설계 제조	상거래 결재
1985	Computer Aided Logistic Support	컴퓨터 활용 병참지원	○			
1987	Computer-Aided Acquisition and Logistic Support	자원조달 병참지원	○	○		
1993	Continuous Acquisition and Life-cycle Support	조달 및 제조 생애주기관리	○	○	○	
1994	Commerce at Light Speed	전자상거래	○	○	○	○

5.1.2 CALS의 여러 가지 Tool

(1) CE(Concurrent Engineering) : 동시공학

하나의 제품이 만들어지기까지 순차적으로 거치는 여러 단계의 각 과정을 정보통신망과 전산시스템으로 묶어 동기화(同期化)함으로써 개발기간과 비용을 줄이는 개념을 말한다. 1980년대 미국의 항공기 업체들이 처음 시작한 것으로 최근 각광받고 있는 CALS(광속상거래)의 실현수단으로서 급속히 확산되고 있다.

동시공학을 구현하기 위해서는 각 부서가 독립적으로 운영하던 컴퓨터 지원 설계(CAD)

· 제조(CAM) · 엔지니어링(CAE) · 실험 등 전산시스템을 하나로 통합, 공유할 때 가능하다. 또 각종 제품정보를 한 곳에 모아 둔 생산자료관리(PDM : Product Data Management) 시스템과도 연계해야 하며, 특히 동시공학이 효과를 거두기 위해서는 부품업체들과도 정보통신망으로 연결돼야 한다.

동시공학이 고도로 발전하면 컴퓨터 안에서 시제품을 개발하고 테스트까지 마친 뒤 곧바로 생산라인을 거쳐 사용제품을 출시 할 수 있게 된다.

(2) PDM(Product Data Management) : 제품정보관리

제품의 기획에서 설계 · 제조 · 인증 및 마케팅에 이르는 제품개발 각 과정의 모든 데이터를 일원적으로 관리하는 것. 철저한 정보 관리와 정보의 공유에 의한 기업 내 각 부서의 동시병행 처리의 실현으로 제품개발 시간을 단축하고, 작업의 효율성 제고로 비용을 삭감하며, 전사적 품질관리로 제품의 품질을 향상시키는 것을 목적으로 한다.

제품의 개발은 크게 기획, 개념설계, 상세설계 및 제조의 공정을 거치는데, 각 공정에서는 컴퓨터지원 설계(CAD) 데이터, 해석 데이터, 문서 데이터 등 많은 종류의 데이터를 관리할 필요가 있다. 제품데이터관리(PDM) 시스템의 주 기능은 제품구성 관리, 프로세스관리 및 파일관리 등이다. 각 공정에서 사용하는 애플리케이션(Application)이 서로 다르기 때문에, PDM은 각 애플리케이션의 데이터베이스에 추가하여 메타데이터 데이터베이스를 갖는다.

메타데이터는 다른 데이터를 설명해 주는 데이터로 각 애플리케이션의 데이터 소재지, 버전 작성자, 각 데이터 간의 관련 등 속성 정보이다. PDM은 메타 데이터를 가지고 여러 애플리케이션 전반의 제품 구성 관리나 프로세스 관리를 실현한다.

(3) IDB(Integrated Data Base) : 통합정보데이터베이스

지리적으로 분산된 이질적인 데이터베이스들을 논리적으로 연계시킨 자료저장소(Data Repository)를 가리키는 사용자 관점의 용어로서 데이터베이스 기술관점에서는 분산데이터베이스의 한 형태라 할 수 있다. 다만 종래의 분산 데이터베이스 연구가 주로 지역적으로 분산된 자료들을 동일한 데이터베이스 관리체계를 이용해서 연계시키는 것에 초점을 두었다면 CALS에서 제기하는 통합데이터베이스는 이종의 데이터베이스 시스템들을 연동시킨 것이라는 점에서 다소 차이가 있다.

1) IDB의 정의

기업활동에 필요한 정보는 텍스트, 이미지, 오디오, 비디오 등의 다양한 형태를 취할 뿐 아니라 이질적인 시스템(데이터베이스, 파일, CAD 등)에 의해 관리된다. 이러한 이질적인 시스템 사이에서 각각의 자율성을 최대한 보장하면서 동시에 효율적이고 통합적으로 정보를 관리해 주는 체계를 구축하는 것은 기업활동의 전과정을 포함하는 시스템 통합에 있어서 핵심요소의 하나이다.

CALS에서는 이와 같은 체계를 통합데이터베이스(IDB)시스템이라고 정의하며, 그 중요성을 기업의 정보관리 인프라의 측면에서 강조했다. 즉, IDB는 기업활동에 필요한 다양한 정보를 자율적으로 관리하고 있는 이질적인 데이터 소스(Source)들 사이에서 각 시스템의 자율성을 최대한 보장하면서 동시에 효율적이고 통합적으로 정보를 관리할 수 있는 체계이다.

2) CALS 발전단계로 본 IDB

CALS의 발전과정은 크게 문서 교환단계, 디지털정보 교환단계, 정보공유 단계로 나타낼 수 있다. 문서교환단계는 현재문서를 기반으로 하는 기업의 정보관리 형태로 정보의 공유 및 통합이 어렵고 정보교환을 위해서는 다양한 변환이 필요하다. 이러한 문서교환단계에서 발전된 디지털(Digital) 정보교환단계는 디지털화 되고 표준화된 정보의 교환을 나타내며, 정보의 공유 및 통합적인 관리가 문서교환 단계보다 효율적으로 이루어진다.

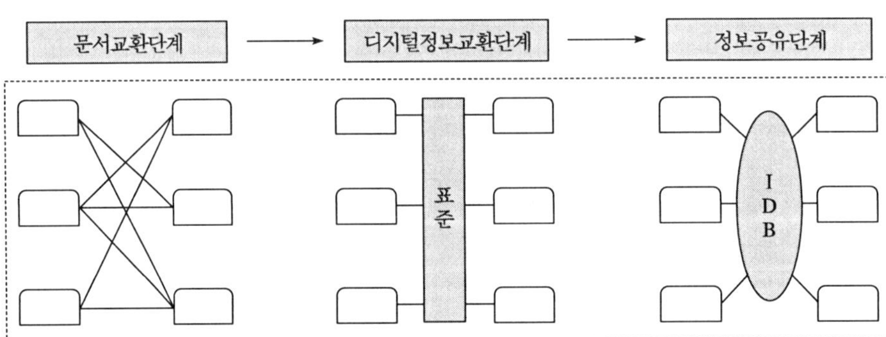

그림 5.2 CALS 발전단계와 IDB의 연계

마지막 단계인 정보공유 단계는 제품의 수명주기동안에 모든 사용자에게 기업의 자료, 기술정보, 산출물 등을 공유할 수 있게 해주는 통합데이터베이스 시스템을 바탕으로 정보의 공유와 통합적인 관리가 효율적으로 이루어지는 것을 목표로 한다.

(4) SCM(Supply Chain Management) : 공급체인관리

일반적으로 제조업체들은 생산에 필요한 부품을 구입한 다음 제품을 만들어 이를 시장에 파는 일련의 프로세스를 지니고 있다. 이 경우 원자재를 납품하는 부품 공급업체와 제품을 사들이는 소비자가 항상 호흡을 같이 할 수는 없다. 상품은 날개 돋친 듯이 팔리는데 부품조달은 제대로 되지 않는 경우도 있고, 재고는 쌓이는데 판매활동은 여의치 않는 경우도 있다. 만약 이들 부품업체와 소비자를 유기적으로 연결, 하나의 기업이 움직이는 것처럼 통합할 수 있다면 경쟁력 제고에 큰 힘이 될 것이다.

이같은 실질적인 통합을 가능하게 만드는 것이 공급체인관리(Supply Chain Management : SCM)이다. SCM은 원자재를 공급받아 이를 완제품으로 만들고 최종 소비자에게 판매하는 일련의 사업단위를 관리하는 기법이다. 원자재의 공급자에서부터 최종소비자까지 연결하는 생산의 흐름을 최적으로 운영하고 조율하는 것이 SCM의 목적이다.

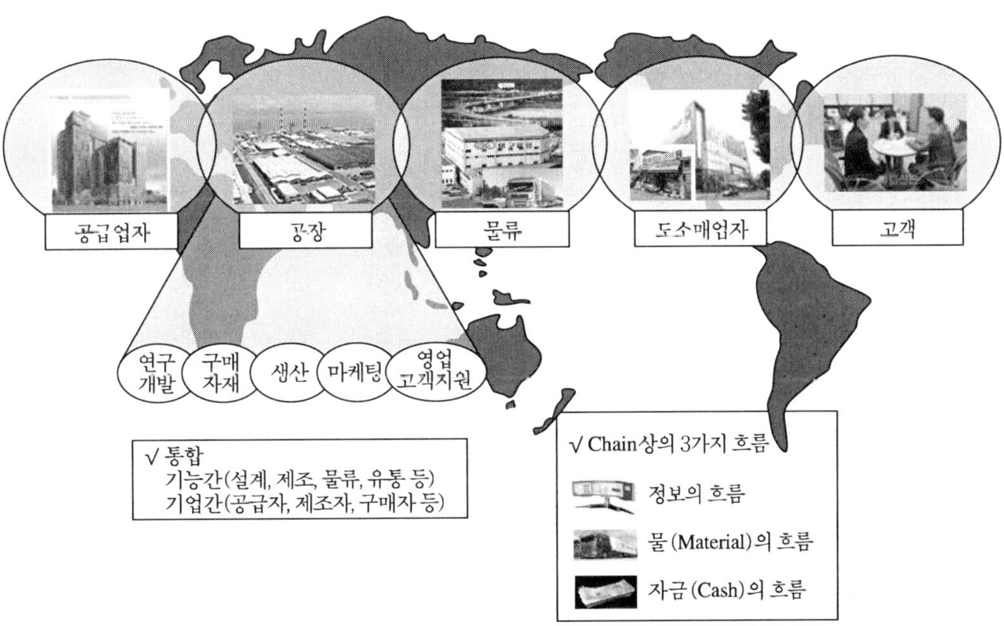

그림 5.3 SCM 관리 체계

그림 5.3에서 보듯이 Supply Chain 상에는 여러 개의 다른 조직체와 활동에 필요한 많은 기능(설계, 생산, 조달, 운송 등)이 존재하며, 전체 Supply Chain의 효율성을 증가시키기 위해서 실물, 정보, 자금을 최적으로 관리하는 것이 SCM의 역할이다.

(5) VE(Virtual Enterprise) : 가상기업

핵심능력과 자원을 보유한 기업들이 결합, 해체 또는 다른기회로 재결합하는 방식으로 기업활동을 수행하는 사업주체들의 집합체. 가상기업은 정보네트워크를 통하여 개별구성원이 지닌 능력과 자원을 공유하고 결합함으로써 사업을 수행하는 하나의 가치사슬을 형성한다. 가상기업의 거래방식은 정보네트워크의 가상공간을 통해 소비자와 거래는 물론 구성기업 간의 거래도 수행하는 복합적인 형태의 전자상거래이다.

세계 경쟁환경에서 제품과 서비스를 생산하는데 필요한 경쟁범위가 넓어지고 세계시장은 여러 곳에서 지역업체를 요구하게 되었다. 이러한 경영환경에서는 기존의 수직적 협력관계를 유지하는데 비용이 많이 들기 때문에 한 기업이 독자적으로 살아남기가 힘들어진다.

현재나 미래의 기업은 시장에서의 생존과 성공을 위해 적극적으로 협업을 해야 할 것이다. 미래의 경쟁은 회사간 경쟁(Company vs. Company)이 아니라 가상기업 사이의 경쟁(Virtual Enterprise vs. Virtual Enterprise)이 될 것이다.

한 기업이 경쟁력을 갖는 것은 성공을 위한 충분조건이 아니다. 그 기업이 속한 체인(Chain) 전체(가상기업)가 한 기업처럼 협력적으로 움직이면서 각 노드(Chain 에 속한 각 기업)가 각각 효과적이고 효율적으로 움직여서 Chain 전체의 이익과 자신의 이익에 기여할 수 있어야만 승리할 수 있을 것이다.

가상기업의 구성원들이 Win-Win하기 위해서는 성공을 위한 협업환경 마련, 각 업체의 높은 수행능력 그리고 협업간 연결이 필수적이다. 확장기업에 속한 각 기업들은 CAD (Computer Aided Design), CAM(Computer Aided Manufacturing), FMS(Flexible Manufacturing System) 등의 기술을 활용하고 기획 및 생산능력을 강화하면서 각자가 높은 수행능력을 가져야 한다. 가상기업에 포함된 업체들은 세계 여러 곳에 퍼져있을 가능성이 높다. 따라서 정보교환은 세계적인 파트너들간에 이루어져야 하고 비용효과성을 높이기 위하여 값싼 매체를 활용할 수 있어야 한다. 또한 정보교환의 표준화를 통하여 업무의 효율성과 정보전달의 정확성을 높여야 한다.

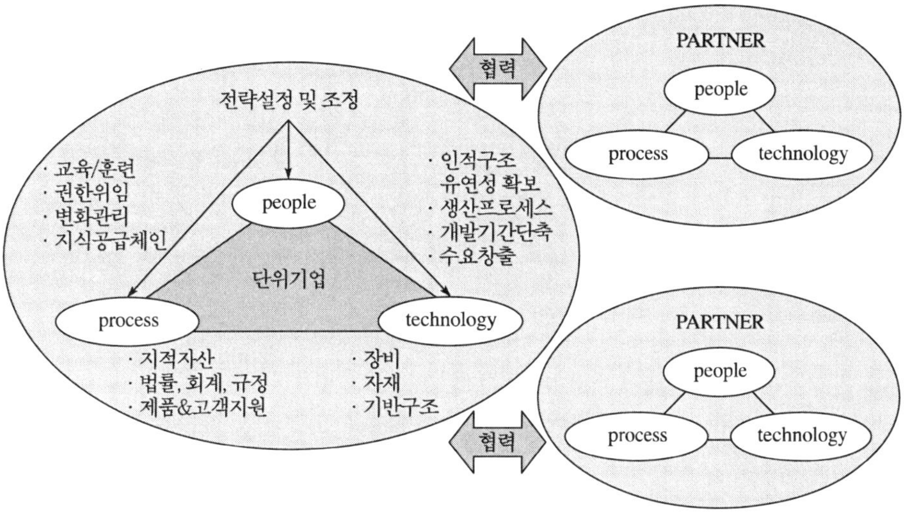

그림 5.4 가상기업 모델

가상기업 전체가 협력할 수 있는 경영환경을 마련하기 위해서는 각 파트너들간에 전략, 자원과 프로세스를 공유하면서 업무프로세스를 일원화하고 가상기업 전체가 협력하는 방향으로 경영마인드를 변화시켜야 한다. 전통적으로 경쟁관계로 여겨졌던 제조업과 유통업간의 관계, 공급자들과의 관계가 서로 보완적인 협업관계로 재정립되어야 한다. 이러한 움직임은 단일기업차원에서 생존할 수 없음을 인식하는 것을 시작으로 이루어질 수 있다.

(6) EDI(Electronic Data Interchange) : 전자데이터 교환

1) EDI의 개념

전자데이터교환(EDI)는 컴퓨터 및 통신회선을 통하여 상거래에 필요한 정보를 서로 다른 조직간에 교환하기 위한 규약을 말하는 것으로 1970년경 미국 운수업계의 심한 경쟁에서 비롯된 육상운수업계의 각종 전표교환을 네트워크에 의한 전자교환으로 바꾸고자 하는 것이 EDI의 시발점이다.

1970년대 후반에 미국에서 구축되어 1979년 미국, 유럽, 일본에서 테스트 된 CARDIS (CARgo Data Interchange System)에서 시작되었다고 하는데 CARDIS는 통신회선에 의한 온라인 데이터교환으로 다른 업종을 포함하는 기업간의 네트워크를 구축하여 표준포멧에 의하여 데이터 교환을 하는 것이다.

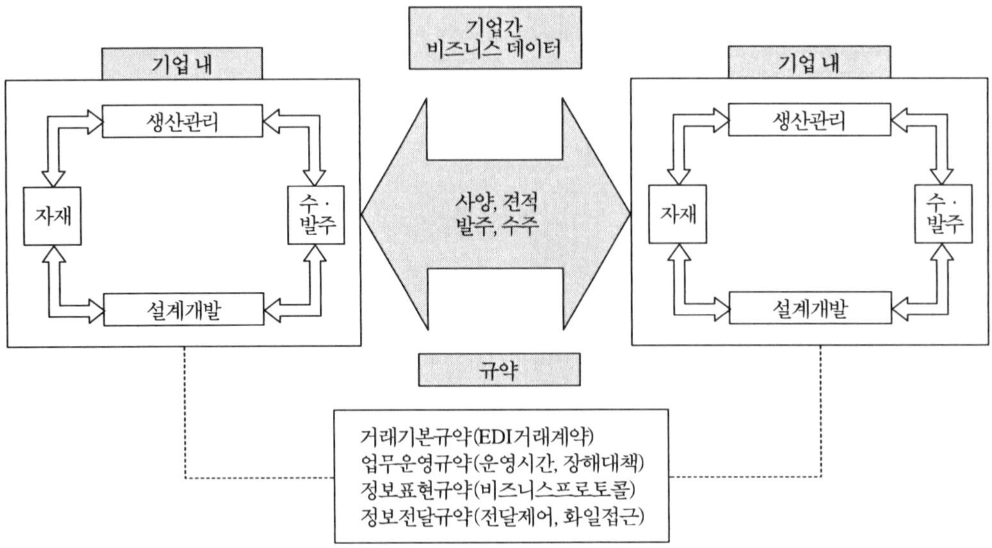

그림 5.5 EDI 체계

2) EDI의 등장배경

많은 기업에 컴퓨터가 도입된 결과 자사의 컴퓨터에 입력되는 데이터의 대부분은 거래 상대기업의 컴퓨터에 의해 출력된 전표류이다. 따라서 상대측 데이터의 전부 또는 일부를 그대로 사용할 수 있다는 사실은 입력의 생성화, 타이밍 확보와 아울러 에러방지, 정밀도 향상에 도움이 되었다.

또한 시장경쟁이 격화되고 다품종 소량화가 진행됨에 따라 제품의 Small Lot화에 의한 원자재나 부품의 Small Lot가 빈번하게 발생한다. 또한 소량 유통이 빈번한 납품요구가 많아져서 전달정보의 소단위 대량화가 진행되고 동시에 리드타임(Lead Time)의 단축이 요구되었다.

따라서 VAN 사업의 개방을 비롯하여 통신회선의 이용자유화가 진행됨에 따라 VAN 사업자가 조건이 서로 다른 기업간의 통신매개의 역할을 담당하여 EDI Vendor로써 서비스를 하게 되었으며, 각 기업의 온라인이 상대방 기업에 전개됨에 따라 양식이 다양화되고 그 수가 많이 늘어나는 현상이 발생하여 업계의 표준포멧을 개발할 필요성이 높아지게 된 것이 EDI의 등장배경이라 할 수 있다.

(7) STEP(Standard for the Exchange of Product Model Data) : 제품 모델정보교환 표준

STEP은 설계, 생산 등 제품의 전 생명주기에 필요한 데이터의 저장과 교환에 필요한 정보모델의 표준이며, CALS 표준 중 래스터 데이터 표준인 CCITT(Consultative Committee on International Telephone and Telegraphy : 국제전신전화자문위원회) Group 4, 2차원 벡터그래픽 표준인 CGM(Computer Graphics Metafile), 그리고 제품형상정보를 위한 IGES(Initial Graphics Exchange Specification : 초기그래픽교환명세)와 관련이 있다.

설계 데이터는 좁은 의미로는 설계도면을 의미하나 넓은 의미로는 공차, 특징형상 등 제품의 생산에 필요한 설계자의 모든 의도를 포함한다. 이 중 2차원 또는 3차원 형상정보는 IGES로 표현되나 그 외의 설계 데이터는 IGES에 포함되지 않는다.

컴퓨터 통합생산 또는 동시공학의 발달과 더불어 제품의 생산뿐만 아니라 개발과정, 품질, 서비스, 폐기 등의 전 수명주기에 걸친 정보를 디지털로 저장 및 교환하려는 요구가 증가하였다. 이러한 필요에 따라 ISO에서 STEP을 개발하였으며 STEP에서 사용되는 그래픽, 설계 및 생산데이터와 관련표준들 간의 관계에서 벡터형식의 도면은 CGM 또는 IGES를 사용하여 표현할 수 있다. 두가지 양식 중 어떤 것을 사용해도 무방하나 기술교본이나 일반데이터의 그림에는 CGM을 사용하고 설계도면은 IGES 양식을 사용할 것을 권장한다.

STEP 의 적용범위는 제품의 설계, 생산, 유지, 보수 및 폐기에 따른 데이터의 표현과 교환을 위한 표준으로서 자동차, 선박, 기계가공, 전자, 건설, 화공, 철강 등의 전 산업분야가 포함된다. STEP은 그 범위가 넓어 여러 개의 파트로 나뉘어 개발되어 있으며 12개 파트가 ISO 국제표준으로 정해져 있다.

(8) IETM(Interactive Electronic Technical Manual) : 대화형 전자기술 매뉴얼

1) IETM의 개념

컴퓨터와 소프트웨어의 지능기술을 이용하여 사용자의 오류를 방지할 수 있는 기능을 제공한다. 사용자는 필요할 때에만 정보를 받게 됨으로써 기술교범 검색 및 이용시에 매뉴얼을 사용하는 효율을 높일 수 있다. 또한 IETM 을 사용함으로써 시각적인 작업을 할 수 있으며, 여러권에 걸쳐 정보가 분산되어 있더라도 마치 한권의 매뉴얼을 검색하는 것과 같은 효율을 얻을 수 있다. 따라서 기존의 종이, 책 등과 같은 형태의 매뉴얼보다 효과적이다.

2) 전자출판물과 IETM의 차이점

주로 Off-Line상의 CD-ROM의 형태로 만들어 지는 전자출판물에 비하여 IETM은 On-Line으로 디지털정보화하여 제공되며 근본적으로 종이 없는 업무환경의 구축을 목적으로 하는 점이 가장 큰 차이점이라 할 수 있다.

표 5.2 전자출판물과 IETM의 차이점

구분	전자출판물	IETM
일반	백과사전이나 정기간행물 등과 같이 데이터가 방대하거나 정기적으로 사용자에게 배달되는 서적을 CD-ROM에 저장한다.	편리한 데이터 전달, 정확한 데이터 유지, 유지보수비용 절감, 사용자 편의를 위하여 각종 매뉴얼을 표준화된 방법으로 디지털 시스템화 한다.
목적	• 대용량의 데이터 저장 • 다양한 매체 활용	• 장비 유지보수활동의 효과적인 지원(정비절차, 부품조달, 교육, 고장진단, 장비사용법) • 종이없는 업무환경 구축
기능	• Off-Line Service	• On-Line 및 Off-Line Service • IETM간의 연결로 효과적인 데이터 제공
사용자	• 일반인	• 장비를 유지보수하기 위한 정비사 • 부품조달 행정원 • 장비의 최종사용자

3) IETM의 기능

IETM의 기능을 정리해 보면 다음과 같은 8가지로 대별된다고 할 수 있다.

① **검색기능** : 특정단어와 관련된 정보를 쉽게 찾을 수 있도록 하여 사용자로 하여금 작업의 생산성을 높인다.

② **자율학습** : 학습한 내용이나 시간 등을 시스템에서 자동으로 관리함으로써 학습자가 시간적 제약을 받지 않고 학습할 수 있도록 한다.

③ **멀티미디어 정보활용** : 매뉴얼에서 효과음이나 절차적인 정보 등은 해당내용을 이용하기 쉽도록 실제의 효과음을 녹음 및 편집하고 필요에 따라 비디오 촬영 등을 하여 진정한 대화형 기술매뉴얼이 구현된다.

④ **통합데이터 관리기능** : 데이터의 통합관리를 통해 데이터의 일관성 유지 및 데이터의 중복성을 배제한다. 또한 일반 문서, 교육데이터, 기술관련 데이터 등은 SGML 형식의 텍스트로 보관하는 문서 DB를 구성하여 데이터의 수정이 요구되었을 때 신속한 변경을 할 수 있게 한다.

⑤ **Multi-Display 기능** : 하드웨어, 소프트웨어의 기종에 관계없이 다양한 형태로의 출력이 가능하며, 터치스크린이나 음성으로 제어가 가능하게 하며 진정한 대화형 프리젠테이션이 이루어진다.

⑥ **고장진단 및 정비절차 지원** : 구축된 지식베이스, 장비와 IETM간의 인터페이스를 이용하여 고장여부 및 고장원인 파악과 정비절차를 정비사에게 제공한다.

⑦ **개인교수** : 컴퓨터가 교관의 역할을 담당하여 새로운 학습내용을 제시하고, 학생과 상호작용하여 코스웨어 제작자가 채택한 기준에 따라 학생의 반응을 수용하고 평가하여, 또한 피드백을 통하여 학생의 반응을 확인하고 잘못된 반응은 고쳐준다.

⑧ **시뮬레이션** : 컴퓨터에 의해 시청각적인 방법으로 실제와 유사한 가상적 상황을 학생에게 제시하여 실제상황에 관련된 제반요소, 개념, 조작절차, 변화 과정을 이해시킨다.

(9) CITIS(Contractor Integrated Technical Information Service) : 계약지 통합 기술정보 서비스

CITIS는 CALS를 구현하는 과정에서 제품 및 시스템을 발주하는 조달자와 납품하는 공급자 사이에서 계약에 따라 발생하는 기술정보 및 비즈니스 정보를 다루고 있다. 공급자는 전자적으로 이런 정보를 제공하며 조달자는 전자적으로 접근이 가능하도록 하여 상호 규정된 정보를 자동적으로 교환하도록 하는 서비스로 정보공유라는 CALS 개념을 가속화 하는 핵심요소라고 할 수 있다.

CITIS개념을 기업간 거래에 도입하면서 조달자와 공급자간의 관계는 정부기관과 특정기업간의 관계에서 불특정 다자간의 관계로 변화하게 되었다. 따라서 CITIS의 개념을 계약자와 조달자에게 제공하는 서비스라는 기본개념에서 비즈니스 관계에 있는 세약자가 양방향 기술정보를 교환하도록 하는 보다 일반화된 개념으로 이해할 수 있다.

CALS의 여러 가지 서비스를 종합해 볼 때 결국 CALS는 정보를 디지털화하고, 표준화하여 공유하는 것이라고 정의할 수 있다. 이것의 의미는 전자화된 정보가 Network를 통해 국경 없이 전달되고, 공동의 이익을 위해 통합하는 하나의 가상기업으로서의 역할을 한다는 것이다. 일반적으로 CALS의 형태를 두 가지로 구분할 수 있는데 건설분야에서의 CALS는 CIC(Computer Integrated Construction)로, 제조분야에서의 CALS는 CIM (Computer Integrated Manufacturing)으로 나타낸다.

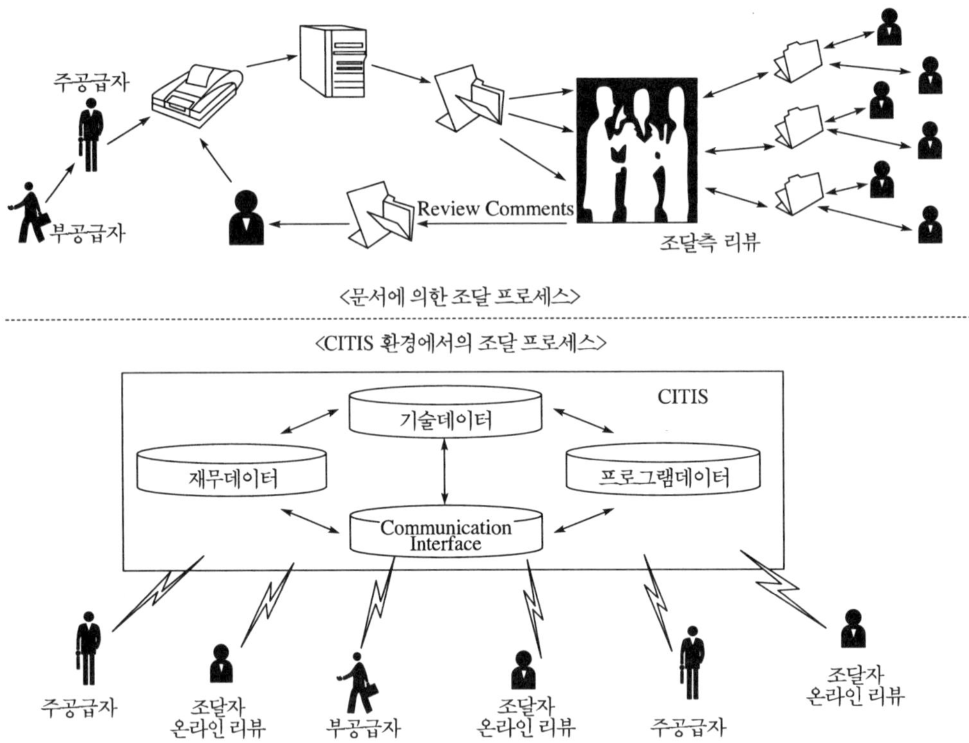

그림 5.6 CITIS 개념에 의한 조달 process

5.1.3 건설분야의 CALS

건설CALS는 부분간·기업간 설계에서 시공·판매·보수 및 폐기에 이르는 시공 구조물의 Life-Cycle 전과정에 걸쳐 생산되는 각종정보를 전자화하고, 기술정보와 거래정보를 네트워크를 통해서 교환 및 공유함으로서 제품의 개발기간을 단축하고, cost의 저감 등을 도모하려는 활동이며 개념이다.

(1) 건설CALS 기본개념

1) 데이터를 한번 만들어 여러 번 사용한다.

작성된 정보의 저장을 통해 시간적, 공간적 제약 없이 활용한다.

2) 데이터의 공유 및 이용방법을 확립한다.

기업간, 부서간 개발된 정보의 공유를 통해 활용의 동시성을 보장하고, 정보의 개선 및 수정과 보안의 편의성을 주어 정보의 정확성을 보장한다.

3) 효율적인 업무를 위해 공정흐름의 표현을 용이하게 한다.

정보의 운영방법을 체계화하고 규격화하여 업무의 이해도를 높이고, 흐름의 합리성을 보장하며, 자료의 국제화를 도모한다.

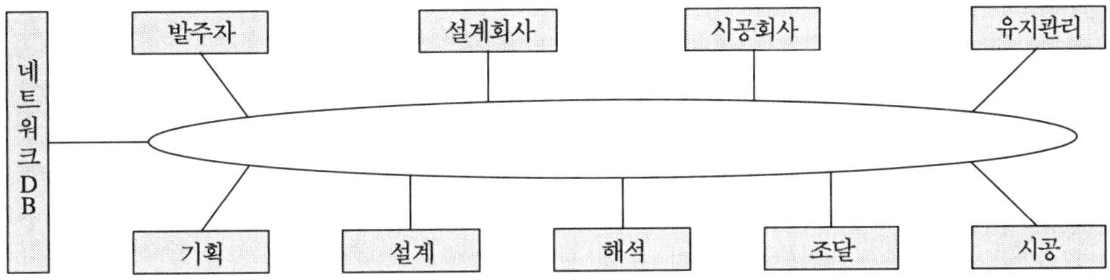

그림 5.7 프로젝트별 건설CALS의 기본 운영체계

(2) 건설CALS의 적용 범위

① 설계와 적산분야에서 3D나 4D CAD를 활용하여 통합설계 및 적산자동화
② 프로젝트 DB 구축을 통해 전자입찰 및 계약
③ 건설자원의 조달 자동화
④ 공사관리의 시공정보 실시간 제공
⑤ 시설물 유지관리의 자동화
⑥ 고객과의 전자정보 교환시스템 활용
⑦ 정보의 상품화 및 Up-Grade
⑧ 정보의 보관 및 효과적 활용을 통한 추적성

(3) CALS의 운영을 통해 달라지는 업무현상

1) 종이문서가 사라진다(Paperless).

기존에는 건설공사의 입찰과 수행에 있어서 입찰업체들이 발주처로부터 도면, 시방서, 수량산출서, 구조계산서, 일의대가 등 공사와 관련된 정보를 발주자가 지정한 장소에 가서 문서로 받아보고, 공사수행에 대한 정보를 문서로 교환하였지만, CALS화가 이루어지면 문서는 E-mail로, 도면은 CAD로, 그 밖의 공사관련 모든 정보를 화상 Data나 전자정보로 접수받고, 교환할 수 있다.

2) 서류와 도면의 효과적 이용

발주자로부터 받은 CALS상 정보는 반복하여 여러 분야에서 공유 사용할 수 있고, 도면상의 물량은 전산연산에 의거 수작업이 아닌 Computer System으로 산출할 수 있으며, 다자간 동시활용이 용이해 진다.

3) 시간을 줄일 수 있다(Time Cost).

입찰관련 서류의 이동시간을 줄일 수 있으며, 의문점이나 공지관련 사항에 대한 협의를 E-mail이나 전자게시판을 통해서 할 수 있다는 장점이 있으며, 또한 업무 수행 중 그때그때 업무의 loss를 줄일 수 있다. 즉 업무의 오류를 줄인다. 그리고 공사 입찰에 관련된 담합이나 부정행위를 줄일 수 있다.

건설 CALS의 기본 취지는 공정성확보, 품질확보, 비용절감 등이다. 공정성 확보란 입찰회사의 담당자끼리 얼굴을 마주 볼일이 없기 때문에 담합의 요지가 제거되고 비리의 발생을 억제하는 것이고, 품질확보란 Paperwork상에서 발생할 수 있는 오류가 줄어들기 때문에 수량의 불일치로 잘못된 생산품이 발생될 확률이 적어지고, 기제의 오류가 줄어들어 설계의 정밀도가 보장된다는 것이며, 비용절감이란 중복작업이 줄어들어 시간의 절약을 통해 상대적으로 공사속도의 향상을 도모할 수 있다는 것이다.

5.1.4 CALS 추진에 의한 기대효과

CALS 추진으로 얻을 수 있는 효과는 다음과 같이 정리할 수 있다.

(1) 기존 실적자료의 재사용, 설계와 시공단계의 정보교환, 시설물에 대한 정보 활용 등에 의한 기대.

① 공 기 단 축 : 15%~20%

② 사업비 절감 : 10%~20%

(2) 종이 없는 문서교환 체계 구축으로 인한 예산절감 효과.
  ① 각종 서식문서 90% 절감(1,500억 원/년)
  ② 종이 설계도서 80% 절감(1,000억 원/년)

(3) 인허가 민원처리의 전자처리를 통한 시간단축으로 절감되는 비용효과.
  ① 처리기간의 95% 단축 : 약 15일 → 2일
  ② 비용절감 : 30%~40%

(4) 건설기술정보의 공유를 통한 공사 시공물의 품질향상.

(5) 단위공사의 정보, 발주정보, 해외정보 등 수집능력 확대로 건설산업의 경쟁력 확대.

(6) 원격지에서의 투명하고 명확한 자료교환체계를 통한 국민편익향상 및 정부 공신력제고.

(7) 공사비용의 절감, 질적개선, 기술수준의 향상으로 건설사업의 효율적 추진.

표 5.3 CALS 도입의 직접효과(미국 CALS 협회)

관련공정	내 용	효 과
실계	• 개발기간 단축 • 설계도면수 절감 • 설계변경 횟수 감소율 • 설계검색시간 감소	82% 98.5%(200 → 3) 80% 수일 → 수분
생산	• 조립공정 단축 • 공정의 축소비 • 불량감소율 • 불량검사축소율 • 재고비용축소율 • 재작업감소율	6주 → 2시간 7 : 1 600% 40% 30% 80%
정보	• 자료 인쇄비 절감율 • 자료의 착오 방지도 • 자료의 수정시간 감축율 • 자료 작성시간 절감율	70% 98% 30% 70%

5.1.5 CALS의 탄생 근거 및 EDI와의 차이점

1980년 초 미 국방성에서 정보의 방대화로 정보보존 및 공유의 필요성이 인식되어 시작되었는데, 초창기의 주요 이유는 Paperless였다. 건설업에서는 1991년 CIAG(Computer Integrated Architecture Graphic)가 설립되면서 본격적인 건설 CALS체제로의 변화가 시작되었다. CALS가 종래의 EDI(Electronic Data Interchange:정보의 공유)와 다른 점은 EDI는 정보의 교환만이 목적이라는 것이다.

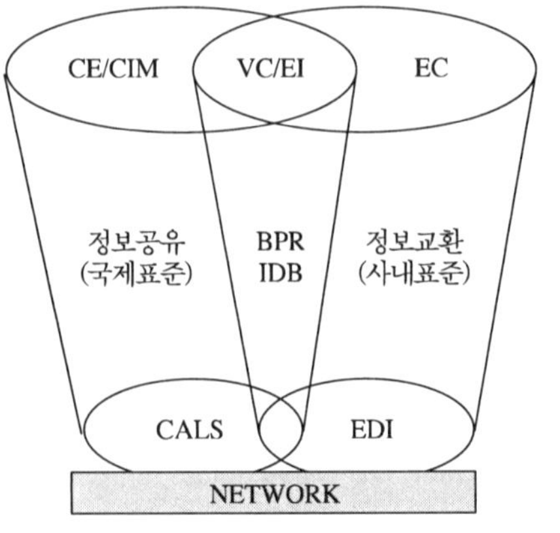

그림 5.8 CALS와 EDI의 차이점

5.1.6 CALS관련 약어(발췌 : 한국건설CALS 협회)

(1) ADP : Automated Data Processing
(2) ADPI : Analysis, Design and Planning for Improvement
(3) AITI : Automated Interchange of Technical Information
(4) ANSI : American National Standard Command
(5) AMC : Army Material Command
(6) ARPA : Advanced Research Project Agency
(7) ASC : Accredited Standard Committee
(8) ASCII : American Standard Code for Information Interchange
(9) BPR : Business Process Reengineering
(10) BIP : Business Improvement Program
(11) CAE : Computer Aided Engineering
(12) CCITT : International Telegraph and Telephone Consultative Committee
(13) CDRL : Contract Data Requirement Lists
(14) CE : Concurrent Engineering
(15) CFA : Cognizant Field Activity
(16) CGM : Computer Graphics Metafile
(17) CITIS : Contractor Integrated Technical Information Service

(18) COTS : Commercial Off-The Shelf

(19) CSC : Computer Sciences Corporation

(20) CSNET : Computer Science Network

(21) CSRC : CALS Resource Center

(22) CTN : CALS Test Network

(23) DBMS : Database Management System

(24) DMP : Data Management Processor

(25) DOD : Department of Defense

(26) DOT : Department of Transportation

(27) DSS : Decision Support Systems

(28) DTD : Document Type Declaration

(29) DXF : Data Exchange File

(30) EC : Electronic Commerce

(31) ECALS : Enterprise CALS

(32) ECIC : Electronic Commerce Information Center

(33) ECMI : European Computer Manufactures Association

(34) ECR : Enterprise Consumer Response

(35) ECRC : Electronic Commerce Resource Center

(36) ED : Engineering Drawing

(37) EDMICS : Engineering Data Management and Information Control System

(38) EDPS : Electronic Data Processing Systems

(39) EFT : Electronic Fund Transfer

(40) EI : Enterprise Integration

(41) EMP : Electronic Manuscript Project

(42) FGTA : Federal Government Trading Activities

(43) FIPS : Federal Information Processing Standard

(44) FMS : Flexible Manufacturing System

(45) GDDS : Global Dictionary & Directory Services

(46) GDMS : Global Data Management System

(47) GITIS : Government Integrated Technical Information System

(48) GOSIP : Government Open System Interconnection Profile

(49) IBOD : International Board of Director

(50) ICS : International CALS Secretariat

(51) IDB : Integrated Data Base

(52) IEC : International Electrical Commission

(53) IEEE : Institute of Electrical and Electronic Engineers

(54) IETM : Interactive Electronic Technical Manual

(55) IGES : Initial Graphics Exchange Specification

(56) ILS : Integrated Logistics Support

(57) IOA : Island of Automation

(58) IRDS : Information Resource Dictionary System

(59) IRTS : Incident Reporting & Tracking System

(60) ISG : Industry Steering Group

(61) ISO : International Standard Organization

(62) IT : Information Technology

(63) IWSDB : Integrated Weapons System Database

(64) JCALS : Joint CALS

(65) JEDMICS : Joint Engineering Data Management Information and Control System

(66) JIT : Just-In-Time

(67) JLC : Joint Logistics Commanders

(68) JLSC : Joint Logistics Systems Center

(69) JPEG : Joint Photographic Experts Group

(70) EMS : Environment Management System

(71) QMS : Quality Management System

(72) ET : Environment Technology

(73) ST : Space Technology

(74) NT : Nano Technology

(75) BT : Bio Technology

(76) MT : Management Technology

5.2 CIC(Computer Integrated Construction)

5.2.1 CIC의 정의

CIC란 건설 PROJECT의 전체 과정과 서로 다른 업무기능을 총괄하고, 경영전략과 경영관리 및 통합된 정보를 전산기술과 연계하여 Project Life Cycle을 완성하는 것이다.

CIC의 원어 뜻

- C(Computer)
  방대한 정보를 일시적, 불연속적으로 입력정보나 외부명령에 반응하는 연산처리 기계.
- I(Integrated)
  기업체의 전체절차나 Manual 및 공정의 체계화를 위한 개별요소들의 연결 및 결합.
- C(Construction)
  자원의 관리(공정관리, 품질관리, 원가관리, 자원관리, 안전관리, 환경관리, 진도관리 등).

결론적으로 CIC란 기업이 정보처리 기기를 이용하여 업무구조를 최적으로 결합하고 효율적으로 관리하는 것을 뜻한다.

5.2.2 CIC의 목적 및 개념

(1) 건설 생산성과 품질향상을 위하여 설계와 시공의 세분화된 업무를 통합된 정보 System으로 구축하는 것이다.

그림 5.9 CIC의 운영체계

(2) 기업경영의 목표 달성을 위해 경영의 각 요소를 체계화하고 유기적으로 결합함으로서 정보의 공유 및 최적화를 하는 것이다.

(3) 건설산업의 필요요소인 계획에서 판매까지의 전 과정을 최적화하기 위한 기존의 기술방식과 인력을 연계시키는 전략.

5.2.3 건설회사의 CIC System 구축이익

(1) 건설시장 경쟁력 강화
(2) 전문지식과 기술의 신속한 획득 및 축적연구/활용
(3) 고객에 대한 Service 극대화
(4) 기업 이미지 증진
(5) 숙련 기술공에 대한 의존도 절하
(6) 정보의 공유를 통한 의사 결정의 신속화
(7) 자동화에 의한 설계/시공의 정밀도 향상
(8) 공정관리 최적화
(9) 관리체계 개선
(10) 설계와 시공의 병행작업 가능
(11) 유관 기관과의 협조 원활

5.2.4 CIC의 기대효과

(1) 단기적 기대효과

① 설계단계 및 시공현장에 부합한 도면제작 자동화
② 설계 및 시공정보의 중복 및 불일치 제거
③ 정보의 신속한 이동, 공유에 의한 부서간의 커뮤니케이션 향상
④ 세부기술로 보유중인 다양한 응용 프로그램과 접속용이
⑤ 구조물의 설계 및 제작을 위한 표준화 유도
⑥ 새로운 구조물에 대한 설계의 유연성
⑦ 정보의 전산화로 관련 기관과의 업무처리 향상
⑧ 설계 검토시 기술적, 경제적, 시간적 타당성 검토용이.
⑨ 설계 결과물에 대한 물량, 견적, 공정작성 자동화

(2) 장기적 기대효과

① 설계의 통합화 실현
② 설계, 시공의 품질 향상
③ 자동화에 의한 설계, 시공생산성 향상
④ 기술력의 도약과 건설시장 경쟁력 우위
⑤ 노동 집약적 작업 탈피
⑥ 부서별 통합화 차원에서의 최적화 달성
⑦ 정보수집의 용이
⑧ 고객의 신뢰성 유지

5.2.5 CALS와 CIC의 차이점

CALS는 한 기업에 국한되지 않고 관련 기업과 기업간의 통합을 목적으로 하는 반면 CIC는 한 기업 내에서의 정보 공유를 목적으로 하는 것이다. 따라서 CIC는 건설관련 회사 사이의 전략적 연구개발로 추진되는 반면 CALS의 추진은 발주처나 국가적 차원에서 주도적으로 전개되어야 한다.

CHAPTER

06

리스크관리

CHAPTER 06 리스크관리

6.1 리스크관리 개요

6.1.1 리스크관리의 개념

일반적으로 건설프로젝트에는 항상 리스크(Risk) 또는 불확실성(Uncertainty)이 내재하고 있다. 그래서, 프로젝트의 목적을 달성하기 위해서는 이에 대한 적절한 대책이 요구된다. 프로젝트가 갖는 리스크를 평가(Assessment)하고 관리하기 위해서는 이론적이고 경험적인 고도의 기술이 필요하다.

어떤 종류의 리스크는 프로젝트의 설계와 시공에서 불가피하게 존재하는 것으로 인식되어야 하고, 따라서 당면하여 해결할 상황의 한부분으로서 현실적으로 받아 들여야 한다. 지금까지 리스크 또는 불확실성의 분석에 관한 여러 가지 이론과 기법들이 제시되어 왔지만 이들을 제대로 이해하고 실제 프로젝트 수행에 적용하기에는 많은 어려움이 있다.

위험(Risk)관리와 위기(Crisis)관리의 차이는 위험사건에 대해 사전에 대응할 것인가, 아니면 사후에 대처할 것인가에 따라 아주 다른 개념을 가진다는 점이다. 예를들면, 공기에 중요한 영향을 미치는 위험경로(Critical Path) 상에 있는 기기가 3개월 지연되어 공사현장에 도착되었다고 가정하자. 관리자는 3개월의 공기를 만회하기 위하여 인력을 2배로 증가시키고 야간작업을 계획하는 등 공기단축 계획을 수립하게 된다.

이처럼 사후에 조치하는 것이 바로 위기관리이다. 반면에 기기 발주, 공장제작과 운송과정에서 납기지연에 어떤 위험요소가 있는지 사전에 검토하여 적기에 공사현장에 도착되도록 관리하거나, 아니면 납기지연에 대비하여 비상대책을 준비하는 것이 위험관리이다.

따라서, 프로젝트 위험관리(Risk Management)는 사업 생애주기(Life Cycle) 전 단계에 영향을 미치는 불확실한 사건 및 상황들을 사전에 인지, 분석, 대응함으로서 사업목표에 불리하게 작용하는 위험요인들을 최소화 시키고, 유리하게 작용하는 기회요인들은 극대화시키는 사전예방 관리기법으로 정리할 수 있다.

6.1.2 리스크의 정의

리스크는 위험을 바라보는 관점, 태도 그리고 경험에 따라 다르게 정의될 수 있다. 여러 문헌상의 다양한 관점에서 리스크를 정의하면 『건설사업의 목표에 불리하게 작용하는 계량화가 가능한 잠재적 손실요인』이라고 할 수 있다.

프로젝트 관리측면에서 본다면 프로젝트 성공의 측정지표로서 손익관리가 가장 큰 비중을 차지하게 된다. 결국 리스크 관리는 프로젝트의 손실을 줄이기 위한 관리적 방법을 제시하는 것이므로 이러한 측면에서 리스크는 『프로젝트의 수지을 악화시킬 수 있는 잠재요인』을 의미한다.

6.1.3 리스크의 특성

(1) 상황적 특성

이것은 각 사건마다 주어지는 상황이 다르기 때문에 교과서적으로 식별할 수 없어 적정한 관리도구를 활용해야 한다.

(2) 상호 의존성

하나의 위험이 여러 곳에 영향을 미치며, 위험사건이 기회로 기회가 위험으로 전환될 수 있는 상황이 되며, 큰 위험은 쉽게 인식이 되지만 작은 위험은 상대적으로 무시된다.

(3) 방대한 위험

이익을 더 많이 내기 위해서는 더 많은 위험을 수용해야 한다.

(4) 가치기준

모든 조직과 개인은 위험에 대해 느끼는 가치를 각각 다르게 평가하므로 그 위험에 대응하거나 무시하기 위한 기준을 세워야 한다.

(5) 시간기준

위험은 미래의 현상이며, 시간이 지날수록 불확실성에 대한 정보가 조금씩 드러나기 때문에 점차적으로 위험식별이 가능해 진다. 또한 시간이 지남에 따라 위험은 또 다른 형태로 변화하거나 그 영향의 정도가 변할 수 있다.

6.1.4 리스크의 원인

(1) 사업주 요구사항의 변화

프로젝트 수행과정에서 사업주로부터의 요구사항은 항시 바뀔수 있으며, 원래 계획 했던 요구사항보다 내용이 많아지면 비용이나 일정에 중대한 위험이 될 수 있다.

(2) 설계오류

설계단계에서 설계자의 잘못으로 인해 자주 설계변경이 발생하는 경우 역시 위험요인 중에 하나이다.

(3) 불분명한 책임과 역할분담

프로젝트 책임자가 프로젝트에 참여하는 인원의 책임과 권한을 제대로 정하지 않을 경우 프로젝트 참여자 사이의 업무영역이 모호해 프로젝트 수행에 어려움을 겪게 되는 경우에 발생되는 위험이다.

(4) 잘못된 예측 및 추정

프로젝트 관리자는 프로젝트의 규모, 복잡성, 소요비용, 일정 등을 추정하게 된다. 이를 제대로 추정하지 않으면 추가적인 비용 및 고객과의 약속 일정을 지킬수 없기 때문에 위험요인으로 인식되어야 한다.

6.1.5 리스크의 유형

건설사업의 위험들은 매우 다양한 형태로 잠재되어 있으므로 관리목적을 위해 유사한 종류별로 위험의 형태를 구분하면 다음과 같은 3가지 유형이 있다.

(1) 첫번째 분류

- 투기적위험(재무적 이익과 손실이 모두 포함된 위험)
- 순수위험(재무적 손실 가능성만 존재하는 위험)

(2) 두번째 분류

- 알려진 위험(Knowns)
- 알려졌으나 모르는 위험(Known-Unknowns)
- 전혀 알수 없는 위험(Unknown-Unknowns)

(3) 세번째 분류

- 범위위험(범위변경 및 절차에 대한 위험)
- 품질위험(기술수준 달성의 실패)
- 일정위험(일정내에 비현실적인 요소들이 다수 존재하여 일정달성을 방해)
- 원가위험(예산범위 내에서 작업실패로 원가초과)

6.2 리스크관리 절차(PROCESS)

리스크관리는 리스크분석을 통하여 규명되고 결정된 리스크를 완화할 수 있는 여러 대안을 창출하고 그 중에 가장 적합한 대안을 선정하여 이행하는 것이다. 이러한 과정들을 실행하는 절차는 리스크를 다루는 관점에서 매우 다양하게 정의하고 운영되고 있으나 미국사업관리협회 PMBOK에서는 표준적이며 포괄적인 위험관리 프로세스를 다음과 같은 여섯가지 단계로 정의하고 있다.

표 6.1 리스크관리 절차

프로세스	내 용
1. 위험계획수립단계 (Risk Management Planning)	위험관리 계획 및 정책 그리고 위험관리에 활용할 기법 및 표준을 수립
2. 위험인지단계 (Risk Identification)	사업에 내재된 위험요인을 체계적으로 인지하고 분류
3. 정성적 위험분석단계 (Qualitative Risk Analysis)	인지된 위험요인의 크기 또는 영향정도를 정성적 방법으로 평가
4. 정량적 위험분석단계 (Quantitative Risk Analysis)	정성적으로 평가된 위험을 정량적으로 평가
5. 위험대응단계 (Risk Response)	분석된 위험에 대한 최적의 대응전략을 수립
6. 위험추적 및 통제단계 (Risk Monitoring and Control)	대응전략 실행 후 잔여위험을 분석하고 추적하며 추가적으로 통제

6.3 프로젝트 리스크관리 방법

6.3.1 위험관리계획(Risk Management Planning)

프로젝트에서 수행할 위험관리 절차를 정의하는 단계이며 위험관리계획서를 작성하고 다음과 같은 내용을 포함한다.

(1) 방법론(Methodology)

위험관리의 접근방법, 데이터, 관리도구 등을 구체적으로 계획한다.

(2) 책임과 역할(Roles and Responsibilities)

단위작업(Activity)을 수행할 역할과 책임을 규정한다.

(3) 시점(Timing)

개별 단위작업을 수행하는 시점을 정의한다.

(4) 평점기준(Scoring and Interpretation)

위험분석에 사용되는 평가방법 및 그 의미를 미리 결정한다.

(5) 임계치(Thresholds)

이는 트리거(Trigger)라고도 하며, 어느 정도의 위험이면 대응계획을 가동시키는지 혹은 위험을 마감하는가에 대해 사전에 정의한 기준이다.

(6) 보고서 표준양식(Reporting Format)

위험평가와 추적에 관련된 양식을 미리 마련한다.

(7) 추적(Tracking)

미래의 다른 프로젝트를 위하여 Feed Back 할 수 있는 각종 횔동과 어떻게 문서화하고, 어떻게 심사하는지 결정한다.

6.3.2 위험식별(Risk Identification)

위험식별단계에서는 어떤 위험이 프로젝트에 영향을 끼칠 것 같은가에 대한 결정과 그 각각의 특징을 문서화하는 것이다.

프로젝트의 위험식별은 가급적 프로젝트와 관련된 모든 이해당사자가 참여하는 것이 바람직하다(PM, CM, EM, PPM, 사업주, 기술분야 전문가, 유경험자 등). 식별시점과 횟수는 여러 차례에 걸쳐 수행할 수 있고 중요한 공정의 시작점에서 하는 것이 좋다. 또한, 일회성 이벤트가 아니고 프로젝트 전생애주기에서 통상적인 기반(Regular Basis)위에 수행되어야 한다.

(1) 리스크인자의 분류

1) 프로젝트 과정별 리스크인자

① 기획, 타당성 분석단계

- 사전조사, 타당성 분석상 결함
- 자금조달 능력부족

- 지가상승
- 차입금리 인상
- 시설물(건물) 수명주기
- 자본투자기간
- 신기술 예측
- 할인율, 세율
- 건물규모 결정오류(연면적, 층수, 층고, 건폐율, 용적율 등)
- 기대수익(임대면적, 임대수익, 예상점유율, 공실율, 분양율)의 예측오류

② 견적, 입찰단계

- 주요견적부서 전문성, 견적기간 부족
- 과거견적자료, 실적Data 활용여부
- 입찰조건, ITB(Invited To Bid) 혼동
- 견적프로그램 및 견적기법 활용여부
- 견적가격 산출자 및 결정자 능력
- 견적방법 선정 오류
- 발주처 제시자료의 견적가 반영정도
- 촉박한 입찰일정
- 부서간 정보공유 부족
- 상부 지시사항 수렴
- 실무자의 능력 / 경험의존도
- 현장실사 부족
- 정책적인 저가수주
- 입찰정보의 부정확
- 주요견적 의뢰 기관, 전문업체 견적 정확도

③ 계획, 설계단계

- 설계범위의 미확정
- 설계결함 및 누락, 오류
- 설계서간 상호 모순
- 시방서의 불완전(누락, 오류, 착오)
- 현장조건의 상이
- 조사분석상 결함
- 설계기간 부족
- 특허권 사용의 이해관계
- 자재, 공법 선정상의 오류
- 발주자 주변의 이해관계자 대립
- 공사비 예측의 오류
- 신기술의 발전 및 적용, 기술적 내용 이해부족
- 설계자, 전문가, 의뢰자, 시공자, 사용자, 감리자 산의 의사소통 징애

④ 계약단계

- 하도급 의무화 비율
- 부대입찰자, 공동도급자 선정
- 현지인력, 현지업체 의무사용
- 외산자재 과도한 관세
- 현지관세 및 관행
- 계약조건 불이행

- 불공평, 불리한 계약조건
- 발주자 직영공사, 지급자재 유무
- 공동도급이행방식(공동/분담)
- 계약방식(Turn-key, Cost+Fee방식, 수의계약, 단가계약, 총액계약 등)

⑤ 시공단계

- 부적합한 시방서
- 설계조건과 현장여건의 상이
- 공사비 예산부족
- 신기술 적용, 기술내용 이해부족
- 저가 낙찰율
- 불합리한 공사 하도급관계
- 자재, 인력, 장비의 가용여부(가동율)
- 자재, 장비의 운반, 망실, 손상, 도난
- 기상변동 및 악화
- 자재 납기지연
- 자연환경적 요인
- 노사분규 및 파업
- 설계변경
- 불적절한 공법
- 안전사고
- 공사관리, 감독 부실
- 발주처와의 관계
- 발주자의 의사결정 지연
- 발주청의 건설제도 / 관행
- 공사관리자의 기술력 부족
- 부실 하도급자
- 거래처, 하도급, 공동도급사 부도
- 노동 생산성 저하
- 프로젝트관리자의 조직관리 능력
- 설계사 문제
- 민원발생
- 인허가 지연
- 타산업과의 관계
- 공사기간 부족, 기상조건에 의한 공기지연
- 공동도급운영(Joint Venture 및 Consortium)

⑥ 시운전, 준공단계

- 시설물 인도지연
- 지적사항 보완 미흡
- 인도조건 미숙지
- 준공서류 미비
- 운전중 사고, 붕괴 등 안전성
- 부적절한 유지관리 방식
- 에너지비 상승
- 냉난방 기기의 성능 미비
- 운영목적, 결과의 부적합성
- 하자발생
- 유지관리의 편리성
- 미래환경 변화의 부적응
- 준공금, 유보금 지급지연

(2) 부문별 리스크 인자

① 발주자와의 관계

- 프로젝트 기획능력
- 진출국 제도 / 지자체 제도
- 업무협약 부실, 미비, 악용
- 계약사항 준수
- 업무의 신속성
- 현지 하도급 의무화
- 현지인력 의무사용
- 발주자 주변의 이해관계자
- 지역 자생단체

② 기술력

- 도면 및 설계서 작성수준
- 전산화 및 정보처리 능력
- 기술지원 체제
- 구매기술 능력
- 사업관리 능력
- 계약관리 능력
- 최적 작업환경 확보
- 정보교환 및 의사소통 능력
- 공사관리 능력(공정관리, 설계관리, 품질관리, 안전관리, 리스크관리 등)

③ 인력문제

- 리더쉽 언어구사능력
- 인력의 조달
- 근로자의 경험, 숙련도, 작업태도
- 인건비
- 인력의 현지화 정도
- 조직원 능력(프로젝트 관련 조직)
- 구성인력의 추진능력(구성원의 개별능력, 도덕성, 경험, 사기)

④ 프로젝트 관리

- 실행예산 편성 및 검토능력
- 실행예산 관리절차 및 시스템 적정성
- 실행예산 집행 및 실적관리 능력
- 실행예산 변동분석 및 예측능력
- VE 수행능력
- 리스크(생애주기)비용 분석능력
- 시공성 검토 및 분석능력
- 사업수행계획(공사관리계획) 수립능력
- 공무관리 능력
- 하도급 저가입찰로 인한 분쟁/클레임
- 하도급 부적합자 선정(시공능력 부실, 기만)
- Joint Venture 및 Consortium 관리의 어려움, 정신상태, 부도

⑤ 안전, 환경적

- 안전관리 절차 및 체계 적정성
- 안전관리 활동의 내용적 충실도
- 안전사고 발생시 대처능력
- 사고시 인적, 물적피해
- 환경관리의 절차 및 체계 적정성
- 환경문제 모니터링 능력
- 자연생태적 손상
- 환경관련 민원
- 악성유행병, 풍토병
- 문화재, 역사적 유물 발굴 및 보전
- 환경사고 발생시 대처능력
- 주민, 대중의 이해관계
- 환경피해(폐기물, 대기, 분진, 소음, 진동, 악취, 수질오염 등)
- 문화적 환경(지리, 역사, 언어, 종교, 관습, 범죄, 유행 등)

⑥ 재정, 경제

- 경제, 경기의 변동
- 발주자 재정능력
- 인플레이션
- 환율변동
- 노동력 부족
- 자재품귀
- 세제변경
- 보험가입의 적정성
- 자금유통의 적정성

⑦ 행정관리

- 문서 및 정보관리
- 절차 및 시스템의 적정성
- 정보관리의 유지, 분석, 운영, 공유
- 내부적 시행착오(본사, 현장)
- 대외적 시행착오

⑧ 물리적, 천재지변

- 구조물의 손상, 붕괴
- 기기, 장비의 손상
- 지반침하
- 화재, 도난
- 지진, 홍수, 해일, 태풍, 산사태, 낙뢰

⑨ 정치, 법, 제도

- 전쟁, 혁명, 내란의 발생
- 법, 규정, 정책의 변경
- 수출(통상)/해외진출 규제
- 클레임 제기
- 토지수용, 몰수
- 지역, 국가간의 건설환경, 적용법규, 계약제도, 기술의 차이

(3) 위험식별 도구와 기술

위험을 식별하기 위한 기본적인 활용자료는 위험관리계획, 프로젝트수행계획 또는 종합시공계획, 위험영역 체크리스트, 프로젝트 경험 및 과거기록 등이 있다.

1) 델파이기법

델파이기법(Delphi Technique)은 우선 전문가에 의하여 이루어 진다. 이때 조정자가 익명으로 우편이나 메일로 1차 접수를 받아 조정하거나 정리하여 다시 전문가에게 배포한다. 2차 의견을 받아 정리하는 등 반복적인 토의를 통하여 일치점을 찾아 도출하는 방식이다.

2) Check List

Check List는 각 조직에서 활용하는 점검표와 일반화되어 있는 점검표를 활용하여 위험을 식별하는 방법이다. 이와 같은 방법은 간편하고 빠르다는 장점이 있으나 프로젝트에 적합한 모든 위험을 정리하기 힘들다는 단점이 있다.
우수한 Check List가 갖추어야 할 조건은 상호배타적(Exclusive)이고 누락 항목이 없어야 한다는 점이다. 따라서, Check List 삭성기준으로 작입분류체계(WBS)를 활용하는 방법과 개발 수명주기를 활용하는 방법이 있다.

3) 흐름도(Flowcharting)

흐름도는 프로젝트 관리자가 위험의 원인과 결과를 잘 이해하는데 도움을 준다.

4) 면접(Interviewing)

다양한 관련자와의 인터뷰에서 그간의 활동에서 찾아내지 못한 위험을 식별하는데 도움이 된다. 그리고, 잠재적 위험상황의 식별에 다음과 같은 것들이 활용된다.

- 위험원인에서 식별하는 방법
- 위험징후로부터 식별하는 방법
- 프로젝트 진척도로부터 식별하는 방법
- 인터뷰에 의한 방법

- 브레인스토밍 회의
- 타 프로젝트로부터 식별하는 방법

(4) 식별된 위험의 기록

1) 원인(사실)과 결과(예상)를 구분하여 기록하되, 6하원칙과 같은 객관적인 사실과 프로젝트에 미치는 영향을 기록한다.
2) 복잡하고 다양한 위험요소들은 나누어 관리하여야 개별위험의 마감관리를 할 수 있다.
3) 위험은 프로젝트를 진행하는 동안 계속하여 변해가는 유기체이다. 따라서, 각각의 개별 위험에는 고유한 ID(Identity)를 부여한다.

6.3.3 위험계량화단계(Risk Quantification)

위험계량화 단계는 프로젝트의 위험의 우선순위를 결정하고, 프로젝트의 개연성을 분석하고, 원가 및 공기 달성의 가능성을 검토하고, 정량적 위험분석 결과의 추이를 산정하기 위한 작업이다. 위험은 매우 복잡하고 다수의 요소들이 많기 때문에 다음과 같은 사항에 유의한다.

① 기회와 위험은 예측하지 못한 방법으로 상호작용 한다.
예를들어, 공기지연은 분명히 위험이지만, 전반적인 새로운 전략을 고려하게 하는 긍정적인 측면도 있다.
② 하나의 위험은 다양한 결과의 원인이 된다.
중요한 자재의 납기지연은 돌관작업에 따른 예산초과, 공기지연, 지체상금, 품질저하, 후속공사 장애등의 결과로 나타 날 수 있다.
③ 한 이해관계자의 기회는 다른 이해관계자의 위험이 될 수 있다.
④ 위험계량화에 사용되는 수학적 기법은 그 자체의 정확도와 신뢰도의 잘못된 영향이 잠재적 위험요소가 될 수 있다.

(1) 입력

입력자료에는 위험관리계획, 위험순위 목록, 추가분석과 관리가 필요한 위험목록, 프로젝트 경험 및 관련기록, 전문가의 판단, 다른 계획 수립의 산출물 등이 있다.

1) 위험의 출처(Source of risk)
2) 잠재적인 위험(Potential risk events)
3) 비용견적(Cost estimates)
4) 단위작업 기간산정(Activity duration estimates)

(2) 도구와 기술

위험계량화 단계에 적용할 수 있는 도구와 기술에는 민감도분석, 의사결정나무(Decision Trees)분석, 시뮬레이션 등이 있다.

1) 민감도 분석(Sensitivity Analysis)

민감도 분석은 프로젝트 리스크의 영향도를 계량함에 있어 비용, 시간, 할인율, 분석기간 등 민감한 요인들을 대상으로 해당 요인이 전체 영향도에 미치는 영향을 계산하여 민감도를 분석하는 것이다. 즉, 다른 요인들을 고정시킨 상태에서 특정요인의 값을 다양하게 변화시킴으로써 특정리스크요인이 선체 프로젝드에 미치는 영향을 관찰하는 방법이다.

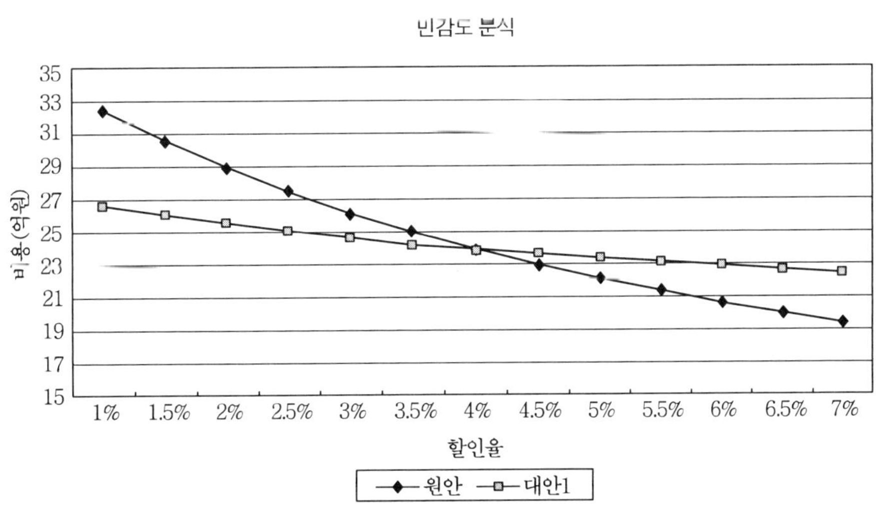

그림 6.1 민감도 분석사례

2) 의사결정나무(Decision Tree)

의사결정나무는 의사결정나무에서 사용하는 다이어그램(Diagram)이 나무와 같은 외형을 지니고 있기 때문에 붙여진 이름으로 "불확실성을 계량할 수 있는 상황"에서의 프로젝트 리스크 분석기법 중 대표적인 기법이다.

의사결정나무는 가능한 모든 경우를 큰 줄기에서 가지친 작은 가지형태로 모두 열거하여 수많은 경로로 연결하고 각 경로마다의 프로젝트에 미치는 영향도를 계산하는 방법이다. 의사결정나무기법에서는 이해를 돕기 위하여 모든 경로의 사건과 경우를 다이어그램의 형태를 빌려서 도식적으로 표현하지만 실제적인 프로젝트 리스크분석에 사용되는 경우에는 수천, 수만개의 경로를 다루어야 하기 때문에 도식적으로 나타내기 보다는 논리체계를 컴퓨에 입력하여 활용한다.

의사결정나무는 결정마디(Decicion Node)와 경우마디(Chane Node)로 구성되며 결정마디는 의사결정을, 경우마디는 의사결정에 따른 사건의 전개상황을 의미한다. 이것은 다음과 같은 순서를 지닌다.

결정마디 → 경우마디 → 결정마디 → 경우마디

의사결정의 절차는 의사결정나무의 오른쪽에서 왼쪽으로 원점의 결정마디에 이를 때까지 진행하면서 경우마디에서는 각 사건의 발생확률과 결과에 의한 기대가치를 산정하고 결정마디에서는 기대가치가 가장 큰 대안을 선택한다.

이 절차가 끝나면 다시 왼쪽에서 오른쪽으로 진행하면서 결정마디에서의 선택을 검토하고 경로를 표시하여 최종대안을 결정하며 이에 따른 프로젝트 영향도를 계량하는 것이다.

3) 시뮬레이션(Simulation)

시뮬레이션은 문제가 너무 복잡하여 분석적이거나 수학적인 모델을 구축하여 문제를 해결할 수 없는 경우에 사용된다. 널리 사용되고 있는 시뮬레이션 방법으로는 몬테카를로(Monte Carlo) 방식이 있는데 이 방법은 적절한 추산치를 얻고 필요한 시뮬레이션 횟수를 구하기 위하여 무작위로 추출한 확률치를 미리 설정한 절차에 대입하는 작업을 수천 수만번 반복하여 도출하고자 하는 결과치의 분포를 구하고 이를 통하여 리스크의 영향도를 확률적으로 분석하는 방식이다.

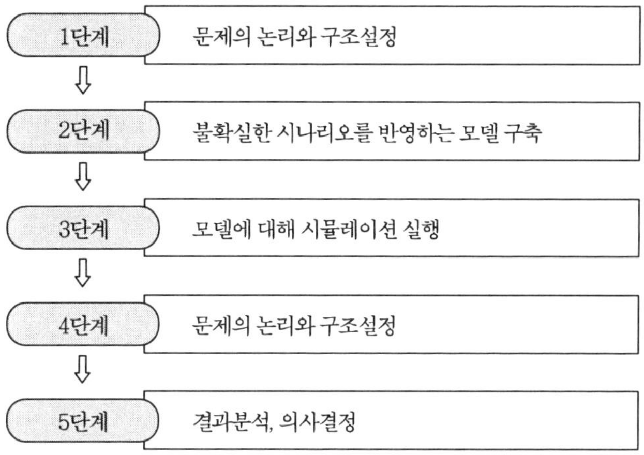

그림 6.2 시뮬레이션의 절차

(3) 산출물

위험계량화 단계에서의 산출물은 정량화된 위험의 우선순위 목록, 프로젝트의 개연성 분석, 실행예산 및 공기달성 가능성, 정량적 위험분석 결과의 추이 등이 있다.

1) 대응 관리해야 할 위험의 목록
2) 의식적으로 수용된 위험과 무시하기로 한 위험

6.3.4 위험대응책 개발단계(Risk Response Development)

일반적으로 위험에 대한 대응책은 회피, 전가, 완화 그리고 수용 등 크게 4가지로 분류하고 있으며, 조치계획 수립시에는 다음사항을 고려해야 한다.

① 대책이 명확해야 한다.
② 책임자가 명확해야 한다.
③ 위험완료에 대한 확인근거가 명확하여야 한다.

(1) 회피(Avoidance)

심각한 위험의 경우 발생가능성을 원천적으로 제거하는 방법을 말하며 주로 계획변경을 통하여 이루어 진다. 즉 부실한 외주업체를 선정하였다면 외주업체를 변경하여 특정한 위험의 원인을 제거하는 방법이다.

(2) 전가(Transference)

위험조치에 대한 책임을 제3자에게 넘기는 것으로 위험자체를 넘기는 것이 아니고, 위험조치에 대한 책임을 넘기는 대신 이에 상응하는 위험보상(Risk Premium)을 지불하여야한다. 대표적으로 보험이 있다.

(3) 완화(Mitigation)

위험의 발생가능성을 줄이거나 영향을 줄이는 방안으로서 위험사건의 기대 비용가치를 줄이는 것을 말한다.

(4) 수용(Acceptance)

식별된 위험에 대한 분석정보가 미흡하거나 아무런 예방조치를 취하지 않는 경우를 의미한다. 적극적인 수용의 경우에는 비상계획을 준비하여 수용하고, 소극적인 수용의 경우에는 아무런 대책 없이 수용하는 것을 말한다.

6.3.5 위험대응관리 단계(Risk Response Control)

프로젝트 과정중에 위험에 대응하기 위해서 위험관리계획을 수행하는 것을 말하며 변경이 발생하면 식별, 계량화, 대응이라는 체계(Basic Cycle)를 반복적으로 수행한다.

일반적으로 건설프로젝트는 그 특성상 불확실성이 내재되어 있으며, 이러한 불확실성은 리스크를 수반하게 된다. 프로젝트는 기회를 활용하여 수익을 달성하는데 주목적이 있지만 리스크의 발생으로 인하여 손실을 초래하는 경우가 많이 있다. 따라서 리스크의 효과적인 관리가 프로젝트의 목표달성에 매우 중요하다 할 수 있다. 리스크관리는 프로젝트관리의 중요한 분야로서 여러 관리요소들과 밀접한 관계가 있으며, 프로젝트의 비용, 시간, 품질, 안전 등과 같은 목표 달성에 중대한 영향을 미친다.

본 장에서 소개된 리스크 식별, 계량화, 대응의 반복적 활동을 통해서 위험요소를 제거하거나 완화하여 프로젝트 목표달성에 기여하게 된다. 특히, 프로젝트 리스크관리는 유사한 리스크의 반복적 발생을 방지하고 잠재적 근원을 제거 할 수 있도록 사후조치(Reactive) 보다는 사전대비(Proactive)의 관점에서 수행되어야 한다.

이를 위해서는 무엇보다도 기존의 리스크 사례에 대한 실적자료 축적이 선행되어야 한다. 본 장에서 소개된 리스크관리 방식으로 리스크관리를 적용할 수 있겠지만 프로젝트 관리자는 프로젝트의 특성과 제약조건 및 환경여건을 고려하여 적절한 관리계획을 수립하여야 한다. 리스크관리에 대한 여러 가지 이론과 실무적인 연구가 많이 이루어 지고 있는 점을 감안, 이들 중에서 프로젝트 특성에 적합한 기법을 선정하여 학습하고 관리하면 프로젝트 관리능력을 증진시킬 것이라 판단된다.

CHAPTER

07

품질과 품질경영

CHAPTER 07 품질과 품질경영

7.1 품질 및 품질경영의 개념

7.1.1 기업경영의 목표

과거에는 기업의 경영목표라고 하면 기업의 영리를 우선으로 추구하는 것이었다. 그러나 이 경영목표는 환경보호, 건강과 안전, 에너지보존 및 자연자원보존 등 기업의 사회적 책임이 증가함에 따라 사회에 기여하고 고객의 이익을 우선하는 것으로 변화되어 왔고, 이것이 바로 자기회사의 이익에 기여할 수 있다는 것을 인식하게 되었다. 그러한 차원에서 기업은 품질을 중시하는 측면에서의 품질경영, 환경을 보호하는 측면에서의 환경경영 등을 하게 되었다.

모든 기업들이 품질에 관심을 가지고 있다. 그러나 관심을 가지는 것만으로는 안되고 기업이 성공하기 위해서는 다음과 같은 제품/서비스를 고객에게 제공할 수 있어야 한다.

- 적절히 정해진 욕구, 용도 또는 목적에 적합한 제품/서비스
- 고객의 기대를 만족시키는 제품/서비스
- 적용하는 규격과 시방서에 일치하는 제품/서비스
- 사회의 법적 요구사항을 만족시키는 제품/서비스
- 경쟁력 있는 가격으로 자원을 구입하고 이용할 수 있는 제품/서비스
- 이익을 낼 수 있는 비용으로 공급할 수 있는 제품/서비스

기업이 품질활동을 수행함에 있어 품질관리, 품질보증, 품질경영 그리고 종합적 품질경영이란 용어에 혼동이 일어나고 있다. 품질경영은 총괄적인 개념으로서 품질방침, 품질계획, 품질개선 뿐만 아니라, 품질관리와 품질보증도 포함하고 있다. 품질경영은 품질시스템을 통하여 운영된다. 이들 개념은 조직의 전 부문으로 확대될 수 있다.

종합적 품질경영은 이들 개념을 근거로 조직자체, 조직구성원, 고객 및 사회전체의 이익을 위한 경영활동으로서 장기적인 세계화 경영전략과 조직구성원 전원참여의 개념과 맥을 같이 한다.

7.1.2 품질경영이란?

품질경영은 경영의 모든 계층에 책임이 있지만 반드시 최고경영자의 지휘 하에 조직구성원 전원이 참여하여 실행하여야 한다.

품질경영의 정의(ISO 8402)
품질방침, 목표 및 책임을 결정하고 품질시스템 속에서 품질계획, 품질관리, 품질보증, 품질개선과 같은 수단에 의해 그것들을 수행하는 전반적인 경영기능의 모든 활동

종합적 품질경영은 품질 지향적이고 조직구성원 전원의 참여를 기본으로 하여 고객만족을 통한 장기적 성공을 목표로 하고, 조직구성원 전원과 사회에 이익을 제공하는 조직의 경영적 접근이다. '조직구성원 전원'이라는 표현은 모든 조직구조의 모든 계층에 있는 사람을 지칭한다. 최고경영자의 강력하고 지속적인 리더쉽과 조직구성원 전체에 대한 교육과 훈련은 이러한 접근을 성공시키는 데 필수적으로 요구된다.

종합적 품질경영에서, 품질의 개념은 모든 관리목표의 성취와 연관된다. '사회에 이익을 제공하는'이라는 개념은 필요시 사회요구사항을 충족시키는 것을 의미한다. 사회요구사항이라 함은 법, 법규, 규칙, 규약, 법령 및 기타 고려사항(환경보호, 건강, 안전, 보건, 에너지 보존, 자연보호 등)으로부터 야기되는 의무사항을 말하며, 사법적 또는 규제적 요구사항이 포함된다.

7.2 품질개념의 변화

품질과 관련된 개념은 최근에 들어 급속도로 변화하고 발전하여 왔다. 지난 20 여년 동안 단순한 검사행위는 품질관리로 대체되거나 보완되었고 그 후 품질보증(Quality Assurance)기법들이 개발되고 정교하게 다듬어졌다. 그리고 진보적인 회사들은 현재

Total Quality Management, 즉 종합적 품질경영을 표방하며 고객만족을 위한 업무수행을 강조하고 있다. 이러한 과정은 아래 그림처럼 뚜렷이 구분되는 네 단계로 볼 수 있다.

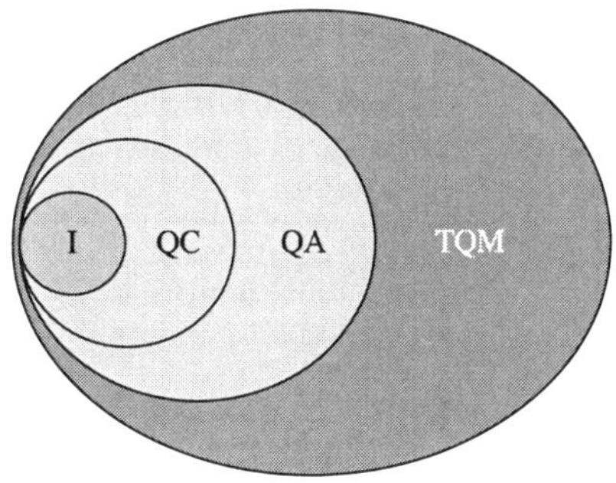

그림 7.1 품질개념의 변화과정

- 검사(Inspection)
- 품질관리(Quality Control)
- 품질보증(Quality Assurance)
- 종합적 품질경영(Total Quality Control)

7.2.1 검사(Inspection)

단순검사시스템에서는 하나 또는 여러 개의 제품특성을 조사하거나 측정하거나 시험하게된다. 그리고 특별한 요구조건들과 비교하여 제품의 적합성을 평가한다. 이 시스템은 반입되는 물품과 제조된 부분품, 조립품에 대하여 제조/생산공정의 적절한 시점에서 적용되며 특정목적을 위해 특별히 고용된 직원들에 의해서 실행된다. 기준에 적합하지 않은 제품은 폐기되거나, 수정되거나 특채된다. 어떤 경우에는 완성품의 등급을 정하는데 이 기법이 사용되기도 한다. 그러나 이 시스템은 생산품의 사후판별기능을 가지고 있을 뿐이며, 물품을 공급한 사람이나 공정, 또는 부적합제품들을 만든 사람이 누구인지를 밝혀내는 것 이외에는 사전에 불량의 발생을 예방할 수 있는 요소를 가지고 있지 않다. 또한 이러한 단순검사시스템은 보통 생산장소에서 이루어지므로 공급자나 소비자는 직접적으로 관여하지 않았다. 그러나 어쨌든 제품에 대한 검사는 품질에 관련된 활동의 시발점이었다. 기업들은 제품에 대한 검사를 실시하여 결함이 있는 제품을 선별하고 재작업하여 보다 완전한 제품이 소비자에게 전달되도록 함으로써 다른 회사보다 경쟁력을 높여 왔다.

검사의 정의(ISO 8402)
실체의 하나 또는 여러 개의 특성을 측정, 검사, 시험 또는 계량하고, 각 특성에 대하여 적합한지를 입증하기 위하여 그 결과를 규정된 요구사항과 비교하는 활동

7.2.2 통계적 품질관리(Statistical Quality Control)

제품에 대한 검사는 그 결과에 대한 기록들을 관리하고, 분석함으로써 문제가 있는 공정(Process)을 통제할 수 있는 작업관리로 진보하였고, 이는 다시 계획적이고 과학화된 활동인 통계적 품질관리로 발전하였다. 또한, 샘플링검사기법의 진보는 통계적 품질관리에 지대한 공헌을 하였다.

통계적 품질관리는 품질과 생산성을 생산공정속에 편입시킴으로써, 사소한 변화일지라도 신속히 파악되고, 기능장애가 발생할 경우에는 이를 적절한 시간내에 해결할 수 있게 하였다. 결국, 통계적 품질관리는 전체공정의 특성과 생산성이 어디에서 어떻게 계속적으로 개선될 수 있는 지를 밝혀 주었다. 이러한 통계적 품질관리활동의 한 가지라고 할 수 있는 일본의 카이젠(改善)활동은 일본제품을 품질에 있어 세계에서 주도적 지위를 차지하게 되었고, 전세계는 일본의 품질관리활동을 주목하게 되었다.

품질관리의 정의(ISO 8402)
품질요구사항을 충족시키는데 사용되는 운용기법과 활동

7.2.3 종합적 품질관리(Total Quality Control)

그 이후 품질관리활동은 기업의 전 종업원들의 관심을 가져 동참하게 하는 것이 중요하다는 것을 인식하게 되었고, 그리하여 태동하게 된 종합적 품질관리(TQC)활동이 그 빛을 보게 되었다. 이 종합적 품질관리활동도 일본에 의해 생산현장에서 크게 발전하였는데, 일본은 종업원의 자기계발과 상호계발을 중심으로 하여 품질수준을 올리는 소집단활동인 품질관리분임조(Quality Control Circle)를 탄생시켰고, 이 QC서클을 통하여 일본의 종합적 품질관리는 더욱 더 발전하게 되었다.

미국의 종합적 품질관리에서는 생산과 품질의 책임이 분리되어 있는데, 일본은 그렇지 않아 이를 구분하기 위하여 일본의 종합적 품질관리를 전사적 품질관리(CWQC : Company Wide Quality Control)이라고 부르기도 한다.

7.2.4 품질보증(Quality Assurance)

기업은 소비자만족을 위하여 생산제품의 무결점(Zero Defect)운동을 전개하는 등 보다 완벽한 제품을 만들어 소비자에게 공급하려고 노력하게 되었고, 판매된 제품에 대하여 일정기간 품질을 보증하여 회사가 약속하는 보증기간 내에 고장이 나거나 하자가 발생할 경우 교환을 해주거나 수리해 주는 제품에 대한 품질보증도 실시하였다. 그러나 이제까지의 품질활동과 품질보증은 대부분 기업의 입장에서 전개되었다.

한편, 구미(歐美)에서는 새로운 차원의 품질보증제도가 운영되어 왔다. 구미의 품질보증제도는 소비자가 안전하고 좋은 제품을 사용할 수 있도록 제조회사에 대해 품질요구사항을 정하여 이를 준수하도록 함으로써 소비자를 보호하기 위한 것이었다. 이를 위하여 구미에서는 품질보증규격을 제정하고 공신력이 있는 인증기관으로 하여금 제품에 대한 심사와 그 제품을 만드는 기업의 시스템에 대하여 심사하도록 하여 기업이 이를 준수할 경우에만 인증을 수여하도록 하였다. 현재 각 회사에서 취득열풍이 불고 있는 ISO 9000 인증도 이러한 품질보증제도에서 연유하여 국제적인 규격으로 된 것이다.

7.2.5 종합적 품질경영(Total Quality Management)

TQM은 품질경영의 원칙들이 그 조직체의 모든 부문과 모든 단계에서 적용되도록 요구한다. 이 원칙들을 만족시킬 수 있는 개별부서/팀의 시스템과 요구사항들은 품질경영에서의 품질보증단계와 비슷하지만 판매와 재정, 인적요소 그리고 생산 이외의 다른 기능까지도 포함하여 회사전반에 걸쳐 적용되는 점에서 차이가 있다. 최근에는 제품책임(Product Liability)에 대한 관심이 높아지고 있다. 소비자보호단체들이 활성화되고 있으며, 기업들도 자사제품에 의해 발생한 인적상해, 재산손실 또는 기타 손상에 관련된 손실을 배상할 책임을 갖게 되었다. 이제는 소비자 보호에 관심을 가져야 하기 때문에 품질은 중요한 전략적 요소가 되고 있다. 기업의 경영자들은 이러한 상황을 인식하여 고객만족의 차원의 품질경영을 주창하기에 이르렀다.

종합적 품질경영의 정의 (ISO 8402)
품질지향적이고 조직전원의 참여를 기본으로 하여 고객만족을 통한 장기적인 성공을 목표로 하고 조직전원과 사회에 이익을 제공하는 조직적 경영 접근

7.3 Q-COST(품질코스트)란 무엇인가?

7.3.1 품질코스트의 개념과 기능

(1) 품질코스트의 개념

품질코스트(Quality Cost or Cost Of Quality)란 물품이나 서비스의 품질과 관련해서 발생하는 코스트로, 이미 산출되었거나 산출될 급부에 대한 개념이다. 품질코스트에는 품질을 이룩하고 이를 관리하는데 소요되는 비용과 품질불량 즉 품질이 일정(시방, 고객만족 등)수준에 미달되어 발생하는 모든 손실이 포함된다.

품질코스트 시스템의 목표는 추진단계에 따라 차이가 나게 마련인데 품질코스트의 측정목적은 다음과 같다.

1) 경영자로 하여금 품질경영이나 품질문제의 중요성을 이해시키고 독려하는데 필요한 정보와 지표를 제공한다.
2) 현장의 경영자나 관리자로 하여금 품질코스트의 절감목표를 설정하고 이들 계획을 수립하는데 필요한 정보와 지표를 제공한다.
3) 품질의 문제가 어디에 있는지, 어느 정도 심각한 지를 제시하여 현장의 관리자로 하여금 효과적인 해결방안을 모색하도록 한다.
4) 경영자가 현장의 관리자나 구성원들로 하여금 야심적인 목표를 설정하도록 동기를 부여하고 아울러 목표를 달성하도록 한다.

표 7.1 품질코스트 시스템의 추진단계별 목표와 정보의 유형

구분	계몽단계	프로젝트단계	관리단계
목표	품질향상 및 원가 절감의 중요성 인식	품질개선프로그램의 성과측정 및 자극	품질개선프로그램 성과를 올리고 품질코스트의 지속 관리를 위한 자료제공
정보의 출처	품질전문가와 회계 자료의 추정치	QC전문가의 추정치로 보완된 회계자료	회계자료
정보의 형태	품질관리 정보	회계검증을 곁들인 품질관리 정보	QC부서의 논평과 도표를 곁들인 회계정보
공표회수	일시적	최소한 년 1회, 경우에 따라서 월별	월별 또는 분기별

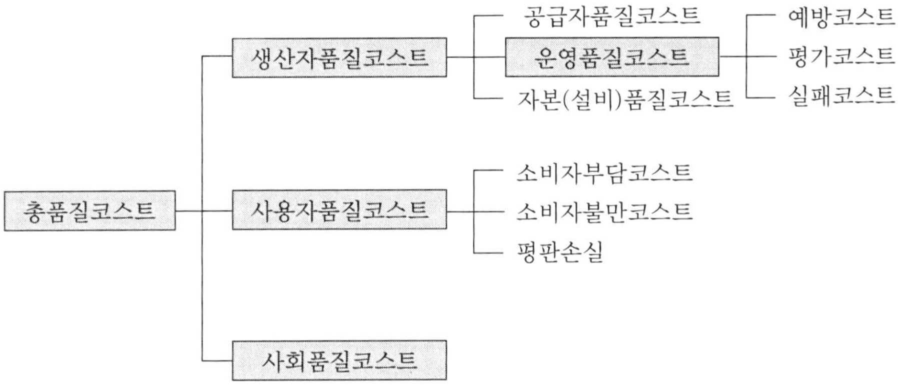

그림 7.2 품질코스트의 체계

(2) 건설업의 운영품질코스트 유형

1) 예방코스트(Preventive Cost : P-COST)

① 설계검토
② 공법개선
③ 안전을 포함한 제반 교육비용
④ 품질경영의 관리/운영
⑤ 하도급업체의 선정 및 관리
⑥ 하도급업체의 지도 육성
⑦ 보상시스템
⑧ 자문비용

2) 평가코스트(Appraisal Cost : A-COST)

① 직영공사에 대한 검사
② 하도급공사에 대한 검사
③ 자재공급업자의 자재 검사
④ 운송에 대한 검사

3) 내부실패코스트(하자로 인한 내부적 결과)(Internal Failure Cost : IF-COST)

① 재시공
② 스크랩(Scrap)
③ 돌관공사
④ 하자(공사중) 부분의 철거
⑤ 공기연장
⑥ 계약(공사) 취소

4) 외부실패코스트(외부적 결과)(External Failure Cost : EF-COST)

① 벌과금의 변제
② 소송비용과 손해배상

③ 계약 취소 ④ 보험료의 할증
⑤ 응찰자격 박탈 ⑥ 응찰기회손실
⑦ 영업권 및 신인도 추락

7.3.2 품질비용과 품질수준

그림 7.3의 전통적개념의 품질코스트를 살펴보면 총비용의 최저점이 이른바 최적품질코스트로서 품질개념 내지 품질관리의 이상적 목표로서 제시되어 왔다. 최적품질코스트개념은 일찍이 쥬란을 비롯한 몇몇 논자들에 의해서 적합(제조)품질코스트의 최적화모델로서 제시된 바 있는데 100% 양품이나 완전무결에 가까운 품질수준은 경제적으로 기대하기 어렵다.

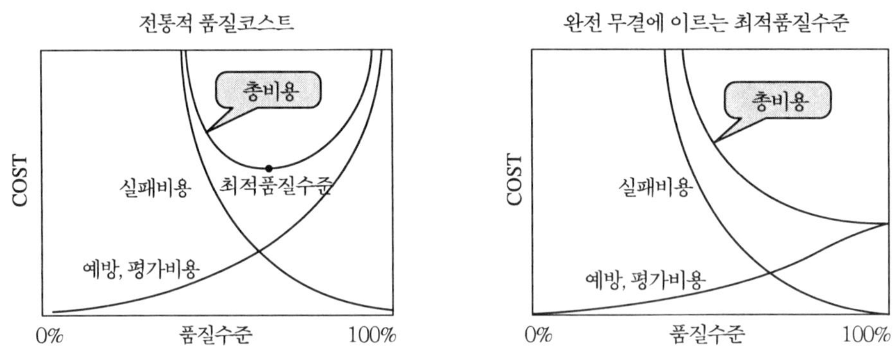

그림 7.3 품질비용과 품질수준의 관계

이에 슈나이더만은 "최적품질코스트와 완전무결(Zero Defect)은 양립할 수 있는가?" 라는 명제아래『완전무결에 이르는 최적품질수준』모델을 제시하였다. 품질개선 및 관리에 많은 노력(예방 및 평가코스트)이 투입되면 품질불량을 상당히 줄일 수 있는데, 이 경우 수확체감의 법칙이 작용한다. 즉 품질수준이 일정수준(최적품질수준)을 넘어서면 품질개선에 소용된 비용에 비해 적은 효과가 나타난다.

즉, 최적품질수준이 불량제로에 이르는 수준에 이르지 못할때에는 쥬란의『최적품질코스트 모델』이 적용될 수 밖에 없는데, 대부분 기업의 실정은 후자에 가까운 것이 현실이다.

7.3.3 품질코스트의 분석

품질코스트의 측정기준은 다음 여러 기준 중에서 세 가지 정도를 적용하는 것이 보통이다.

- 매출액 기준 = $\frac{\text{품질코스트}}{\text{매출액}} \times 100$
- 제조원가 기준 = $\frac{\text{품질코스트}}{\text{제조원가}} \times 100$
- 부가가치 기준 = $\frac{\text{품질코스트}}{\text{부가가치}} \times 100$
- 노무비 기준 = $\frac{\text{품질코스트}}{\text{코스트}} \times 100$
- 구성원수 기준 = $\frac{\text{품질코스트}}{\text{구성원수}} \times 100$ 또는 = $\frac{\text{실패코스트}}{\text{구성원수}} \times 100$

7.3.4 품질코스트의 개선

(1) 예방활동중심의 품질코스트 개선

전통적인 품질관리에서는 예방활동보다 평가활동에 치중하는 경향을 볼 수 있는데, 검사활동의 강화만으로는 실질적인 불량제거는 어렵다. 불량이 있을때 아무리 검사를 철저히 하여도 일부가 소비자에게 넘어갈 수 있으며 불량으로 판명된 것은 스크랩으로 처리되므로 그만큼 손실은 있게 마련이다.

(2) 예방코스트의 효율적 투입

품질의 경제적 관리를 전개하기 위해서는 인과관계를 규명하고 기업의 실패코스트에 대한 예방코스트의 크기를 가늠해야 한다. 즉, 실패코스트에 대한 영향력이 가장 큰 예방코스트의 효율적인 투입이 요구된다.

실패코스트에 대한 영향력이 규명될 수 있도록 예방코스트를 구분할 필요가 있는데, 그 한가지 방법으로는 품질개선 내지 예방에 정기적으로 투입되는 계속예방코스트(Continuing Preventive Cost)로 구분하여 관리한다.

예방코스트는 성격상 품질시스템과 관련이 깊다. 즉 품질시스템의 운영상태가 적극적이지 못하면 예방코스트는 흔히 고정비적인 성격을 띠고 있으나 품질시스템이 적극적으로 운영되는 곳에서는 변동적이다. 예방코스트의 투입효과는 후자에서 높은 것으로 예방코스트의 효율적인 투입적인 시스템 개선의지가 강한 기업에서 가능하다.

(3) 품질코스트의 선택적 적용

품질코스트는 품질관리 수준에 따라 그의 크기와 내용면에서 많은 차이가 있다. 따라서 품질코스트 시스템을 도입하여 품질의 경제적 관리를 모색하려면 우선 당해 기업의 품질관리 내지 품질경영 수준을 판단한 다음에 그에 적합한 접근방법이 선택적으로 모색되어야 한다.

표 7.2 품질경영의 성숙단계별 품질코스트

품질경영단계별 Q-COST	수동적 관리	검사관리	공정관리	예방적 관리
외부 실패코스트	20	3	2	1
내부 실패코스트	1	12	8	4
검사비용	1	3	2	1
공정관리 비용	1	1	4	2
예방코스트	1	1	1	2
계	24	20	17	10

1) 수동적 관리 단계

검사활동조차 제대로 실시되지 않는 상태로 예방 및 평가코스트의 지출이 미미한 대신 다수의 출하품이 품질불량으로 반품되거나 클레임을 받는다.

2) 검사관리 단계

출하전에 검사를 하여 불량품을 선별하여 재작업하므로 반품(외부실패코스트)이 줄고 대신 평가코스트와 내부코스트는 12%로 늘었으나 전체적으로 품질코스트는 감소된다.

3) 공정관리 단계

검사관리는 내부실패코스트가 높아 이들 비용을 줄이려고 노력하게 된다. 이즈음 공정이 제대로 기능을 발휘하지 못하는 것에 대해 사전조치하기 위해 공정관리가 도입된다. 이 경우 생산단계에서 불량을 줄일 수 있어 결과적으로 품질코스트는 절감된다.

4) 예방적관리 단계

품질코스트에 대한 보다 세밀하고 체계적인 조사가 행해지고 품질코스트의 최적화가 모색된다. 물론 불량원인을 근본적으로 제거하기 위해 전사적인 예방활동이 전개되어 이 단계에서 예방코스트는 배로 늘어난다.

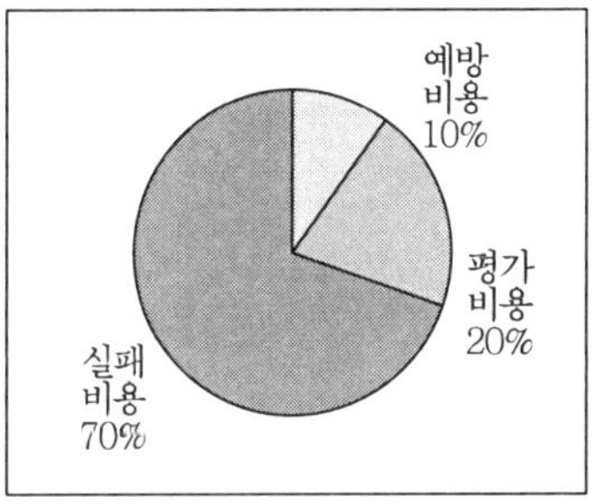

품질코스트 시스템 도입전

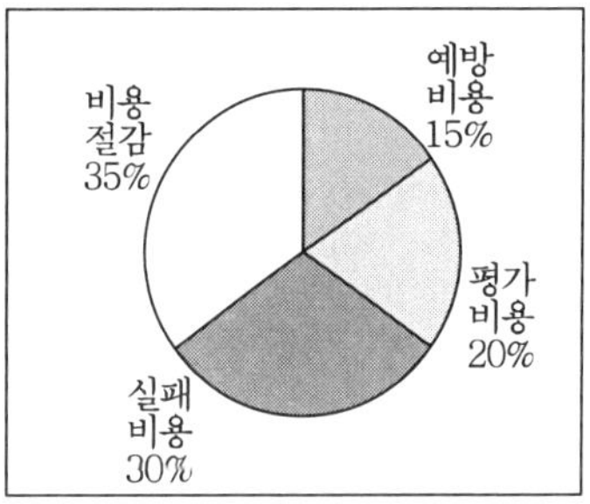

품질코스트 시스템 도입후

그림 7.4 품질코스트 시스템의 도입전/도입후의 품질비용관계

7.4 품질경영시스템(ISO 9000)

7.4.1 품질경영시스템은?

(1) 국제표준화기구(Internatioal Organization for Standardization)

생산성 향상과 품질관리 활동의 하나로 시작된 표준화는 세계무역기구(WTO)의 출범에 따른 세계경제의 개방과 국제무역의 통일된 규범을 추구하는 추세속에서 많은 관심을 끌고 있다. 국제표준화기구는 ISO 회원 기관들인 국가표준기관들의 세계연맹으로서 상품과 서비스가 국제적으로 원활히 소통되도록 하기 위한 표준(규격)을 제정하기 위하여 설립되었다.

국제표준의 준비작업은 통상 ISO 기술위원회(TC : Technical Committee)를 통하여 이루어지고 있으며, 현재 약 180개의 기술위원회가 있다. 기술위원회가 설정한 국제표준에 관심이 있는 각 회원기관들은 국가를 대표하여 그 위원회에 참여할 수 있다. 또한 국제기관, 정부 및 비정부기관들이 국제표준화기구와 원활히 접촉하며 국제표준화 작업에 참여하고 있다.

기술위원회에서 채택된 국제표준초안(DIS : Draft International Standard)은 회원기관에게 회람되고, 투표가 실시된다. 국제표준초안이 국제표준으로 공표되기 위해서는 회원기관의 최소한 75%의 승인이 필요하다. 국제표준화기구에서 제정한 국제표준이 산업계에 공헌했던 예들은 많으나 세계 산업계에 가장 큰 충격을 가져온 것이 바로 ISO 9000 Family인 품질보증규격이다.

(2) ISO 9000 Family의 태동 및 동향

지금까지의 품질보증제도는 국가별로 자국의 경쟁력향상과 소비자보호를 위하여 독자적으로 운영되어 왔다. 그러나 이는 국가간의 서로 다른 요건들을 적용하는데서 오는 문제들로 인하여 국제적인 통상활동에 장애를 끼치게 되었다. 유럽통합과 국제무역이 증가되는 시점에서 이러한 문제들을 해결하기 위해 통합된 품질보증규격이 필요하게 되었다.

1979년 영국표준협회는 국제표준화기구로 하여금 품질보증에 관한 새로운 기술위원회를 설치하여 국제적으로 통일된 품질보증규격을 제정할 것을 제안하였다. 이 제안은 받아들여졌고 국제표준화기구는 기술위원회 TC 176을 설치하여 품질보증제도의 제정을 준비하게 되었고 영국, 미국, 캐나다의 품질보증제도를 기본자료로 검토하여 1987년 국가간 무역상의 기술장벽을 해소하기 위해, 국제적으로 인정할 수 있는 품질보증기준으로 ISO 9000 Family 규격을 제정하였다.

최근에 ISO 9000 Family는 많은 개정이 이루어지고 있다. 현재 ISO 9000 Family를 해석하는데 있어서 각 국가의 인정기관, 인증기관에 따라 상이한 부분들이 있으며 이러한 상이한 해석으로 인하여 품질시스템인증제도의 시행에 문제가 발생되기도 한다. 그리고 이 국제규격은 포괄적인 것으로 특정산업이나 특정경제분야에 국한되지 않음에도 불구하고 그 표현이 제조업위주로 되어 있음으로 인하여 제조업분야 이외의 산업분야에 대해서 실제활용의 어려움이 발생하고 있다. 국제표준화기구는 이러한 문제들을 관련규격들을 통하여 보완하여 모든 산업에 적용될 수 있도록 작업을 계속하고 있다. 이미 1994년 7월 ISO 9001 Second Edition 이 발행되었으며 각 규격에 대해 현재도 개정 및 보완작업이 지속적으로 이루어지고 있다. 이러한 개정 및 보완내용은 규격통일화안, 각 산업분야별 공통사항반영, 품질시스템에 대한 자체진단과 평가시스템 등을 포함하고 있다.

이러한 배경을 갖고 있는 ISO 9000 Family 국제규격은 국제적으로 폭넓게 인정을 받아왔으며 우리나라도 국제화시대에 발맞추어 국내규격으로 받아들였다. 세계적으로 보면 영국을 비롯한 유럽연합회원국, 미국, 일본, 동남아시아, 독립국가연합 등 70여 개국 이상이 국가규격으로 채택하여 운영하고 있다.

(3) ISO 9000 Family란?

ISO 9000 Family는 국제표준화기구에서 기업의 품질시스템에 대한 국제규격을 제정한 것으로 소비자 중심의 국제품질보증규격이다. ISO 9000 규격은 공산품뿐만 아니라 소프트웨어, 서비스산업 등 전 산업에 걸쳐 널리 적용되는 범용적인 것으로서, 품질경영을 위한 기본요소를 규정하고 이 요소들을 실천하기 위한 활동지침을 제시한 것으로 ISO 9000부터 ISO 9004까지 5종의 규격으로 구성되어 있다.

ISO 9000은 자문의 성격을 가지는 문서로 품질개념의 상호관계를 명확히 구분하여 주며 내부품질경영 목적인 ISO 9004와 외부품질보증 목적인 ISO 9001, ISO 9002, ISO 9003을 사용할 수 있는 품질시스템에 관한 규격의 선택과 사용에 대한 지침을 제공하는 규격이다. ISO 9001은 시장 및 고객으로부터 품질요구가 없거나 포괄적인 성능에 대한 요구만 있고 제조자가 설계에 의해 제품의 품질시방을 확정하고 품질적합성을 인증하기 위해 설계, 제조, 출하, 설치, 서비스의 전 부분에 대한 품질시스템을 유지할 필요가 있을 경우에 적용되는 것으로 가장 광범위한 품질보증모델이다. ISO 9002은 고객이 요구하는 품질시방이 명확하거나 제품규격이 널리 알려져 있기 때문에 제조자에 의해 설계가 불필요할 경우 적용되며 제조, 출하, 설치, 서비스의 품질시스템을 유지할 필요가 있는 경우 적용되는 품질보증모델이다. ISO 9003은 제품의 품질시방에 대한 적합성이 제조자의 시험/검사기능만으로 입증될 수 있는 경우 적용된다. 한편, ISO 9004는 ISO 9000 시리즈 중 두번째 자문성격의 문서로서 품질경영과 품질시스템요소에 관해 상세한 정보를 제공하는 규격으로 기업내에서 효과적인 품질경영시스템을 시행, 유지하고자 할 때 이용된다.

표 7.3 ISO 9000 Family 관련 국제규격

규격번호	명칭
ISO 8402	품질경영과 품질보증용어
ISO 9000-1	품질경영과 품질보증규격-1부 : 선택과 사용지침
ISO 9000-2	품질경영과 품질보증규격-2부 : ISO 9001/9002/9003의 적용에 대한 일반지침
ISO 9000-3	품질경영과 품질보증규격-3부 : S/W의 개발, 공급 및 유지에 대한 ISO 9001의 적용지침
ISO 9000-4	품질경영과 품질보증규격-4부 : 신뢰성경영에 대한 적용
ISO 9001	품질시스템 : 설계, 개발, 생산, 설치 및 서비스에 있어서의 품질보증모델
ISO 9002	품질시스템 : 생산, 설치 및 서비스에 있어서의 품질보증모델
ISO 9003	품질시스템 : 최종검사와 시험에 있어서의 품질보증모델
ISO 9004-1	품질경영과 품질시스템요소-1부 : 지침
ISO 9004-2	품질경영과 품질시스템요소-2부 : 서비스에 대한 지침
ISO 9004-3	품질경영과 품질시스템요소-3부 : 가공소재에 대한 지침
ISO 9004-4	품질경영과 품질시스템요소-4부 : 품질개선에 대한 지침
ISO 10011-1	품질시스템감사지침-1부 : 감사
ISO 10011-2	품질시스템감사지침-2부 : 품질시스템감사원 자격기준
ISO 10011-3	품질시스템감사지침-3부 : 감사프로그램관리
ISO 10012-1	측정장비의 품질보증요구사항-1부 : 측정장비에 대한 계량확인시스템
ISO 10013	품질매뉴얼개발지침
ISO/TR 13425	표준과 시방에 있어서의 통계적방법 선택 지침

표 7.4 ISO 9001 규격 구조

장	내용
1장	적용범위
2장	참고규격
3장	용어 및 정의
4장	품질경영시스템
	4.1 일반 요구사항
	4.2 문서화 요구사항
5장	경영책임
	5.1 경영의지
	5.2 고객중심
	5.3 품질방침
	5.4 기획
	5.5 책임, 권한 및 의사소통
	5.6 경영검토
6장	자원관리
	6.1 자원확보
	6.2 인적자원
	6.3 기반구조
	6.4 업무환경
7장	제품실현
	7.1 제품실현의 기획
	7.2 고객관련 프로세스
	7.3 설계 및 개발
	7.4 구매
	7.5 생산 및 서비스 제공
	7.6 모니터링장치 및 측정장치의 관리
8장	측정, 분석 및 개선
	8.1 일반사항
	8.2 모니터링 및 측정
	8.3 부적합제품의 관리
	8.4 데이터의 분석
	8.5 개선

7.4.2 품질시스템인증제도

(1) 인증심사란?

WTO(세계무역기구)의 국경없는 무역시대 개막과 함께 세계는 소비자의 안전을 보호하고 신뢰할 수 있는 상품교역을 위하여 국제적 기준을 제시하고 있다. 품질시스템인증심사란 공급자와 구매자간의 상거래를 원활하게 하기 위하여, 인증기관이 공급자(제품/서비스를 제공하는 기업/기관)의 품질시스템이 국제규격의 요구조건과 일치하는가를 심사하는 것으로 요구되는 모든 단계에서 부적합을 예방함으로써 기본적으로 고객만족을 달성하기 위한 것이다.

일단 만들어 놓기만 하면 팔리던 공급자 우선의 시대는 지나갔다. 이제 소비자들은 다양한 제품을 원하고 있고, 그 품질 또한 우수한 것을 원하고 있다. 급격한 변화와 치열한 경쟁의 시대에 살아남기 위하여 기업들은 경쟁회사들보다 그들 제품의 품질의 우수성을 보여 주어야만 한다. 그리고 각종 소비자단체들은 소비자들을 보호하기 위하여 공급자의 품질보증을 요구하고 있다.

국가간의 무역에서도 동일한 현상이 일어나고 있다. 이러한 욕구를 충족시키기 위하여 국제표준화기구에서는 여러 국가의 소비자들의 개별적인 요구들을 국제적으로 통일된 표준으로 만들어 국가간의 교역을 할 때 이를 만족시키는 제품만이 유통될 수 있도록 하려는 움직임이 있다.

인증심사는 제품을 구매하는 소비자를 대신하여 공인된 인증기관이 국제표준화 기구가 설정한 기준인 ISO 9001, ISO 9002, ISO 9003 품질시스템 중에서 기업이 신청한 규격을 토대로 공급자의 품질시스템을 심사하여 적합하면 인증서를 수여하고 등록, 공표하는 것으로써 품질에 대한 신뢰감을 보나 증진시킬 수 있게 하기 위하여 실시된다. 따라서, 심사의 결과 수여된 인증서는 기업의 품질보증능력과 신뢰성을 가늠할 수 있는 척도로 사용될 수 있다.

(2) 규격선택의 기준

외부품질보증의 목적으로 사용할 수 있는 국제규격은 ISO 9001, ISO 9002, ISO 9003이다. 이들 국제규격은 기업이 자신의 능력을 실증하기 위한 목적과 인증기관이 기업의 능력을 평가하기 위한 목적에 적합하도록 만들어졌다. ISO 9000 품질시스템의 선택과 사용에 대한 지침은 ISO 9000-1에 제시되어 있다. 기업은 제품을 제공하기 위하여 요구되는 기능상의 능력과 조직상의 능력에 근거하여 아래와 같이 세 가지 모델 중에서 하나를 선택할 수 있다.

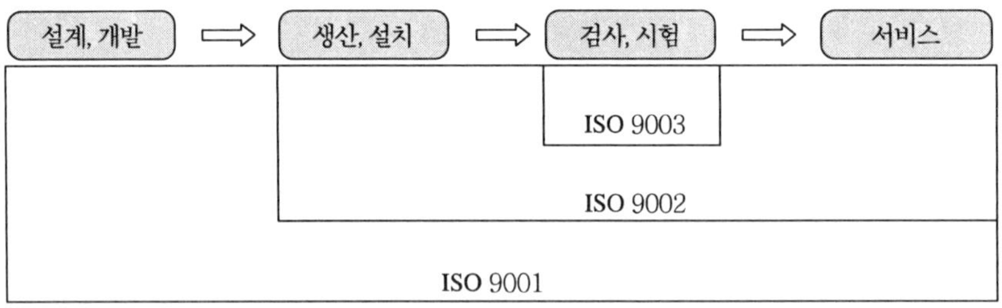

그림 7.5 ISO 9000 Family 규격 선택 기준

위 그림 7.5와 같은 국제규격들은 품질시스템이 어떠한 요소를 포함하여야 하는가에 대하여 규정하고 있다. 그러나 이 요구사항들은 기술적인 요구사항을 보완하는 것이지 대체하는 것은 아니다. 또한 이들 국제규격이 요구사항들을 제시한다고 해서 모든 기업의 품질시스템을 획일화시키려는 것은 아니다. 이들 국제 규격은 포괄적으로 적용되는 것이므로 모든 산업이나 경제분야에 적용될 수 있다.

품질시스템의 수립과 실행은 조직의 다양한 요구, 조직의 특정목적, 공급되는 제품과 서비스, 그리고 적용되는 프로세스와 특유한 관행에 영향을 받게 된다. 이들 국제규격은 현재 상태 그대로 적용될 수 있도록 만들어졌으나, 경우에 따라서는 특수한 계약사항에 적용하기 위하여 품질시스템의 요구사항을 더하거나 뺄 수 있으며 수정도 가능하다. 이러한 사항에 대한 지침은 ISO 9000-1에 제시되어 있다.

(3) 품질시스템 인증체계

품질시스템의 인증제도란 공급자 품질시스템의 제3자 심사와 등록제도로서, 이는 국제표준화기구가 1987년 제정한 품질경영과 품질보증에 관한 국제규격에 의하여 제품을 제공하는 공급자의 품질시스템을 평가하여 품질보증능력과 신뢰성을 인정하여 주는 제도이다. 아래 그림은 품질시스템 인증제도의 운영체제를 나타내며 이러한 품질시스템 인증제도는 4가지의 제도로 구분된다.

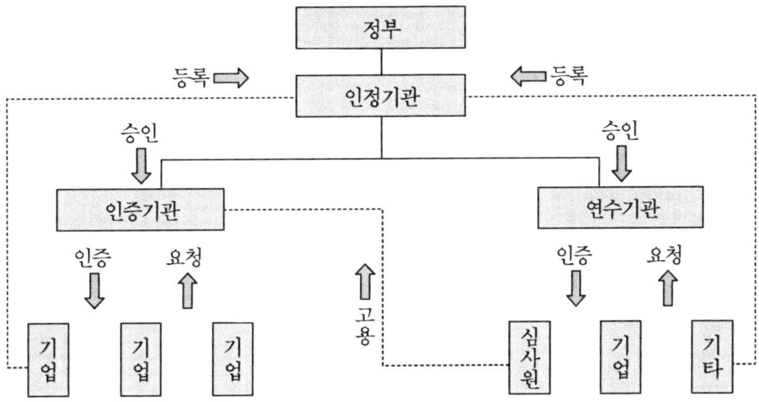

그림 7.6 품질시스템인증제도의 운영체제

1) 정부기관 또는 정부기관에서 위임받은 인정기관에서 인증제도 운영규정을 제정하고, 이에 따라 인증기관을 인정하는 인정제도
2) 기업의 인증심사를 수행, 관리하는 인증제도
3) 심사원양성과 보수교육을 위한 교육제도
4) 심사원등록제도

(4) 인정기관과 인증기관

인정기관(Accreditation Body)은 인증기관의 공정성과 독립성을 보장하기 위해 국가적 차원에서 자격과 인정범위를 인정해주고 사후관리를 수행하는 기관으로서 세계각국의 경우를 보면, 독일의 DAR, 영국의 UKAS, 미국의 ANSI/RAB, 네덜란드의 R_vA, 오스트레일리아와 뉴질랜드의 JAZ-ANZ, 우리나라의 중소기업청, 스웨덴의 SWEDAC, 벨기에의 NAC-QS, 이탈리아의 SINCERT, 캐나다의 SCC, 일본의 JAB 등이 있다.

그리고 인증기관(Certification Body)은 ISO 9000에 의거하여 기업의 품질시스템을 심사하고 인증서를 수여하는 기관이다. 이들 인증기관들도 인정기관으로 부터 인정을 받기 위해 품질시스템을 갖추고 있다. 국내에 현지 지사를 두고 있는 외국인증기관들은 TÜV-Reinland(독일), TÜV-Bayern(독일), LRQA(영국), BVQi(영국), DNV-QA(영국), SGS-Yarsley(영국), UL(미국) 등이 있으며 이들 외국인증기관들은 의사소통을 원활히 하기 위해 대부분 한국인 심사원을 확보하여 인증심사업무를 수행하고 있다.

우리나라의 인정기관인 품질환경인증협회는 인증기관설립을 신청받아 객관성과 독립성, 자문행위금지 등의 자격요건을 심사하여 연수, 교육, 컨설팅 기관과 분리, 독립된 기관으로 인증기관을 승인하고 있으며, 현재까지 중소기업청에 등록된 인증기관은 한국표준협회에서 설립한 한국품질인증센터, 한국능률협회 품질인증센터, 한국생산성본부 품질인증원, 한국품질관리기사회에서 설립한 한국품질보증원, 생산기술연구원 품질평가센터, 한국전기전자시험연구원, 한국화학시험연구원, 사단법인 한국선급, 중소기업인증센터, 국립건설시험소, 한국생활용품시험연구원, 한국원자직물시험연구원, 한국의류시험연구원, 한국기기유화시험연구원, 정보처리산업진흥회 등이 인증기관으로 지정되어 있다.

(5) 사후심사/재심사

인증기관은 최초인증심사시 확인된 품질보증능력이 지속적으로 유지될 수 있도록 인증업체를 관리한다. 인증기관으로부터 인증을 획득한 기업은 해당 품질시스템의 유지, 발전여부에 대해서 1년에 한 두차례 사후심사(Surveillance)를 받게 된다, 인증의 유효기간은 각 인증기관마다 다르나 대부분의 인증기관들은 3년이다. 인증서가 발급된 후, 3년이 경과되면 즉 유효기간이 지나면 피심사기업은 인증기관으로부터 인증서의 갱신을 위하여 재심사를 받아야 한다. 이 때 처음의 본심사와 동일한 방식으로 진행되지만 문서심사, 예비심사 등은 실시되지 않는다.

(6) 인증의 정지/취소

기업은 다음과 같은 상황이 발생할 경우, 인증의 일시 정지 또는 취소를 당할 수 있다.

1) 접수한 공식문서나 확인 정보에 분명히 허위사실이 있다고 판명될 경우
2) 인증서나 인증로고의 사용조건에 위반한 행위가 있었을 경우
3) 사후/갱신심사시의 시정조치요구에 대해 이유없이 대응을 하지 않았을 경우
4) 인증의 유지비용이 지불되지 않았을 경우
5) 기타 인증목적에 현저히 위배된 행동이 드러난 경우

7.5 ISO 9001 요구사항(Requirements)

7.5.1 품질경영시스템

(1) 일반요구사항

조직은 이 규격의 요구사항에 따라 품질경영시스템을 수립, 문서화, 실행 및 유지하고 품질경영시스템의 효과성을 지속적으로 개선하여야 한다.

조직은 다음 사항을 실행하여야 한다.

- 품질경영시스템에 필요한 프로세스 및 조직 전반에 걸친 적용의 파악
- 프로세스의 순서 및 상호작용의 결정
- 프로세스에 대한 운영 및 관리가 모두 효과적임을 보장하는데 필요한 기준 및 방법의 결정
- 프로세스의 운영과 모니터링을 지원하는데 필요한 정보와 자원의 가용성 보장
- 프로세스의 모니터링, 측정 및 분석, 그리고
- 프로세스에 대한 계획된 결과와 지속적 개선을 달성하는데 필요한 조치의 실행

이들 프로세스는 이 규격의 요구사항에 일치되게 조직에 의해 관리되어야 한다.

> 비고
> 위에서 언급된 품질경영시스템에 필요한 프로세스는 경영활동, 자원확보, 제품실현 및 측정을 포함한다. 조직이 요구시항에의 제품 적합성에 영향을 미치는 어떠한 프로세스를 외주처리 하는 것을 선택할 경우 조직은 이러한 프로세스가 관리된다는 것을 보장하여야 한다. 이러한 외주 처리된 프로세스의 관리는 품질경영시스템 내에서 파악되어야 한다.

(2) 문서화 요구사항

1) 일반사항

품질경영시스템 문서화는 다음 사항을 포함하여야 한다.

- 품질방침 및 품질목표의 문서화된 결과
- 품질매뉴얼
- 이 규격이 요구하는 문서화된 절차
- 프로세스의 효과적인 기획, 운영 및 관리를 보장하기 위하여 조직이 필요로 하는 문서
- 이 규격이 요구하는 품질기록

비고 1.
이 규격에서 사용된 "문서화된 절차"라는 용어는 절차의 수립, 문서화, 실행 및 유지를 말한다.

비고 2.
품질경영시스템 문서화의 정도는 다음과 같은 이유로 인해 조직에 따라 다를 수 있다.

2) 품질매뉴얼

조직은 다음 사항을 포함하는 품질매뉴얼을 수립하고 유지하여야 한다.

- 적용의 제외에 대한 상세한 내용 및 정당성을 포함한 품질경영시스템의 적용범위
- 품질경영시스템을 위하여 수립된 문서화된 절차를 포함하거나 이를 인용
- 품질경영시스템 프로세스의 상호작용에 대한 기술

3) 문서관리

품질경영시스템에 필요한 문서는 관리되어야 한다. 품질기록은 문서의 특별한 형식이며 품질기록관리의 요구사항에 따라 관리되어야 한다.

다음 사항의 관리에 필요한 사항을 정하기 위한 문서화된 절차를 수립하여야 한다.

- 문서는 발행 전에 적정함을 승인
- 필요시 문서의 검토 및 갱신, 그리고 재승인
- 문서의 변경 및 최신 개정 상태의 식별을 보장
- 적용되는 문서의 해당본이 사용되는 장소에서 이용 가능함을 보장

- 문서가 읽기 쉽도록 유지되고, 쉽게 식별됨을 보장
- 외부출처 문서의 식별 및 배포상태가 관리됨을 보장, 그리고
- 효력이 상실된 문서의 의도되지 않는 사용을 방지하고, 어떤 목적을 위해 보유할 경우에는 적절한 식별의 적용

4) 품질기록의 관리

품질경영시스템의 효과적인 운영과 요구사항에 적합하다는 증거를 제공하기 위해 요구되는 품질기록을 작성하고 유지하여야 한다. 품질기록은 읽기 쉽고, 쉽게 식별하고 검색이 가능하도록 유지되어야 한다. 품질기록의 식별, 보관, 보호, 검색, 보유기간 및 처분에 필요한 관리를 정하기 위한 문서화된 절차를 수립하여야 한다.

7.5.2 경영책임

(1) 경영의지

최고경영자는 품질경영시스템의 개발 및 실행, 그리고 품질경영시스템에 대한 효과성을 지속적으로 개선하는데 대한 실행 의지의 증거를 다음을 통하여 제시하여야 한다.

- 법적 및 규제 요구사항 뿐만 아니라 고객 요구사항 충족의 중요성을 조직과 의사소통
- 품질방침의 수립
- 품질목표의 수립을 보장
- 경영검토의 수행
- 자원의 가용성을 보장

(2) 고객중심

최고경영자는 고객 요구사항이 결정되며, 고객 요구사항이 고객만족을 증진시키는 목적에 따라 이행됨을 보장하여야 한다.

(3) 품질방침

최고경영자는 품질방침이 다음과 같음을 보장하여야 한다.

- 조직의 목적에 적절할 것
- 요구사항을 충족시키고자 하는 실행의지 및 품질경영시스템의 효과성을 지속적으로 개선하고자 하는 실행의지를 포함할 것
- 품질목표의 수립 및 검토를 위한 틀을 제공할 것
- 조직 내에서 의사소통 되고 이해될 것
- 지속적인 적절성을 위하여 검토될 것

(4) 기획

1) 품질목표

최고경영자는 제품에 대한 요구사항을 충족시키는 데 필요한 목표를 포함하는 품질목표가 조직 내의 관련되는 기능 및 계층에서 수립됨을 보장하여야 한다. 품질목표는 측정이 가능하여야 하며 품질방침과 일관성이 있어야 한다.

2) 품질경영시스템 기획

최고경영자는 다음 사항을 보장하여야 한다.

- 품질경영시스템에 대한 기획은 품질목표를 달성하기 위한 것뿐만 아니라 4.1항에서 주어진 요구사항을 충족시키기 위하여 실행될 것
- 품질경영시스템에 변경이 계획되고 실행될 때 품질경영시스템의 완전성이 유지될 것

(5) 책임, 권한 및 의사소통

1) 책임 및 권한

최고경영자는 조직 내에서 책임, 권한 및 이들의 상호관계가 정해지고 의사소통됨을 보장하여야 한다.

2) 품질경영대리인

최고경영자는 다른 책임과는 무관하게 다음 사항을 포함하는 책임 및 권한을 가져야 하는 인원을 경영자/관리자 중에서 한 사람을 선임하여야 한다.

- 품질경영시스템에 필요한 프로세스가 수립되고 실행되며 유지됨을 보장
- 최고경영자에게 품질경영시스템의 성과 및 개선에 대한 필요성에 대하여 보고
- 조직 전체에 걸쳐서 고객 요구사항에 대한 인식의 증진을 보장

> 비고
> 품질경영대리인의 책임은 품질경영시스템과 관련된 사항에 대하여 외부 관계자와의 창구역할을 포함할 수 있다.

3) 내부 의사소통

최고경영자는 조직 내에서 원활한 의사소통 프로세스가 수립되고, 품질경영시스템의 효과성에 대하여 의사소통이 이루어지고 있음을 보장하여야 한다.

(6) 경영검토

1) 일반사항

최고경영자는 조직의 품질경영시스템에 대하여 지속적인 적절성, 충족성 및 효과성을 보장하기 위하여 계획된 주기로 조직의 품질경영시스템을 검토하여야 한다. 경영검토는 품질방침 및 품질목표를 포함하여, 품질경영시스템의 개선 기회 및 변경에 대한 필요성평가를 포함하여야 한다. 또한 경영검토에 관한 기록을 유지하여야 한다.

2) 검토 입력

경영 검토의 입력 사항은 다음 정보를 포함하여야 한다.

- 감사결과
- 고객피드백

• 프로세스 성과 및 제품 적합성
• 예방조치 및 시정조치 상태
• 이전의 경영검토에 따른 후속조치
• 품질경영시스템에 영향을 줄 수 있는 계획된 변경
• 개선을 위한 제안

3) 검토 출력

경영검토의 출력에는 다음 사항과 관련된 모든 결정사항 및 조치를 포함하여야 한다.

• 품질경영시스템 및 그 프로세스의 효과성을 개선
• 고객 요구사항과 관련된 제품의 개선
• 자원의 필요성

7.5.3 자원관리

(1) 자원의 확보

조직은 다음 사항을 위하여 필요한 자원을 결정하고 확보하여야 한다.

• 품질경영시스템의 실행, 유지, 그리고 효과성에 대한 지속적인 개선, 그리고
• 고객만족의 증진

(2) 인적자원

1) 일반사항

제품 품질에 영향을 미치는 업무를 수행하는 인원은 적절한 학력, 교육훈련, 숙련도 및 경험을 근거로 한 능력이 있어야 한다.

2) 능력, 인식 및 교육훈련

조직은 다음 사항을 실행하여야 한다.

- 제품 품질에 영향을 미치는 업무를 수행하는 인원에 대한 필요한 능력을 결정
- 이러한 필요성을 충족시키기 위하여 교육훈련을 제공하거나 기타 조치
- 취해진 조치의 효과성을 평가
- 조직의 인원들이 자신의 활동에 대한 관련성 및 중요성을 인식하고 있으며, 이들이 어떻게 품질목표의 달성에 기여하는지 인식함을 보장
- 학력, 교육훈련, 숙련도 및 경험에 대한 적절한 기록을 유지

(3) 기반구조

조직은 제품의 적합성을 달성하는데 필요한 기반구조를 결정, 확보 및 유지하여야 한다. 기반구조는 다음사항을 포함한다. 예를 들면,

- 건물, 업무 장소 및 관련 유틸리티
- 프로세스 장비, 하드웨어 및 소프트웨어
- 운송 또는 통신과 같은 지원 서비스

(4) 업무환경

조직은 제품 요구사항의 적합성을 달성하는데 필요한 업무 환경에 대한 상태를 결정하고 관리하여야 한다.

7.5.4 제품 실현

(1) 제품 실현의 기획

조직은 제품 실현에 필요한 프로세스를 계획하고 개발하여야 한다. 제품 실현의 기획은 조직의 품질경영시스템의 다른 프로세스 요구사항과 일관성이 있어야 한다.

조직은 제품 실현을 기획함에 있어서 해당되는 경우, 다음 사항을 결정하여야 한다.

- 품질목표 및 제품에 대한 요구사항
- 프로세스의 수립 및 문서화 필요성, 그리고 제품에 대한 특정한 자원의 확보에 대한 필요성

- 제품에 대해 요구되는 검증, 타당성 확인, 모니터링, 검사 및 시험활동, 그리고 제품 합격 판정 기준
- 실현 프로세스 및 결과품의 요구사항 충족에 대한 증거를 제공하는데 필요한 기록

이러한 기획의 출력은 조직의 운영방식에 따라 적절한 형태이어야 한다.

> 비고
> 특정 제품, 프로젝트 또는 계약에 품질경영시스템의 프로세스(제품 실현 프로세스 포함) 및 자원이 적용되는 방법을 기술한 문서를 품질계획서라고 부를 수 있다.

(2) 고객관련 프로세스

1) 제품과 관련된 요구사항의 결정

조직은 다음 사항을 결정하여야 한다.

- 인도 및 인도 후 활동에 대한 요구사항을 포함한 고객이 규정한 요구사항
- 고객이 명시하지는 않았지만, 알려진 의도된 용도 또는 규정된 용도에 필요한 요구사항
- 제품과 관련된 법적 및 규제 요구사항
- 기타 조직이 결정한 추가 요구사항

2) 제품과 관련된 요구사항의 검토

조직은 제품에 관련된 요구사항을 검토하여야 한다. 고객에게 제품을 공급하기로 결정 또는 약속(예 : 입찰서의 제출, 계약 또는 주문의 수락, 계약 또는 주문에 대한 변경의 수락)하기 전에 이 검토를 수행하여야 하며, 다음 사항을 보장하여야 한다.

- 제품 요구사항이 정하여질 것
- 이전에 제시한 것과 다른 계약 또는 주문 요구사항이 해결될 것
- 조직이 정해진 요구사항을 충족시킬 능력을 가지고 있을 것

검토 및 검토에 수반되는 조치에 대한 결과의 기록은 유지되어야 한다. 고객이 요구사항을 문서화된 것으로 제시하지 않는 경우, 조직은 수락 전에 고객 요구사항을 확인하여야 한다. 제품 요구사항이 변경되는 경우, 조직은 관련된 문서가 수정됨을 보장하여야 한다. 조직은 해당 인원이 변경된 요구사항을 인식하고 있음을 보장하여야 한다.

> 비고
> 인터넷 판매와 같은 상황에서는 각각의 주문에 대해 공식적인 검토를 하는 것이 비현실적일 수 있다. 이러한 경우 카탈로그, 홍보물 등과 같은 해당 제품 정보를 검토하는 것으로 대신할 수 있다.

3) 고객과의 의사소통

조직은 다음 사항과 관련된 고객과의 의사소통을 위한 효과적인 방법을 결정하고 실행하여야 한다.

- 제품 정보
- 변경을 포함하여 문의, 계약 또는 주문의 취급
- 고객 불만을 포함한 고객 피드백

(3) 설계 및 개발

1) 설계 및 개발 계획

조직은 제품에 대한 설계 및 개발을 계획하고 관리하여야 한다. 설계 및 개발 기획 기간동안 조직은 다음 사항을 결정하여야 한다.

- 설계 및 개발 프로세스의 단계
- 요구되는 각 설계 및 개발 단계에 적절한 검토, 검증 및 타당성 확인 활동
- 설계 및 개발 활동에 대한 책임과 권한

효과적인 의사소통 및 책임의 명확성을 보장하기 위하여, 조직은 설계 및 개발에 참여하는 서로 다른 그룹간의 연계성을 관리하여야 한다. 해당되는 경우, 설계 및 개발

진행에 따라 기획 출력을 갱신하여야 한다.

2) 설계 및 개발 입력

제품 요구사항에 관련된 입력을 결정하고 기록을 유지하여야 한다. 요구사항은 다음 사항을 포함하여야 한다.

- 기능 및 성능 요구사항
- 적용되는 법적 및 규제 요구사항
- 적용 가능한 경우, 이전의 유사한 설계로부터 도출된 정보, 그리고
- 설계 및 개발에 필수적인 기타 요구사항

이러한 입력에 대한 적정성을 검토하여야 한다. 요구사항은 완전해야 하고, 불명확하거나, 다른 요구사항과 상충되지 않아야 한다.

3) 설계 및 개발 출력

설계 및 개발 프로세스의 출력은 설계 및 개발 입력사항과 비교하여 검증이 가능할 수 있는 형태로 제공하여야 하며, 배포 전에 승인되어야 한다. 설계 및 개발 출력은 다음과 같아야 한다.

- 설계 및 개발 입력 요구사항을 충족시킬 것
- 구매, 생산 및 서비스 제공을 위한 적절한 정보를 제공할 것
- 제품 합격판정 기준을 포함하거나 인용할 것
- 안전하고도 올바른 사용에 필수적인 제품의 특성을 정할 것

4) 설계 및 개발 검토

적절한 단계에서, 다음 목적을 위하여 설계 및 개발에 대한 체계적인 검토가 수행되어야 한다.

- 요구사항을 충족시키는 설계 및 개발의 결과에 대한 능력의 평가

• 문제점 파악 및 필요한 조치의 제시

그러한 검토에 참여하는 인원에는 검토가 진행되고 있는 대상의 설계 및 개발 단계에 관련되는 기능을 대표하는 인원이 포함되어야 한다. 검토 및 검토로 야기된 조치의 결과에 대한 기록은 유지되어야 한다.

5) 설계 및 개발 검증

설계 및 개발 출력이 입력 요구사항을 충족시키는 것을 보장하기 위하여, 검증이 수행되어야 한다. 검증 및 모든 요구된 활동의 결과에 대한 기록은 유지되어야 한다.

6) 설계 및 개발 타당성 확인

결과로 나타난 제품이 규정되거나 의도된 사용 또는 적용에 대한 요구사항을 충족시킬 수 있는지를 확인하기 위하여, 계획된 방법에 따라 설계 및 개발의 타당성 확인이 수행되어야 한다. 적용 가능한 경우, 타당성 확인은 제품의 인도 또는 실행전에 완료되어야 한다. 타당성 확인 결과 및 필요한 조치의 결과에 대한 기록은 유지되어야 한다.

7) 설계 및 개발 변경의 관리

설계 및 개발의 변경을 파악하고 기록을 유지하여야 한다. 적절한 경우 변경 사항에 대해 검증하고, 타당성을 확인하며, 해당되는 경우 실행전에 승인하여야 한다. 설계 및 개발 변경의 검토는 구성 부품에서의 변경과 인도한 제품에 대한 영향을 평가하는 것을 포함한다. 변경 및 필요한 조치에 대한 검토 결과 기록은 유지되어야 한다.

(4) 구매

1) 구매 프로세스

조직은 구매한 제품이 규정된 요구사항에 적합함을 보장하여야 한다. 구매한 제품 및 공급자에 대하여 적용하는 관리의 방식과 정도는 후속되는 실현 프로세스나 최종 제품에 대한 영향에 따라 달라져야 한다. 조직은 요구사항에 일치하는 제품을 공급할 수 있는 능력을 근거로 하여 공급자를 평가하고 선정하여야 한다. 선정, 평가 및 재평가에 대한 기준을 정하여야 한다. 평가 및 평가로 야기된 조치 결과에 대한 기록은 유지되어야 한다.

2) 구매정보

구매 정보에는 구매할 제품을 기술하여야 하며, 해당되는 경우 다음 사항을 포함하여야 한다.

- 제품, 절차, 프로세스, 시설 및 장비의 승인에 대한 요구사항
- 인원의 자격인정에 대한 요구사항
- 품질경영시스템 요구사항

조직은 공급자와 의사소통하기 전에, 구매 문서에 포함된 요구사항의 적정성을 보장하여야 한다.

3) 구매한 제품의 검증

조직은 구매한 제품이 규정된 요구사항을 충족시킨다는 것을 보장하는데 필요한 검사 또는 기타 활동을 수립하고 실행하여야 한다. 조직 또는 조직의 고객이 공급자 현장에서 검증 수행을 하고자 하는 경우, 조직은 의도한 검증 방법 및 제품의 출하 방법을 구매 정보에 명시하여야 한다.

(5) 생산 및 서비스 제공

1) 생산 및 서비스 제공 관리

조직은 해당되는 경우, 다음 사항을 포함하여 계획되고 관리된 조건하에서 생산 및 서비스 제공을 수행하여야 한다.

- 제품의 특성을 규정하는 정보의 가용성
- 업무/작업 지침서의 가용성
- 적절한 장비의 사용
- 모니터링 및 측정 장치의 사용과 가용성

- 불출, 인도 및 인도 후 활동의 실행

2) 생산 및 서비스 제공 프로세스의 타당성 확인

조직은 결과로 나타난 출력이 수반되는 모니터링 또는 측정에 의하여 검증될 수 없는 모든 생산 및 서비스 제공 프로세스에 대하여 타당성 확인을 실시하여야 한다. 이는 제품을 사용한 후 또는 서비스가 인도된 후에만 불일치가 나타나는 모든 프로세스를 포함한다. 타당성 확인은 계획된 결과를 달성하기 위하여 프로세스의 능력을 실증하여야 한다. 조직은 이러한 프로세스의 타당성 확인 방법을 수립하여야 하며 해당되는 경우, 다음 사항을 포함하여야 한다.

- 프로세스의 검토 및 승인에 대한 정해진 기준
- 장비의 승인 및 인원의 자격인정
- 규정된 방법 및 절차의 사용
- 품질기록에 대한 요구사항
- 타당성 확인

3) 식별 및 추적성

조직은 제품 실현의 모든 단계에 걸쳐서 해당되는 경우 적절한 수단으로 제품을 식별하여야 한다. 조직은 모니터링 및 측정 요구사항과 관련하여 제품의 상태를 식별하여야 한다. 추적성이 요구사항인 경우 조직은 제품의 고유한 식별을 관리하고 기록하여야 한다.

> 비고
> 어떤 산업분야에서는 식별 및 추적성을 유지할 수 있는 수단이 컨피규레이션 관리이다.

4) 고객 자산

조직은 조직의 관리하에 있거나 조직에 의하여 사용 중에 있는 고객 자산에 대하여 주의를 기울여야 한다. 조직은 제품으로 사용하거나 제품으로 하기 위하여 제공된 고객 자산에 대해 식별, 검증, 보호 및 유지하여야 한다. 분실, 손상 또는 사용하기에 부적절한 것으로 판명된 고객 자산이 발생하면, 이를 기록하고 고객에게 보고하여야 한다.

> 비고
> 고객 자산은 지적소유권을 포함할 수 있다.

5) 제품의 보존

조직은 내부 프로세스 진행 중에는 물론 지정된 목적지로 제품을 인도할 때까지 제품의 적합성이 유지되도록 하여야 한다. 이는 식별, 취급, 포장, 보관 및 보호를 포함하여야 한다. 이는 제품의 구성부품에도 적용하여야 한다.

(6) 모니터링 및 측정 장치의 관리

조직은 수행하여야 할 모니터링 및 측정을 파악하고 결정된 요구사항에 대한 제품의 적합성을 보증하는데 필요한 모니터링 및 측정 장치를 결정하여야 한다. 조직은 모니터링 및 측정 활동이 측정 요구사항에 일치할 수 있는 방법으로 수행되도록 보장하는 프로세스를 수립하여야 한다. 유효한 결과를 유지하는데 필요한 경우 측정장치는 다음과 같다.

- 규정된 주기 또는 사용 전에 국제표준 또는 국가표준에 소급 가능한 측정표준으로 교정 또는 검증, 이러한 표준이 없는 경우 교정 또는 검증에 사용한 근거를 기록할 것
- 필요한 경우 조정이나 재조정 할 것
- 교정 상태를 결정할 수 있도록 식별할 것
- 측정 결과를 무효화시킬 수 있는 조정으로부터 보호할 것
- 취급, 유지보전 및 보관하는 동안 손상이나 열화로부터 보호할 것

장비가 적합하지 않은 것으로 판명된 경우 조직은 이전의 측정결과에 대하여 유효성을 평가하고 기록하여야 한다. 조직은 장비 및 영향을 받은 제품에 대하여 적절한 조치를 취하여야 한다. 교정 및 검증 결과에 대한 기록은 유지되어야 한다. 규정된 요구

사항에 대한 모니터링 및 측정에 사용된 컴퓨터 소프트웨어는 최초 사용 전 의도한 적용을 충족시킬 능력이 있는지 확인되어야 하며 필요시 재확인되어야 한다.

> 비고
> ISO 10012-1 및 ISO 10012-2 참조

7.5.5 측정, 분석 및 개선

(1) 일반사항

조직은 다음 사항에 필요한 모니터링, 측정, 분석 및 지속적 개선 프로세스를 계획하고 실행하여야 한다.

- 제품의 적합성 입증
- 품질경영시스템의 적합성 보장, 그리고
- 품질경영시스템의 효과성을 지속적으로 개선

이는 통계적 기법을 포함한 적용 가능한 방법 및 사용정도에 대한 결정을 포함하여야 한다.

(2) 모니터링 및 측정

1) 고객만족

조직은 품질경영시스템 성과 측정의 하나로 조직이 고객 요구사항을 충족시키는지 여부에 대해 고객의 인식과 관련된 정보를 모니터링하여야 한다. 이 정보의 획득 및 활용에 대한 방법을 결정하여야 한다.

2) 내부 감사

다음 사항을 결정하기 위하여 조직은 계획된 주기로 내부감사를 수행하여야 한다.

- 품질경영시스템이 계획된 결정사항 및 조직이 설정한 품질경영시스템 요구사항을 충족시키는지 그리고 이규격의 요구사항을 충족시키는 지 여부
- 효과적으로 실행되고 유지되는지 여부

조직은 감사 대상 활동 및 분야의 상태와 중요성뿐만 아니라 이전 감사의 결과를 고려하여 감사 프로그램을 계획하여야 한다. 감사 기준, 범위, 주기 및 방법을 정하여야 한다. 감사자 선정 및 감사 수행에는 감사 프로세스의 객관성 및 공정성이 보장되어야 한다. 감사자는 자신의 업무에 대하여 감사를 수행하여서는 안된다. 문서화된 절차에는 감사의 계획, 수행, 감사의 독립성 보장, 결과의 기록 및 보고에 대한 책임과 요구사항이 정해져 있어야 한다. 감사대상 업무에 책임을 지는 경영자/관리자는 발견된 부적합 및 원인을 제거하기 위한 조치가 적시에 취해질 수 있도록 보장하여야 한다. 후속조치는 취해진 조치의 검증 및 검증 결과의 보고를 포함하여야 한다.

> 비고
> ISO 10011-1, ISO 10011-2 및 ISO 10011-3 참조

3) 프로세스의 모니터링 및 측정

조직은 품질경영시스템 프로세스에 대한 모니터링 및 해당되는 경우 프로세스에 대한 측정을 위하여 적절한 방법을 적용하여야 한다. 이 방법은 계획된 결과를 달성할 수 있는 프로세스의 능력을 입증하여야 한다. 계획된 결과가 달성되지 못한 경우 제품의 적합성이 보장될 수 있도록 적절한 시정 및 예방조치가 이루어져야 한다.

4) 제품의 모니터링 및 측정

조직은 제품 요구사항이 충족된다는 것을 검증하기 위하여 제품의 특성을 모니터링 및 측정하여야 한다. 이는 계획된 결정사항에 따라 제품 실현 프로세스의 적절한 단계에서 수행되어야 한다. 합격판정 기준에 적합하다는 증거가 유지되어야 한다. 기록에는 제품의 불출을 승인하는 인원이 나타나야 한다. 관련된 권한을 가진 자가 승인하거나 고객이 승인한 경우를 제외하고는 제품 불출 및 서비스 인도는 모든 계획된 결정사항이 만족스럽게 완료되기 전에 진행되어서는 안된다.

(3) 부적합 제품의 관리

조직은 의도되지 않은 사용 또는 인도를 방지하기 위하여 요구사항에 적합하지 않은 제품이 식별되고 관리됨을 보장하여야 한다. 부적합 제품의 처리에 대한 관리와 관련 책임 및 권한은 문서화된 절차에 규정되어야 한다. 조직은 부적합 제품을 다음의 하나 또는 그 이상의 방법으로 처리하여야 한다.

- 발견된 부적합의 제거를 위한 조치 실시
- 관련된 권한을 가진 자 및 해당되는 경우 고객에 의한 특채 하에 사용, 불출 또는 수락을 승인
- 본래 의도된 용도 또는 적용을 배제하는 조치의 실시

부적합의 내용과 승인된 특채를 포함한 모든 취해진 후속조치에 대한 기록은 유지되어야 한다. 시정 후 모든 제품은 요구사항에의 적합성을 입증할 수 있도록 재검증되어야 한다. 부적합 제품이 인도 후 또는 사용이 시작된 후 발견되면 조직은 부적합의 영향과 잠재영향에 대해 적절한 조치를 취하여야 한다.

(4) 데이터의 분석

조직은 품질경영시스템의 적합성과 효과성을 결정하고 품질경영시스템에 대한 지속적 개선이 이루어질 수 있음을 평가하기 위하여 적절한 데이터를 결정, 수집 및 분석하여야 한다. 이는 모니터링 및 측정 활동과 다른 관련 출처로부터 생성된 데이터를 포함한다. 조직은 품질경영시스템의 적합성과 효과성을 결정하고 품질경영시스템에 대한 지속적 개선이 이루어질 수 있도록 평가하기 위하여 적절한 데이터를 결정, 수집 및 분석하여야 한다. 이는 모니터링 및 측정 활동과 다른 관련 출처로부터 생성된 데이터를 포함한다. 조직은 다음에 관한 정보를 제공하기 위하여 이 데이터를 분석하여야 한다.

- 고객 만족
- 제품 요구사항에의 적합성
- 예방조치에 대한 기회를 포함한 프로세스 및 제품의 특성과 경향

• 공급자

(5) 개선

1) 지속적 개선

조직은 품질방침, 품질목표, 감사결과, 데이터 분석, 시정조치 및 예방조치, 경영검토 등의 활용을 통하여 품질경영시스템의 효과성을 지속적으로 개선하여야 한다.

2) 시정조치

조직은 부적합의 재발방지를 목적으로 부적합의 원인을 제거하기 위한 시정조치를 취하여야 한다. 시정조치는 당면한 부적합의 영향에 대하여 적절하여야 한다. 시정조치에 대한 문서화된 절차에는 다음에 대한 요구사항이 정해져야 한다.

• 부적합의 검토(고객불만 포함)
• 부적합 원인의 결정
• 부적합이 재발하지 않음을 보장하기 위한 조치의 필요성에 대한 평가
• 필요한 조치의 결정 및 실행
• 취해진 조치의 결과 기록
• 취해진 시정조치의 검토

3) 예방조치

조직은 부적합의 발생 방지를 위하여 잠재적인 부적합의 원인을 제거하기 위한 예방조치를 결정하여야 한다. 예방조치는 잠재적인 문제의 영향에 대하여 적절하여야 한다. 예방조치에 대한 문서화된 절차에는 다음에 대한 요구사항이 정해져야 한다.

• 잠재적 부적합 및 그 원인 결정
• 부적합의 발생을 방지하기 위한 조치의 필요성에 대한 평가
• 필요한 조치의 결정 및 실행
• 취해진 조치의 결과 기록
• 취해진 예방조치의 검토

CHAPTER

08

건설환경경영

CHAPTER 08 건설환경경영

8.1 환경경영이란

인간의 생산활동에서 피할 수 없이 발생되는 요인의 하나가 자연환경 및 생태계 파괴적 행위이다. 환경보존의 필요성에 대한 주장은 이미 오래 전부터 국제적 여론으로 가시화되었고, 세계적으로 Green Peace 등 사회단체의 반 환경파괴 행동이 더욱 적극성을 띠고 있다. 20세기 후반부터 대두되기 시작한 지구환경보호 운동은 세계 모든 국가들에서 초미의 관심사가 되었고, 이에 대해 국가표준화단체의 연합체인 ISO 국제표준화기구는 1996년 ISO14001 환경경영체제를 발행하게 되었다.

이후 세계적으로 생산활동을 수행하는 기관 및 기업들은 환경보호정책을 이념으로 지구환경보호를 위한 경영체계를 수립하고자 노력하고 있다. 특히 건설사업에서의 생태계 파괴도의 범위는 일반 타 생산활동에 비해 크게 나타남으로 건설산업에서의 자연보존 및 환경관리의 필요성 또한 크게 인식되고 있다. 환경친화적 건설행위의 수행이 국제적으로 관행화 되고, 그에 따라 선진건설강국에서는 건설사업수행요령의 하나의 방편으로 환경관리가 중요 부분으로 자리 매김 하였고, 국내의 경우에서도 이미 10여 년 전부터 환경관리가 건설업의 중요한 행위 억제요인으로 대두되고 있다.

환경경영(EMS : Environmental Management System)이란 건설경영에서 환경 파괴 대비책의 일환으로 환경친화적 건설수행의 기본 요건을 만들고, 그 체계를 시공활동에 접목시킴으로서 환경파괴의 최소화 및 자연보존의 극대화를 이루고자 하는 경영 방법을 의미한다. 건설분야에서의 환경 유해행위는 시공과정에서 뿐만 아니라 운영과정 및 폐기과정에서도 관리자의 운영정책에 따라 환경영향의 범위를 달리할 수 있으나, 건설사업의 친 환경정책을 유지하려는 기업 중 많은 기업들이 시스템(System)의 준비단계에서부터 참고할 수 있는 자료의 부족과 요건 해석 및 적용, 실행에 대하여도 많은 어려움을 겪고 있으며, 환경정책의 수립 후에도 시스템 운영과정에서 시행착오로 인해 수년에 걸친 수정을 거듭하고 있는 실정이다.

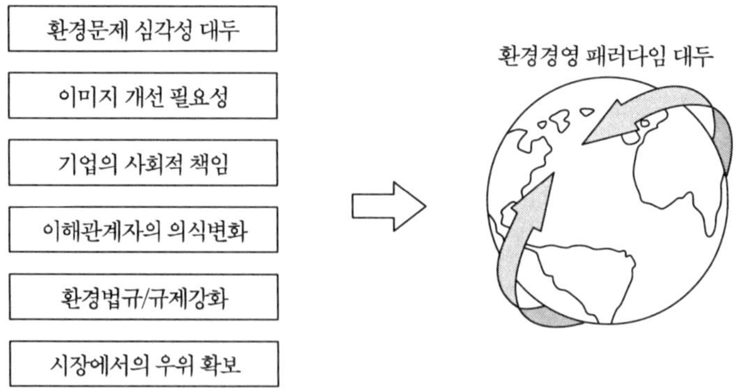

그림 8.1 환경경영의 필요성

본 장에서는 건설기업에서 환경경영의 구축에 필요한 기법과 현 사회의 환경친화적 사업방법에서 필요로 하는 환경간섭인자의 효과적인 예측방향의 분석방법을 소개한다. 또한 환경간섭인자의 고려에서 손실감소의 방법 및 비용면에서 자원관리에 대한 경영인의 의사결정 방향을 제시하고, 확실한 환경측면 이해 및 분석방향을 제시한다. 또한 환경측면의 기록에 기본적으로 수록되어야 하는 환경오염 유형을 8단계로 분류하고, 단계별로 분석하여야 할 환경요인과 요인의 등록에 필요한 과정을 제시하고, 사업의 진행에 따른 환경친화적 요인의 선택에서의 경영방법과 기술을 제시한다. 그리고 마지막으로 오염요소의 사용상 한계 및 접근단계와 평가기준을 제시한다.

8.2 건설기업의 환경경영목적

건설기업에서의 환경개선을 추진하기 위한 확실한 방법중의 하나는 5M(Man, Money, Machine, Materials, Method)의 투입을 통하여 고객과의 약속사항인 5R을 실현하는 과정에서의 환경경영기술인 5R의 효과적인 실천이다. 5R이란 재사용(Reuse : 저공해원재료를 사용), 재활용(Recycling : 발생 폐기물의 재활용 극대화를 추진), 감량화(Reduction : 시공공정 중 발생할 수 있는 오염물질과 폐기물의 발생을 최소화), 수리(Repair : 에너지의 절약), 재배치(Redesign : 시공 공정의 현실성을 유지) 등이다.

5R의 의미를 정확히 이해하고 실천하려면 시공공정과 행위의 결과로 발생할 수 있는 유해 환경요인을 인식하는 것이 중요하다. 이 과정이 바로 환경측면의 분석방법으로 환경측면이란 환경에 심각한 영향을 미치거나 미칠 수 있는 요소인자가 무엇인지를

판단하기 위하여 조직이 스스로 통제할 수 있는 활동, 제품 또는 서비스의 환경적 측면을 식별하는 절차를 확립하고 유지하는 것으로, 기업은 이들 영향인자를 환경목표의 수립 초기단계에서 고려하여야 한다. 이 고려사항들은 조직의 활동과 제품의 생산 그리고 서비스 행위가 과거, 현재 및 미래에 잠재적으로 영향을 미칠 수 있는 지속적인 활동을 의미하는데, 잠재적 영향이란 기획단계에서부터 설계, 구매, 시공 및 폐기에 이르는 상품의 Life Cycle를 구성하는 제품재구성과, 작업의 실리화를 추구하는 시설재배치, 시공중에 발생할 수 있는 작업 억압요인을 줄일 수 있는 감량화, 그리고 자원 사용의 효율화를 올릴 수 있는 재사용 및 재활용 등의 사전 준비를 통해 파악할 수 있다. 또한 식별한 환경측면의 중요도를 관리하여야 할 대상으로 선정하기 위한 활동을 하는데 이것을 환경영향평가방법으로 환경영향평가는 환경경영을 실시하기 위하여 환경에 중요한 영향을 미치는 활동들을 찾아내고, 해결 방안을 수립하는 것이다.

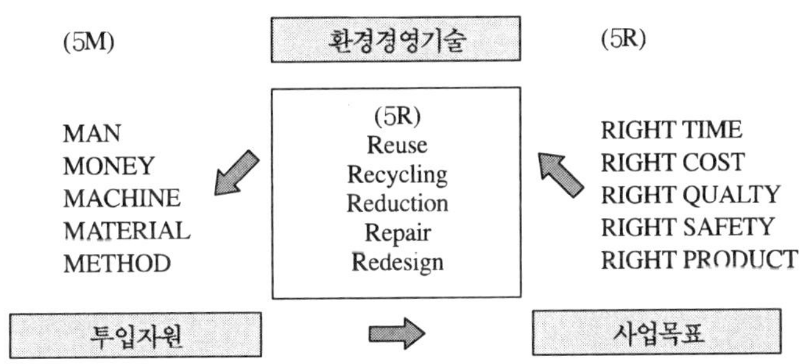

그림 8.2 환경경영의 투입자원과 기대효과

8.3 ISO14001(KS A 14001) 환경경영시스템

본 장에서는 환경경영시스템인 ISO 14001(Environmental Management System Requirements : EMS수행과 ISO14001 요건의 적용범위 기준)을 소개한다.

8.3.1 환경방침, 계획

(1) General requirements(일반요구조건)

기업은 환경경영을 수행하고 유지하기 위해서는 환경경영방침을 설정하여야 한다.

(2) Environmental policy(환경정책)

기업의 최고경영자는 환경경영의 수행의지를 환경정책으로 공표 하여야 한다.

(3) Planning(계획)

환경관리를 위한 경영과 운영과정을 계획하고 조직한다.

1) Environmental Aspects(환경전망)

기업은 생산활동 중에 발생할 수 있는 중요한 환경유해요인을 예측하고, 유해요인의 방지방안을 설정하며, 사용정보가 최신 자료임을 보장해야 한다.

2) Legal and other Requirements(법규 및 요건)

기업의 경영에 적용되는 환경관련 법규와 요건을 분석하고 확인해야 한다.

3) Objectives and Targets(목표 및 중점사항)

기업은 환경경영의 목표와 세부사항을 수립하고, 운영방법을 설정하여, 중점관리대상에 대한 이해관계자들의 견해를 분석하여야 한다.

4) Environmental Management Programmed(환경경영조직)

환경목표의 효과적인 달성을 위하여 책임소재를 명확히 하고, 일정계획을 수립하여, 운영의 현실성을 조직체계를 통하여 보여줄 수 있어야 한다.

8.3.2 실행 및 운영

계획을 이행하고, 이행사항을 점검하며, 관계 조직간의 의사소통 과정을 문서로 남겨두어야 한다.

(1) Structure and Responsibility(조직 및 책임)

기업은 단위조직의 역할과 책임 및 권한을 명시하고, 환경 경영에 필요한 자원의 공급체계를 확립한다.

(2) Training, Awareness and Competence(교육, 인식 및 자격)

경영자는 조직원의 환경교육 필요성을 인정하고, 실무 담당자의 교육을 받을 권리를 보장하여야 한다.

(3) Communication(의사소통)

기업의 경영조직 내에서 각 부서와 계층간의 의사소통과 외부 이해관계자와의 의견 접수·전달·해결방법 등을 명시하여야 한다.

(4) Environmental Management System Documentation(환경경영 문서)

기업의 경영에서 발생하는 모든 일에 대하여 문서화하고, 모든 문서에 대한 운영방법·유지방법 및 추적 가능성을 명시한다.

(5) Document Control(운영관리)

기업의 환경경영 운영투명성을 보장하기 위하여 모든 문서에 대하여 관리절차를 수립하고 유지한다.

(6) Operational Control(조직관리)

기업의 환경방침·목표 및 세부목표가 조직의 운영에 활용되고 있음을 보장하여야 한다.

(7) Emergency Preparedness and Response(비상사태 대비 및 책임)

기업은 사고나 비상사태의 발생 가능성을 예견하고, 비상사태 대비 조직을 결성하여 대처능력을 정기적으로 점검하여야 한다.

8.3.3 점검 및 시정조치

기업의 생산활동 중에 환경적 부적합 사항이 발견될 때는 이의 시정 및 유지관리에 대한 필수 조항을 절차화하여야 한다.

(1) Monitoring and Measurement(감시 및 측정)

기업의 단위조직은 환경에 영향을 미칠 수 있는 작업활동의 주요 특성을 감시하고, 측정한다.

(2) Non Conformance and Corrective and Preventive Action(부적합 시정, 예방)

기업은 환경유해요인이 발생할 시 환경영향을 완화시키기 위한 시정조치를 수행하고, 잠재적인 부적합사항의 발생 원인을 제거하며, 책임자를 선정하여야 한다.

(3) Records(기록)

기업의 단위조직은 환경경영에서 발생하는 모든 사항을 기록으로 보존하고, 모든 기록은 회사에서 규정하는 기간에 따라 보존 기간을 차별화 하여 정할 수 있으며, 이 규정의 적법성을 검증하고, 증명할 수 있는 점검체계를 수립하여야 한다.

8.3.4 경영자 검토

(1) Environmental Management System Audit(환경경영성과결산)

기업내의 단위조직의 환경경영 성과를 정기적인 감사추진계획 및 절차에 따라 관리하며, 감사 대상이 환경방침과의 적합성 및 적절성이 보장되고, 이해관계자의 관심도 및 정보 전달체계의 점검 기능을 수행하여야 한다.

(2) Management Review(경영자 검토)

기업의 최고경영자는 지속적으로 환경경영조직의 운영상태를 점검하고, 환경경영 정보의 적절성을 확인하며, 문서화 상태를 유지하여야 한다.

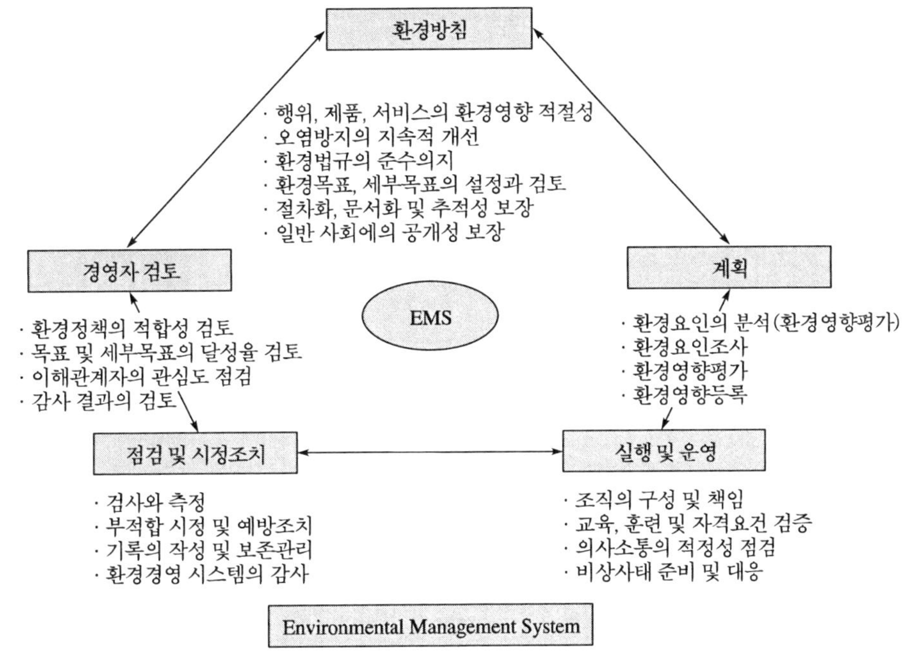

그림 8.3 환경경영 System Flow

8.4 건설기업의 환경관리 적용

현재 국내의 대부분 건설기업에서는 환경관련업무를 환경경영의 관리기준인 ISO14001 (KS A 14001)의 요건에 준하여 수행하고 있으며, 환경친화성 건설행위를 극대화하는 방향으로의 건설행위 범위를 규정하고 있다. 또한 수행의 적법성을 타진하기 위하여 회사는 환경요건의 법적 기준을 성문화하고, 주기적이고 규칙적인 환경 삼사와 시징행위의 절차를 구체화시키며, 조직구성원이 업무 수행에 대하여 적극적인 참여도를 증가시키고 있다.

현업에서 환경경영의 수행에 포함하는 관리방법의 구성 요소를 알아보면 다음과 같다.

8.4.1 환경관리계획서

현장에서 건설사업을 수행하는 과정에 회사의 환경방침을 준수할 것임을 명시하는 사업 보고서로 작성자·검토자·승인자 및 총괄책임자의 검증을 득 한 사업시행 초기

문서이다. 이 문서는 사업의 주관 시공사의 담당자뿐만 아니라 협력업체 담당 책임자까지 시공행위에 투입되는 전체요원의 의지를 표현한 문서이다.

8.4.2 환경시스템 업무흐름도

회사의 환경방침에 근거하여 중요환경요인을 분석하고, 운영방법·유해요인 처리방법 및 최고 경영자 책임사항 등을 순차적인 점검 시스템으로 작성하여 최종적으로 환경방침의 이행 성과를 점검하는 관리도를 말한다.

8.4.3 환경법규

건설행위의 수행에 있어서 각 지역별로 접촉되는 지방자치법이나 국가적 중앙법을 공사의 특성에 맞추어 서류 상에 기제하고, 그 중요도를 구분하며, 회사 고유의 환경매뉴얼 및 표준절차서, 표준지침서에서의 적용성을 표시하는 환경관리 법규서를 말한다.

8.4.4 환경목표 및 세부목표

법적 기준에서 제시하는 유해요인의 허용치를 근거로 하여 환경유해요인의 발생률을 억제할 수 있는 시공행위를 사전에 파악하고, 환경친화적 수행을 보다 용이하게 수행할 수 있는 방향을 제시하는 것이다.

8.4.5 조직 및 책임

현장의 환경관리에 필요한 조직체계 및 각 조직의 담당자별 업무의 권한과 책임한도를 규정하는 것으로 원 도급업체 뿐만 아니라 협력업체, 본사담당자를 총망라한 조직의 환경관리 계통도를 의미한다.

8.4.6 환경법규 등록부

시공활동수행 과정에서 발생이 예상되는 환경유해요인을 관련법규에 근거하여 판단하고, 대응방안 및 조치사항을 기록하는 것으로 일반적으로 수질·토양·대기·소음진동·폐기물·생태계·천연자원부문 등으로 구분하여 해석한다.

8.4.7 환경추진계획서

시공활동수행 중 환경목표 및 세부목표에서 설정한 계획에 대한 달성방안을 구체적으로 기술하고, 추진일정·추진담당자·점검주기 등을 기록하는 점검주기계획서를 의미한다.

8.4.8 환경유해물질 등록부

건설업의 수행에 투입되는 자원중에서 중대한 환경오염을 유발할 수 있는 오염요인을 규정하고, 해당자원이나 공법 등을 분류함으로서 활동·운송·취급 및 보관단계별 환경오염 억제방안을 수립하는 것이다.

8.4.9 비상사태조치계획

환경유해 및 위험요인이 내재된 작업의 수행 중에 사고나 천재지변 등의 원인으로 발생할 수 있는 재난에 대하여 각 조직별로 비상연락방법·행동강령·자원의 동원체계·비상사태 대응훈련 일정 등을 기록하고, 피난 및 대피로를 계획하는 것이다. 이에 포함될 비상사태로는 풍수피해·가스누출시고·붕괴사고·화재 및 폭발사고·감전사고 등이 포함된다.

8.4.10 교육훈련계획

본사 및 현장의 전 직원을 대상으로 년 중 실시될 필요성이 있는 교육 명을 기술하고, 교육기간·교육대상자 및 교육일정 등을 계획한다.

상품의 생산장소이며 실질적으로 환경유해요인의 배출이 가장 많은 현장의 업무수행에 있어서 환경관리계획의 이행사항에 대한 문서화는 무엇보다도 중요하다. 특히 현장의 환경관리행위가 전사적으로 시행하고 있는 환경관리경영체제와의 일관싱을 유지하고, 환경영향평가 및 등록부에 명시된 관리 항목의 포함여부를 확인하며, 현장에서 작성한 환경관리 세부목표가 본사의 환경관리 목표와의 일치성이 검증되어야 한다. 또한 회사의 환경경영이념이 생산현장 뿐만 아니라 관계기관, 주변 거주민으로 부터 검증됨을 대내 외에 공포하여 목표달성방법의 긍정적 측면과 부정적 측면으로의 세밀한 분석을 통해 유효성을 나타낼 필요성이 있다.

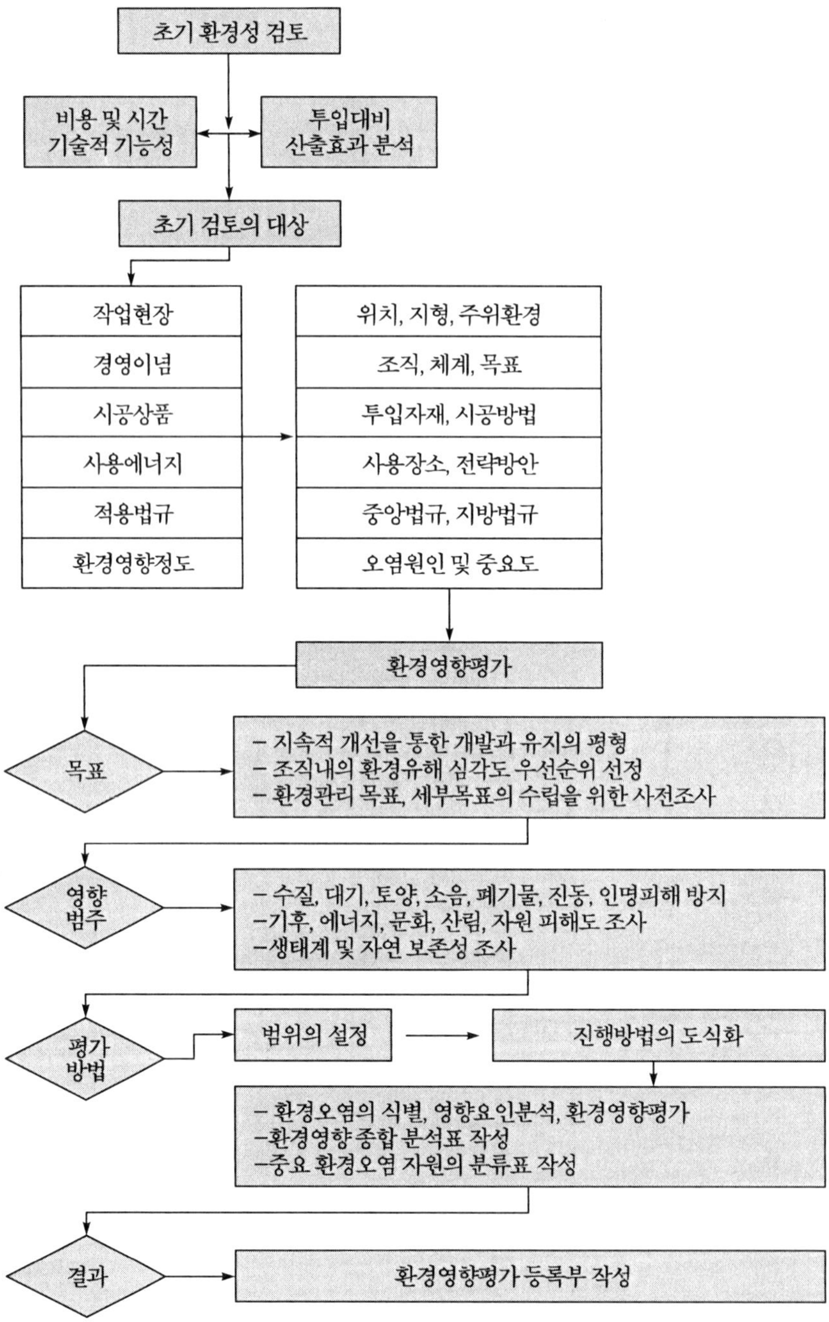

그림 8.4 건설기업의 환경경영 운영체계

환경경영의 원활한 운영을 위해서는 세부목표별로 운영담당책임자를 지정하고, 담당자의 교육훈련 및 계획, 교육실행 결과 등을 기록으로 유지하며, 환경경영 성과요소를 개선 수치에 근거한 방법·점검주기·기록수치·분석절차 등을 확인할 수 있도록 조치하여야 한다. 이것은 공사의 초기단계에서부터 공사시행 중에 발생될 비상사태에 대하여 조직적 연락 체계를 구축하고, 이에 합당한 비상사태 대응계획을 수립함을 의미하며, 회사의 경영성과를 근거로 한 경쟁력의 증대에도 도움이 되기 때문이다. 현장의 기구조직에는 각 조직별 수행업무를 구체적으로 기술하고, 업무분장의 명확성을 보장한다. 업무의 명확화를 위해 지침서·절차서·매뉴얼간의 연결고리를 확보하고, 문서는 사용성과 유효성을 근간으로 한 사용문서·참고용·홍보용·일시적 교육용 등으로 식별상의 명료한 구분이 필요하다.

8.5 환경측면 분석 방법

8.5.1 환경측면

환경측면이란 환경에 심각한 영향을 미치거나 미칠 수 있는 요소인자가 무엇인지 판단하기 위하여 기업이 스스로 통제할 수 있는 활동·제품 및 서비스의 환경적 측면을 식별하는 절차를 확립하고, 유지하는 것으로, 조직은 이들 영향인자를 환경목표의 수립 초기단계에서 고려하여야 한다. 이 고려사항들은 조직의 활동과 제품의 생산 그리고 서비스 행위가 과거·현재 및 미래에 잠재적으로 영향을 미칠 수 있는 지속적인 활동을 의미한다. 또한 식별한 환경측면의 중요도와 관리하여야 할 대상을 선정하기 위한 활동을 하는데 이것을 환경영향평가라 한다. 즉, 환경영향평가는 환경경영을 실시하기 위하여 환경에 중요한 영향을 미치는 활동들을 찾아내고, 해결 방안을 수립하는 것이다.

환경 측면의 파악과 환경영향평가 시 고려해야 할 사항은 먼저 기업의 생산활동에 있어 시공과정과 투입자원 및 서비스의 환경적 측면이 무엇인가를 파악하고, 조직의 활동과 제품 및 서비스가 환경에 어떤 영향을 발생시키는가 판단하여야 하며, 활동조직의 소재지와 관련하여 특별한 환경적 조건을 고려해야 한다. 또한 기업은 생산활동에서 공정의 변경 및 추가를 통해 환경측면에 어떠한 변화를 미치며, 그에 따른 부수적인 영향은 무엇인지에 대한 대비책도 세워야 한다.

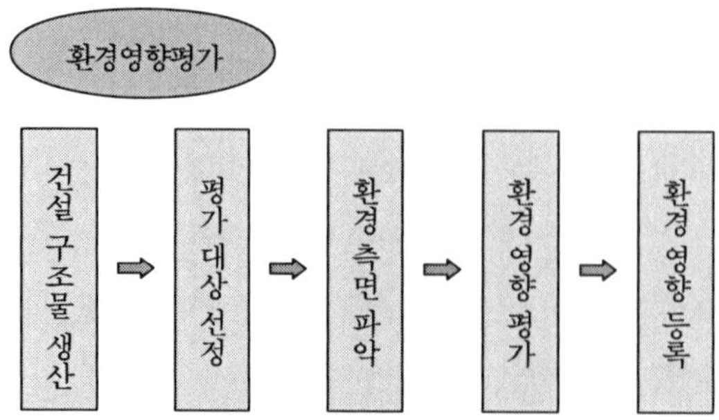

그림 8.5 환경영향평가 Flow

공정상에 문제가 발생할 경우에는 그 잠재적인 환경영향도 고려하고, 환경영향을 유발할 수 있는 사태의 발생 빈도도 조사하여야 한다. 중대한 환경 측면이 발생하였을 경우 영향을 미치는 범위가 국지적·지역적 또는 지구적인가를 고려하여야 한다. 환경측면과 환경영향은 일종의 상관관계를 가지고 있다. 환경영향은 환경측면의 결과로 파생되는 환경의 변화를 말하고, 이는 인간 생활에 기본적이고 필수적인 장애요소인 수질오염·대기오염·토양오염 및 자원의 고갈과 생태계의 변화 등도 포함된다.

8.5.2 기업의 환경측면

기업의 환경측면의 분석을 통한 환경영향평가 방법을 다음과 같이 크게 4단계의 실시과정으로 나누어 보았다.

(1) 1단계

기업의 생산활동과 제품 및 서비스에 투입되는 자원에 대한 조사가 되도록 이면 광범위하게 할 것이며, 충분히 이해 할 수 있을 정도의 단위규모를 갖추어야 한다.

(2) 2단계

기업의 활동·제품 및 서비스와 관련된 환경측면의 파악은 가능한 한 여러 분야를 파악하고, 관련법규와 주위사항 등이 충분히 고려되어져야 한다.

(3) 3단계

환경영향 분석은 파악된 각 환경 측면과 관련해서 가능한 한 많은 실재적·잠재적·긍정적 그리고 부정적 환경영향을 예측하고 파악하여 중요환경인자를 돌출하여야 한다.

(4) 4단계

환경영향평가에서 파악된 각 환경영향의 중대성은 각 조직과 업무의 성격마다 상이할 수 있으므로 환경영향적 요인을 정량화하여 평가하여야 한다.

8.6 환경측면 분석과 환경영향평가

8.6.1 환경영향평가 목표 및 범위 설정

환경영향평가 활동은 많은 시간이 소요되는 활동이다. 그러므로 환경영향평가의 범위는 현장여건과 공사의 규모에 준하여 효율적으로 설정하고, 목표는 언제까지 환경영향평가를 마칠 것이며, 중요한 환경 장애요인을 어떻게 처리할 것인가를 규정하는 것이다. 환경목표 설정에는 물질수지의 파악 기간·환경영향평가 방법 및 장소 그리고 환경영향평가 실시기간 등을 고려하여야 한다. 물질수지란 한 공정에서 투입된 물질의 전체 질량의 합계가 그 공정에서 배출되는 전체생산량의 합계와 같다는 것으로 원재료·부재료·용수 및 에너지 등의 투입량은 제품·부산물·대기배출물질·수실배출물질·폐기물의 합계와 같다는 것을 말한다.

환경영향평가의 범위를 설정하는 것은 환경영향평가를 실시할 작업 활동의 범위 및 한계를 결정하는 것이 중요하다. 범위의 설정은 초기에는 환경경영체제가 적용되는 기업의 모든 활동과 제품 및 서비스와 협력업체의 활동에서 나타나는 중요활동으로 한정하고, 차차 범위를 확대하는 것이 바람직하며, 초기에는 업무영역에서부터 단계별로 세분화하여 차차 단계를 확대시켜 실시한다.

8.6.2 목표 및 범위의 설정에 따른 환경측면 분석 4단계 원칙

(1) 1단계

기업의 활동에 대한 환경측면의 분석은 조사의 대상이 되도록이면 광범위하게 할 것이며, 충분히 이해 할 수 있을 정도의 단위규모를 갖추어야 한다. 이것은 시공분야·관리분야·안전분야·설계분야·수주분야로 나누며, 시공분야는 토공·배수공·구조물공·포장공 및 부대공으로, 관리분야는 공사·공무·시험 및 품질단위로, 안전분야는 자재·장비·화학물질·폭파물질 등으로, 설계분야는 투입자원의 물질수지를 고려하여 투입과 발생의 예상치를 고려하는 방향에서 구분하며, 수주분야는 공사대상·공사형태·지역·지구·주변환경 및 현장현황을 고려하여 구분한다.

그러나 중요 환경요인으로 환경오염을 가장 많이 발생시키는 분야가 시공분야이므로 시공 분야에 대한 환경측면의 고려는 특히 신중성을 기할 필요가 있다. 환경측면 파악의 대상이 되는 활동과 제품 또는 서비스의 선정시 법규 및 그 밖의 규정에 대한 파악도 수행하여야 한다. 환경측면을 파악하는 것은 기업의 활동에 관련된 모든 법규 및 그 밖의 규정을 파악함으로써 시작된다.

파악된 법규 및 규정들은 수시로 변할 수 있는 것이기 때문에 EMS 체제 구축 시 환경 프로그램에 포함되어 지속적인 관리를 하여야 한다. 조직이 어떤 업무를 수행하는가에 따라 발생시키는 환경측면이 달라지기 때문에 기업은 단위조직별 업무와 공정흐름도를 작성하여 각 작업 요소별 업무 규정에 따른 업무흐름도를 현재 상태에서 규정된 업무에 따라 공정의 단계별로 발생되는 환경측면을 정확하게 판단한다.

(2) 2단계

1단계의 각 입력과 출력 및 업무·공정흐름도에서 파악한 환경영향요인을 바탕으로 단위 조직별 차별된 업무로 인하여 발생된 환경요인이 어떤 자원의 투입으로 인해 발생되는지, 식별된 환경측면이 천연자원을 사용하는지, 환경유해요인의 저감방안은 어떤 것들인지를 구상한다.

그러나 환경측면의 파악시 고려해야 할 또 하나의 사항은 시공 현장에서 투입되는 모든 자원에 대한 환경유해요인을 평가할 필요는 없다는 것이다. 단지 전 과정적 사고에 입각하여 사용되는 자원의 환경적 영향의 중요도에 근거를 두고 원재료·부재료·시공공정·운송·사용 및 폐기과정에서 환경적 오염요인이 많은 것에 우선순위를 두어 환경측면을 파악하면 된다. 환경측면의 판단은 공정·업무가 수행되는 상태별로 구분하여 정상상태·비정상상태·비상상태시의 환경측면을 파악하고, 과거·현재·미래의 활동에 의해 발생하였거나 발생할 환경측면도 고려하며, 고려의 시점은 환경경영체제를 구축하기 시작한 시점을 현재로 하여 그 앞과 뒤를 과거와 미래로 구분하는 것이 일반적이다.

과거의 환경측면은 과거에는 있었으나 현재에는 없는 저장시설·매립지·지하수 취수시설·설비·유해 공정 등을 대상으로 직접 시료를 채취하거나 장기 근무자 또는 이해관계자와의 인터뷰를 통해 파악할 수 있고, 미래의 환경측면의 파악 방법은 두 가지로 첫째는 가까운 미래에 설치될 신설비나 공정변화를 예측하여 현장의 시공활동에 변화가 발생할 시 환경에 미칠 수 있는 환경측면에 대한 대처 방안을 수립하고, 둘째는 현재는 환경법령에 의해 규제되고 있지 않으나 가까운 미래에 규제가 예상되는 공사 자원에 대해 대응하는 것이다.

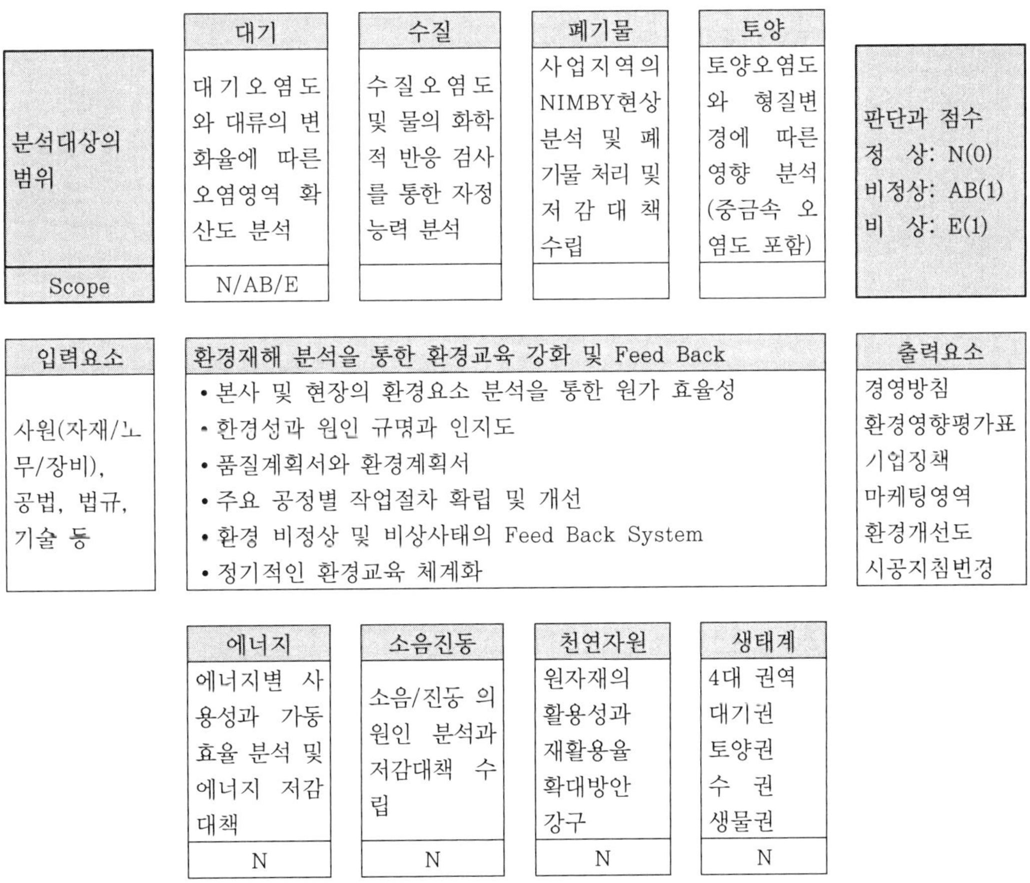

그림 8.6 환경측면 분석표

또한 기업이 직접 발생시키는 환경측면 뿐만 아니라 관리 가능한 범위에서 간접적인 환경측면도 파악한다. 간접적인 환경영향이란 협력회사, 계약관계에 있는 운송회사, 폐기물 처리업체 등 기업이 직접적으로 통제할 수 없는 부분에서 발생하는 환경영향으로 환경경영체제를 구축하는 초기에는 회사와 직접적으로 관련이 있는 간접부분으로 한정된 환경측면을 파악하고 추후 확장하는 것이 바람직하다.

(3) 3단계

환경영향 분석 3단계에서는 조직 활동에 대한 환경영향을 다음의 과정을 통하여 파악할 수 있다.

첫째는 업무·공정 흐름도에서 각 단계의 업무수행에서 주요환경업무를 작성하고, 이 업무를 수행하기 위한 입력요소를 선정한다. 이때 입력요소는 각종 계획서·도면·점검 및 조치 자료가 될 수 있다.

둘째는 입력요소를 이용하여 주요환경업무를 수행할 때 발생할 수 있는 환경측면들이 환경에 어떠한 영향을 주는지 파악한다.

셋째는 주요환경업무를 수행한 후 나올 수 있는 출력요소를 파악하여야 한다. 이때 출력요소는 각종 보고서·결과물·작성된 점검표 등이 될 수 있다.

(4) 4단계

파악된 환경측면 별로 환경영향평가를 실시한다. 환경영향평가 시 누락되는 항목이 없어야 하며 환경영향평가 세부 평가기준에 근거하여 중요도를 평가한다. 각 업무 영역별로 환경영향평가를 실시하고 담당자는 각 영역에서 실시한 환경영향평가 결과를 검토한다. 환경영향평가의 우선순위는 첫째 중요성을 평가하기 위한 기준을 선택하고, 둘째 설정된 기준의 환경측면을 평가하며, 셋째 환경적으로 중요한 측면을 결정하는 것이다.

중요성을 평가하기 위한 기준은 식별된 환경요인(사용에너지나 자재의 화학적 성질 등) 중 더 중요한 환경측면을 식별하는 것으로 이것은 평가하는 담당자의 입장에 따라 판단의 차이가 생길 수 있다. 예를 들어, 똑 같은 화학물 이라도 공사를 담당하는 사람은 사람에게 줄 수 있는 유해성에 비중을 크게 잡을 것이고, 관리를 담당하는 사람은 자연 생태계에 미치는 영향에 비중을 더 줄 수 있다. 그러므로 기준의 선택은 그 환경측면의 가치·기업의 정책·기업의 상태를 반영할 수 있는 능력을 가진 담당자에 의해 수행되어야 하고, 기업의 기준 리스트를 사용하여 필요성에 맞추어 조정할 수도 있다.

- 지역 환경에 미치는 영향
- 화학물의 독성
- 천연자원 및 생태계에 미치는 영향
- 천연자원의 생산성에 미치는 영향
- 지구환경에 미치는 영향 (오존의 고갈, 기후변화)
- 작업자의 건강과 안전에 미치는 영향
- 법규 또는 규정과의 관련성
- 작업의 효율에 미치는 영향

설정된 기준의 환경측면 평가 시 유의할 점은 평가에 발생시점에 따른 시간의 개념, 발생 빈도 수와 직접적으로 환경에 영향을 미치는지 아니면 매개를 통해 간접적인 영향을 미치는지에 대해서도 평가가 이루어져야 한다는 것이다. 통상 평가는 점수로 환산하는데 그것은 활동의 종류·생산되는 제품·주위 환경·이해관계자의 관심 등에 따라 평가자의 주관적 판단이 많은 작용을 한다. 그러므로 평가자는 환경에 대한 지식뿐 아니라 환경경영체제를 수립하려는 조직에 관하여 많은 정보와 지식을 갖추고 있어야 한다. 그러나 이러한 주위 여건이 여의치 않는 경우 다른 전문가의 지식을 사용할 수도 있다.

중요한 환경측면 결정은 단계2의 평가를 통하여 이루어지며, 환경영향평가 결과의 검증사항에는 "환경측면의 누락사항" "환경영향평가 기법의 준수사항" "결과의 합리성" 등을 고려하여야 한다.

환경영향평가 결과 중요한 환경측면으로 파악된 항목은 환경영향 등록부에 다음사항 등을 기록하여 중점적으로 관리한다.

- 공정/업무명, 평가자, 검토자
- 환경에 미치는 영향
- 경영향평가 점수 및 등급
- 발생원인 및 개선 방향

환경영향평가 등록부에 등록된 환경측면들은 환경경영체제에서 중점 관리 대상이 되며, 환경목표 및 세부목표를 선정하는데 있어 근거가 되는 역할을 한다.

표 8.1 환경요인-영향조사표

코드. 평가분야	평가 영역 단위	구분	발생 상태	영향권역별 평가내역															
				대기		수질		폐기물		토양		에너지		소음 진동		천연 자원		생태계	
				요인	점수	요인	점수	요인	점수	요인	점수	요인	점수	요인	점수	요인	점수	요인	점수
C4.토목공정	13.PC BEAM 제작공	거푸집 및 CON'C 타설(장비사고)	비상시							장비 오일류 및 CON'c	1								
C4.토목공정	13.PC BEAM 제작공	양생 및 거프집 해체	정상					폐목재	1										
C4.토목공정	13.PC BEAM 제작공	양생 및 거프집 해체	비정상					폐목재	1					해체시					
C4.토목공정	13.PC BEAM 제작공	양생 및 거프집 해체	비상시																
C4.토목공정	14.교량공	장비투입	정상	배기가스	0									만기통과	1				
C4.토목공정	14.교량공	장비투입(수리시)	비정상	배기가스	1			엔진오일	1			차량연료소모	1						
C4.토목공정	14.교량공	징비투입	비상시											소음발생	1				
C4.토목공정	14.교량공	터파기	정상	비산먼지	0									소음발생	1				
C4.토목공정	14.교량공	터파기(악천후)	비정상	비산먼지	1	하천유입	0			토사유입	0	연료소모	1						
C4.토목공정	14.교량공	터파기	비상시																
C4.토목공정	14.교량공	거푸집조립	정상					폐목재	1										
C4.토목공정	14.교량공	거푸집조립	비정상					폐목재	1										
C4.토목공정	14.교량공	거푸집조립	비상시																
C4.토목공정	14.교량공	CON'C타설	정상	배기가스	0									만기통과	1				

표 8.2 환경영향평가서

코드. 평가분야	평가 영역 단위	구분	발생 상태	영향권역별 평가점수									등록 판정	영향 구분		평가 시점			비고
				대기	수질	폐기물	토양	에너지	소음진동	천연자원	생태계	계		직접	간접	과거	현재	미래	
C4.토목공정	13.PC BEAM 제작공	거푸집 및 CON'C타설(장비사고)	비상시	0	0	0	1	0	0	0	0	1							
C4.토목공정	13.PC BEAM 제작공	양생 및 거프집 해체	정상	0	0	1	0	0	0	0	0	1							
C4.토목공정	13.PC BEAM 제작공	양생 및 거프집 해체	비정상	0	0	1	0	0	0	0	0	1							
C4.토목공정	13.PC BEAM 제작공	양생 및 거프집 해체	비상시	0	0	0	0	0	0	0	0	0							
C4.토목공정	14.교량공	장비투입	정상	0	0	0	0	0	1	0	0	1							
C4.토목공정	14.교량공	장비투입(수리시)	비정상	1	0	1	0	1	0	0	0	3	0		0		0		
C4.토목공정	14.교량공	징비투입	비상시	0	0	0	0	0	0	0	0	0							
C4.토목공정	14.교량공	터파기	정상	0	0	0	0	0	1	0	0	1							
C4.토목공정	14.교량공	터파기(악천후)	비정상	1	0	0	0	1	1	0	0	3	0	0			0		
C4.토목공정	14.교량공	터파기	비상시	0	0	0	0	0	0	0	0	0							
C4.토목공정	14.교량공	거푸집조립	정상	0	0	1	0	0	0	0	0	1							
C4.토목공정	14.교량공	거푸집조립	비정상	0	0	1	0	0	0	0	0	1							
C4.토목공정	14.교량공	거푸집조립	비상시	0	0	0	0	0	0	0	0	0							
C4.토목공정	14.교량공	CON'C타설	정상	0	0	0	0	0	1	0	0	1							

표 8.3 환경영향등록부

코드. 평가분야	평가영역단위	구분	발생상태	평가점수계	영향구분		평가시점			중요도	개선기능성	개선사항	평가서번호	비고
					직접	간접	과거	현재	미래					
C4. 토목공정	14. 교량공	장비투입(수리시)	비정상	3	0	0	0	0	0	L	Y	장비의 수리는 정비소에서 하는 것을 원칙으로 하되 긴급한 경우에는 환경대비를 한 후 실시한다.		
C4. 토목공정	14. 교량공	터파기(악천후)	비정상	3	0	0	0	0	0	M	Y	공시책임자의 판단에 따라 기후여건을 고려한 공사의 안전 수행		
C4. 토목공정	14. 교량공	con'c 타설(세차시)	비정상	4	0	0	0	0	0	L	Y	원칙적으로 현장의 지정된 장소에서만 세차를 한다.		
C4. 토목공정	14. 교량공	양생(악천후)	비정상	5	0	0	0	0	0	M	Y	기상여건을 사전에 파악하고 레미콘 타설 주기를 잡음으로서 공기의 조정이 필요		
C4. 토목공정	15. 강BOX 제작	MARKING 및 절단	비정상	4	0	0	0	0	0	L	N			
C4. 토목공정	15. 강BOX 제작	용접	비정상	3	0	0	0	0	0	L	N			
C4. 토목공정	15. 강BOX 제작	가조립	비정상	3	0	0	0	0	0	L	N			
C4. 토목공정	15. 강BOX 제작	도장	비정상	8	0	0	0	0	0	M	N			
C4. 토목공정	15. 강BOX 제작	설치	비정상	3	0	0	0	0	0	L	N			
C4. 토목공정	차량, 정비	엔진오일 교환중 누유	비정상	3	0	0	0	0	0	L	Y	누유에 대한 방지대책을 수립후 작업한다.		

8.7 지구환경 오염과 환경경영

세계적으로 기상의 이변·지형의 변화·자원의 고갈 및 환경의 오염도가 이미 위험 수위를 넘어가고 있다. 만년설의 해빙과 잦은 자연화재의 발생 그리고 지진 및 화산활동들도 우리가 살고 있는 지구환경의 변화에서 나타나는 현상이 아니라고 말할 수 없는 것이 현실이다. 자연은 이미 많은 파괴와 오염의 현실에 직면해 있다. 또한 앞으로도 자연의 파괴는 계속되고 가속화되리라는 것은 자명한 사실이다.

우리 주변의 곳곳에서 시행되고 있는 사회시설의 확충과 주거 환경의 개선, 운영의 수월성을 위한 생산활동 증가 등으로 인해 발생되는 환경 파괴는 우리의 삶에 더욱 힘들고 어려운 문제를 만들어 되돌아 올 것이다. 건설사업의 수행자인 우리도 자신의 영역에서 발생하는 건설행위가 인간의 본질적인 삶에 이득을 주는 것이 무엇인가를 생각하고 행동으로 옮김으로서 미래 주거환경에 대처할 수 있는 행위 방향으로 실천해야 될 것이다.

환경친화적 건설행위란 환경보존의 기본원칙 아래 환경관련 활동에 투자의 폭을 넓히고, 사업 단계별 공정의 흐름에 따른 생태계 파괴 및 위해 요인 배출의 수위를 조절

함을 의미한다. 이는 환경보존에 영향이 있는 공정정보의 Program을 분석 연구함으로서 환경 개선 효과를 효율적으로 달성하고, 환경부하요인의 식별 체계의 구축을 통해 문제의 초기단계를 인식하며, 점진적으로 제품개발과 전략적 정책을 재수립하는 것이 장기적 측면에서의 마케팅에 효과를 나타낼 수 있다는 확신을 갖는 것이다.

환경경영은 우리 인류의 생산활동, 소비활동에서 발생하는 환경오염을 예방하면서 경제 및 사회의 지속 가능한 개발을 추구하는 수단이다. 현재와 같은 대량생산, 대량소비라는 사회경제구조가 지속되면서 자원고갈과 환경파괴를 발생시키는 요인의 증가와 현실의 실리만을 목적으로 하는 행위들이 인류의 생존을 위협하는 요인으로 작용할 것이라는 인식이 확산되면서 환경관리에 대한 지속가능한 개발을 도모하게 되었다.

따라서 건설업에서도 사업의 수행에서 환경측면의 인식방법과 조직의 생산활동 소재지와 관련한 특별한 환경적 조건을 고려하여 시공과정에 투입되는 자원 및 서비스가 환경에 어떤 영향을 발생시키는가를 판단하는 방법과 환경측면의 분석은 업무흐름도 및 공정흐름도를 통하여 공정의 단계별로 발생되는 환경측면을 달리 분석해야 한다는 것이다.

그리고 환경영향등록부의 등록은 기업의 환경경영체제를 근간으로 한 환경목표와 세부목표를 설정하는 주요 수단이라는 것이다. 그러나 건설활동에서 발생하는 모든 환경인자를 분석하고, 판단하여 처리한다는 것은 현실적으로 불가능한 사항이지만 건설사업을 수행하는 행위자들이 점진적 개선이란 관점에서 지속적으로 오염물질 배출의 저감대책을 수립하여 운영한다면 미래생활의 가치적 입장에서 상당한 효과를 거둘 수 있으리라 생각한다.

우리의 삶을 보다 나은 환경으로 유지하기 위해서 지속 가능한 실천 수단으로 개발된 것이 환경경영이며, 환경경영은 사회·문화·경제적으로 동일하지 않은 현실을 반영하여 다양한 조직(기업, 행정기관, 사회단체, 가정)에 적용 가능하도록 발전되어야 하는 분야임은 틀림없는 사실이다.

환경경영의 목표는 환경파괴의 억제와 오염예방이다. 개발에 앞선 환경보호 의지와 환경오염을 유발할 수 있는 환경오염물질의 배출억제 및 피할 수 없이 발생하는 오염물질의 절감을 통해서 오염발생 후 환경에 미치는 영향을 줄이기 위한 사후처리에 보다 많은 노력을 기울여야 한다는 것이 환경오염물질의 발생 방지가 환경보호에 보다 효과적이란 현실을 입증해 준다. 환경경영은 환경관리 수준이 우수한 기업만이 실시할 수 있는 것이 아니다.

현재의 환경관리 현황이 열악하고, 관리 수준이 낮은 기업이라도 환경보호라는 기본 이념아래 현재의 사업실행과정을 조금만 개선한다면 투입에 비해 상대적으로 큰 실행 효과를 얻을 수 있다. 결론적으로 환경경영은 기업의 모든 부분에서 수행하는 업무에서 환경에 미치는 영향을 인식하고, 그 영향을 줄이기 위한 계획을 수립하고 실천하는 과정이고, 이를 통하여 갖추어진 환경경영체계가 기업 경영의 또 다른 이윤을 창출할 수 있는 방법이라는 것이다.

CHAPTER

09

클레임과 분쟁

CHAPTER 09 클레임과 분쟁

9.1 클레임(claim)이란

대부분의 건설공사, 특히 토목공종을 수반하는 공사는 모든 지질상황을 완전히 파악할 수 없다는 태생적인 불확실성을 내포하고 있으며, 설계자로서도 현장내의 모든 부분을 완전히 파악하는 것은 사실상 불가능할 뿐만 아니라, 기후등 주변의 작업여건도 당초 설계시 예측한대로 진행된다고 아무도 장담할 수 없다는 특성이 있다.

또한, 일반적인 도급공사에서 발주자가 계약상대자에게 제시하는 설계도면, 시방서등으로 현장여건의 모든 것을 설명할 수 있다고 볼 수는 없으며, 설계도서의 미비점이나 계약도서의 해석상의 차이가 발생할 수도 있다. 이때에는 필요불가결하게 계약내용의 변경이 수반될 수밖에 없고 이로 인한 공사비의 변경 또는 공사기간의 변경 등이 필연적으로 발생하게 될 것이다.

이러한 경우 국가계약법령등에 명시된 계약금액 조정에 대한 재규정 등을 적용하게 되며, 계약변경 등의 조치를 통해 계약당사자 중 일방의 과도한 리스크를 예방할 수 있게 해주고, 쌍방의 합의를 통해 계약내용 등을 변경한 후 최종적으로는 요구되는 계약목적물의 완성이 가능하도록 만들어 주게 된다.

즉, 클레임이란 대부분의 건설공사계약과 동시에 탄생하는 동전의 양면과 같은 것으로 이해될 수 있을 것이며, 발생한 사안에 따라 복합적인 경우 계약당사자간의 주장과 요구가 달라 갈등이 있을 수 있고 이러한 갈등의 해소를 위한 첫 번째 과정이 곧 클레임이라고 할 수 있을 것이다.

예기치 않은 클레임이 발생한 경우, 당사자간의 협의(협상)에 의한 해결이 가장 바람직 할 것이나, 당사자간의 협상이 결렬되면 제삼자를 통한 조정, 알선 또는 중재에 들어가게 되고 좀더 발전되게 되면 가장 바람직하지 않은 단계인 소송단계에 이르게 되는 것이다.

9.1.1 클레임의 기본원칙

클레임의 기본원칙은 클레임이나 그에 대한 중재/소송 등에서 계속적, 반복적으로 고려되었던 판단기준 즉, 판례를 통해 널리 인정되고 있는 판단기준을 말한다. 다음의 7가지 기본원칙을 들 수 있다.

(1) 확실성(Certainty)의 원칙

클레임에 따른 손해액 또는 추가비용은 확실한 근거에 의하여 산출되어야 한다. 여기서 확실성의 의미는 완벽한 정도의 증거나 산술적인 확실성을 뜻하는 것은 아니라 합리적인 정도의 확실성을 뜻하는 것이다.

(2) 인과성(Traceability)의 원칙

클레임은 클레임사유, 손해 및 제기자간에 인과관계가 있어야 한다. 즉 시공자에게 손해는 발생하였으되 손해의 사유가 클레임대상이 아니라든지, 클레임사유는 발주처에 의하여 발생하였으되 시공자에게 손해가 발생하지 아니한 경우 등을 말한다. 하지만 이런 경우 클레임을 제기할 수는 없다.

(3) 예측가능성(Foreseeability)의 원칙

계약당사자가 계약체결 당시에 합리적으로 예측할 수 있었던 손해에 한하여 보전받을 수 있다는 원칙으로서 예측가능한 손해는 계약당사자에 의하여 반드시 예측될 필요는 없으며, 계약위반 등의 경우에 자연적으로 발생하는 손해이면 충분하다. 다시 말하면, 어떤 특정의 손해가 예측가능하여야 한다는 뜻이 아니라 상대방의 계약위반 등의 경우에 손해가 발생하리라는 것이 예측가능하여야 한다는 뜻이다.

(4) 합리성추정의 원칙

발주처의 설계변경으로 인한 시공자의 실제적인 비용이 합리적인 것으로 추정되어야 한다는 원칙으로서 합리성의 결정(미 [연방조달규정] 제31.201-3조) 비용은 그 성격이나 규모에 있어서 경쟁적인 기업의 경영 중 분별있는 사람에게 발생한 금액을 초과하지 않는다면 합리적이다. 미국 연방조달규정에서 정한 합리성의 판정기준은 다음과 같다.

① 시공자의 기업경영 또는 계약의 이행에 있어서 통상적이고 필수적인 것으로 인식되는 비용인지의 여부
② 일반적으로 용인된 적정 기업활동, 일상적인 거래관행, 법령의 규정
③ 정부, 기타의 고객, 기업의 소유주, 피용자 및 일반 대중에 대한 시공자의 책임
④ 시공자 자신이 제정한 규정에 대한 중대한 일탈 여부

(5) Four File 원칙

클레임을 준비할 때의 기본문서 또는 증빙자료를 말하며 그 종류는 다음과 같다.

① 계약서(Contract)
② 클레임서류(Claim)
③ 계약관의 결정문(Contracting Officer's Decision)
④ 관계서한(Relevant Correspondence)

(6) 선청구(Demand Prerequisite)의 원칙

클레임은 청구를 전제조건으로 한다. 따라서 상대방의 책임있는 사유로 손해가 발생하였다고 하더라도 그 피해자가 손해배상의 청구를 하지 않을 경우에는 상대방이 먼저 손해를 배상할 수는 없다.

(7) 세버린 원칙(Severin Doctrine)

원수급인이 그의 하수급인과 연루된 클레임을 발주처에게 제기하는 경우 원수급인이 하수급인에게 지급할 의무가 없는 금액은 발주처에게 이를 청구하지 못한다는 원칙으로서 1943년 미국정부와 세버린(원고)과의 송사에서 내려진 판례(원고의 패소)에 의하여 정립되었으며, 우리나라와 같이 하도급중심으로 수행되고 있는 건설공사에 있어서 클레임을 제기할 경우에 각별히 유의하여야 할 원칙이다.

9.1.2 클레임 대비 3가지 근본적 요소

(1) 책임소재의 파악

계약서 상에 클레임의 사유가 되는 변경, 불리한 현장조건, 지연, 중지 등에 대한 책임이 어떻게 규정되어 있는가를 파악하여야 한다.

(2) 원인의 규명

클레임에 대한 보상을 받기 위해서는 책임과 원인 사이의 연결을 증명하여야 한다.

(3) 손실의 산출

시공자가 그가 받은 손실 즉, 시간 또는 금전에 대한 실제적 액수를 산출해야 하며, 그것은 책임과 원인의 결과로서 보상되어야 한다.

9.2 건설공사 클레임(Claim)과 분쟁(Dispute)

건설공사의 클레임이란, 미국건축사협회(American Institute of Architects)의 정의를 빌리면 "계약 당사자는 그 계약상의 조건에 대하여 계약서의 조정 또는 해석이나, 금액의 지급, 공기의 연장, 또는 계약서와 관계되는 기타의 구제를 권리로서 요구하는 것 또는 주장하는 것"이며, 분쟁(Dispute)의 이진단계를 클레임(Claim)이라고 말하고 있다.

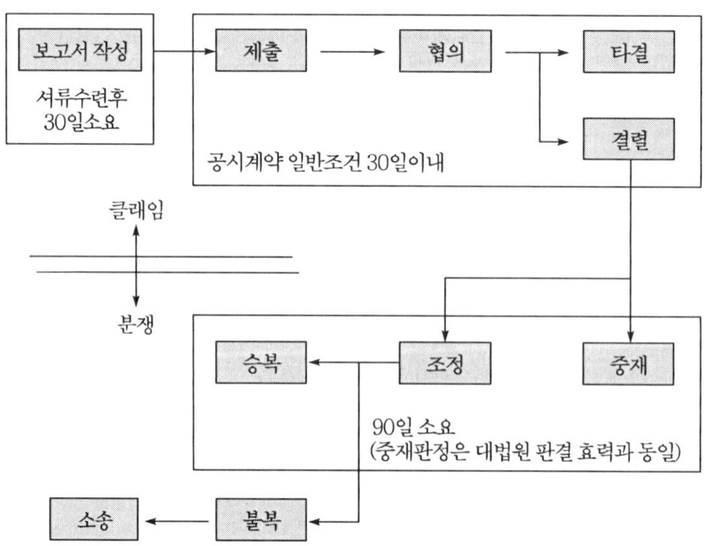

그림 9.1 클레임과 분쟁의 관계

국내 계약조건등의 규정에서는 "클레임"이라는 용어를 사용하고 있지 않고, 회계예규 공사계약일반조건 제51조(분쟁의 해결)에 의거 "분쟁"이라는 용어가 사용되고 있는바, 위에서 정의된 분쟁이전단계로서의 클레임에 대한 별다른 규정은 없다고 보아야 할 것이다.

다만, 국가를 당사자로 하는 계약에 관한 법률 제19조, 동법 시행령 제64조 내지 제66조, 동법 시행규칙 제74조, 제74조의2, 제74조의3의 조정관련 규정과 회계예규 공사계약일반조건 제19조 내지 제23조 및 제25조, 제26조 등에는 계약당사자 중 일방의 계약변경 요구에 대한 절차규정과 이에 대한 계약담당공무원의 적정한 상태로의 조정 또는 변경을 의무화한 규정 등이 있으며, 이러한 규정 등에서 사용되는 "계약금액의 조정"이라는 용어가 "클레임"에 해당하는 것으로 볼 수 있다.

여기서는 "계약금액의 조정" 이라는 국가계약법상의 용어가 일반적으로 통용되는 "클레임"이라는 용어와 상당부분 동일한 의미로 사용되고 있음을 밝혀둔다.

일반적으로 인식되고 있는 "클레임"이라는 용어의 뉘앙스에는 부정적인 의미, 즉 "계약당사자 일방의 협의요청이 상대방으로부터 무시되는 경우 이를 관철시키기 위한 수단으로서 추가로 제기되는 요청 또는 행위" 그리고, "그러한 행위의 결과로 발생한 분쟁" 까지를 의미하는 것처럼 인식하는 경우가 많으나, 실상 클레임은 분쟁이전 단계인 모든 요청과 협의단계를 의미하고 있는 바 일반적으로 인식되고 있는 부정적인 의미는 전혀 없다고 보아야 한다.

그런데도 건설공사의 계약당사자 모두 클레임에 대한 경험이 부족하여 자신들의 권리가 어떤 규정에 의해 어떤 방법으로 보장되어야 하는지를 모르는 것이 문제이며, 일부 발주기관이나 감리자등이 계약상대자의 요구에 대해 협의하고 조정하는 것을 무슨 시혜를 베푸는 것처럼 되어있는 건설현장의 분위기가 이러한 부정적인 의미를 더욱 조장하는 결과가 되고 있다.

또한, 계약상대자도 정당한 요구를 하는 만큼 당당하여야 함에도 불구하고 그렇지 못한 현실이 있고, 계약상대자의 클레임에 대한 발주기관의 과민한 거부반응에 대해 마치 당연한 현상이라고 생각해 버리는 경향도 클레임 활성화의 걸림돌 중 하나가 된다.

9.2.1 클레임 이전의 단계

공사의 이행단계에서는 당초 계약문서를 대상으로 체결된 계약내용의 면밀한 검토와 이행단계에 따른 적용 규정등을 충분히 검토하는 "계약관리"행위가 필요하게 되며, 클레임발생이 필연적이라는 인식하에 현재 진행되는 이행단계에 대한 면밀한 검토와 각 단계별 발생사안에 대한 문서화가 가장 중요하다고 할 수 있다.

클레임이란, 통상적으로 계약상대자가 제기하는 경우가 대부분이고 결과적으로 공사비의 증액이나, 공기의 연장등의 요구로 귀결되는 점을 감안하면 클레임 사안에 대한 요구사항의 입증책임은 대부분의 클레임 제기자인 시공사의 몫이 될 수밖에 없다.

그리고, 클레임제기가 계약상대자의 정당한 요구(권리)라 할지라도 클레임이 제기되지 않는 한 계약내용의 변경 등은 발생할 수 없기 때문에, 가장 먼저 클레임 제기여부를 결정하여야 하는데 이때 제기 여부를 결정하는 가장 중요한 근거가 되는 것은, 정책적인 고려와 함께 당해 사안에 대한 각종 문서가 된다.

계약상대자의 클레임의 경우, 당해 사안에 대한 계약상의 권리를 입증할 책임과 최종요구사항이 청구(증액 또는 보상금액)에 대한 타당성을 입증할 준비가 되어 있어야 한다. 즉, 계약조건상의 권리가 없는 사안에 대해서는 계약상대자가 아무리 손실보상을 청구하여도 성공할 수 없으며, 계약상의 권리가 계약조건에 보장되고 있다 하여도 청구의 타당성이 입증되지 않으면 이 또한 성공할 수 없을 것이다.

계약상대자는 자신의 클레임제기가 계약상의 어떤 권리를 근거로 하는가를 입증하기 위해, 당초 계약 체결시 계약조건 등으로 보장된 계약상대자의 모든 권리를 엄격히 분석하고 이에 대한 충분한 사전지식을 가지고 있어야 할 것이며 타당한 청구비용등을 산정하기 위해서는 공사기간에 해당하는 기간동안의 각 시점별 단가산정 근거자료 등 충분히 자료를 확보해 두어야 할 것이다.

또한 클레임을 전제로 할 때 계약이행단계에서 가장 중요하게 요구되는 것 중의 하나는 각종 발생사안에 대한 통지시기 등에 관해 해당 규정 등을 엄밀하게 준수할 의무가 있다는 점이다. 일부에서는 이러한 통지시기를 준수하지 않음으로서 계약조건에 의해 주어진 계약상대자의 권리를 상실하는 경우도 있다. 그러나, 통지시기가 어떻게 규정되어 있는 관계없이 계약상대자로서는 사안이 발생하자마자 최단 시간 내에 통지하는 것이 자신의 권리를 확실하게 보장받을 수 있는 첩경일 것이다.

그리고 중요한 점은, 발생사안의 발주자에 대한 통지는 반드시 문서로서 해야만 한다는 점을 명심하여야한다. 물론 이러한 통지가 곧 플레임 제기를 의미하는 것은 아니나 차후 클레임으로 진행되었을 경우 계약상대자로서는 계약상의 통지의무를 다한 것이 되므로 클레임의 사전절차로서는 충분하게 되는 것이다.

발생초기에서 대수롭지 않은 문제로 여겨지는 사안이 계약이 이행되면 중대한 위험(손실)요소로 발전할 가능성은 얼마든지 있을 수 있으므로, 이러한 통지시기의 준수와 통지의 문서화는 계약상대자로서는 결코 간과해서는 안 될 문제일 것이다. 또한 당연히 통지대상(발주자 또는 감리자)에 대해서도 계약조건 등에 의해 엄밀하게 구분하여 준수되어야할 것이다.

(1) 문서화의 규정

공사계약일반조건 제5조(통지 등)에 의하면

① 구두에 의한 통지·신청·청구·요구·회신·승인 또는 지시 등(이하 "통지등"이라 한다)은 문서로 보완되어야 효력이 있다.

② 통지등의 장소는 계약서에 기재된 주소로 하며, 주소를 변경하는 경우에는 이를 즉시 계약당사자에게 통지하여야한다.

③ 통지등의 효력은 계약문서에 따로 정하는 경우를 제외하고는 계약당사자에게 도달한 날부터 발생한다. 이 경우 도달일이 공휴일인 경우에는 그 익일부터 효력이 발생한다.

④ 계약당사자는 계약이행 중 이 조건 및 관계법령 등에서 정한바에 따라 서면으로 정당한 요구를 받은 경우에는 이를 성실히 검토하여 회신하여야 한다.

(2) 시공사의 통지시기에 관한 규정

공사계약일반조건 제19조의 2 내지 제19조의 3에 의하면

① 설계서의 불분명·누락·오류 및 설계서간의 상호모순 등에 의한 설계변경의 경우 설계변경이 필요한 부분의 이행 전에 당해사항을 분명히 한 서류를 작성하여 공사감독관을 경유하여 계약담당공무원에게 이를 통지하여야 한다.

② 현장상태와 설계서의 상이로 인한 설계변경의 경우 다른 사실을 발견하였을 때에는 지체없이 설계서에 명시된 현장상태와 상이하게 나타난 현장상태를 기재한 서류를 작성하여 공사감독관을 경유하여 계약담당공무원에게 이를 통지하여야 한다.

③ 불가항력으로 인한 손해가 발생한 경우 손해가 발생하였을 때에는 지체없이 그 사실을 계약담당공무원에게 통지하여야 한다.

공사계약일반조건 등에서 "지체없이" 또는 "즉시" 라는 용어가 자주 사용되는데, 이러한 용어에 해당하는 경과시간이 얼마인지에 대해 적절한 정의가 없는 바, 단지 사안의 발견 또는 발생시점으로부터 "최단시간내"라는 의미로 사용되고 있다고 보면 타당할 것이다.

9.2.2 클레임단계

클레임이 성공적으로 수행되기 위해서는 체계적이고 합리적인 계약관리 및 시공관리가 필수적임을 이미 말한 바 있으며, 시공현장에 근무하는 현장요원 모두가 클레임에 대한 올바른 개념과 추진의지를 가지고 있어야한다. 즉 "변경되는 모든 것이 클레임의 대상이다"라는 의식이 필요한 것이며, 따라서 계약의 내용대로 이행할 수 없는 현장조건 등이 나타나면 최단시간내에 이를 감리나 발주자에게 문서로서 통보한 후 필요하다면 협의 등을 통하여 이를 처리하여야한다.

그리고, 클레임을 추진하고자 할 때에는 발주자와의 유대관계 등을 고려하는 정책적인 판단과 함께 합리적인 추진결정을 하여야 하는 바, 클레임에 대한 발주자의 거부감을 고려하면 클레임의 대상이라 할지라도 클레임의 형태가 아닌 다른 방법으로 접근하는 것이 오히려 계약상대자에게 더 유리할 경우도 있음을 염두에 두어야할 것이며, 여러 가지 발생사안을 종합하여 추진하는 것 보다는 개별적인 사안별로 추진하는 것이 더 바람직하다고 볼 수 있다. 즉, 개별적인 사안에 대해 추진하는 것이 계약상대자로서 입증이 더 편리할 것이며, 감리 또는 발주자로서도 검토가 용이해질 뿐만이 아니라 갑자기 큰 금액을 청구 당함으로서 가지게 되는 클레임에 대한 거부감을 희석시킬 수도 있을 것이다.

(1) 사전평가 단계

클레임의 대상, 즉"변경되는 모든사항"에 대한 사전평가를 하는 단계로서, 클레임 추진 전에 개괄적인 검토 및 분석을 함으로서 클레임 추진여부를 결정하는 단계이다.

① 계약조건 내에서 보상 등이나 변경이 가능한 사안인가?
② 클레임의 성격결정(설계변경, 또는 기타계약내용변경 등)
③ 클레임 추진가능성 및 타당성 검토(개략적인 입증과정을 시뮬레이션해 봄으로서

이해득실을 추정하여 추진여부를 결정)

④ 개략적인 변경금액 및 보상금액의 산출

(2) 근거자료 확보단계

클레임의 성패는, 해당사안에 대한 계약상대자의 권리를 어떻게 입증하느냐의 여부에 달려있다고 볼 수 있으므로, 근거가 될 수 있는 제반서류를 추적하여 확보하여야하며 관련자(현장의 중간관리자 및 하도급자, 시공요원 등)와의 면담 등을 제 3자가 가지고 있는 보유서류 등 확보될 수 있는 모든 문서들을 확보하여야 할 것이다

다음에 열거하는 문서 등은 일반적으로 건설현장 또는 본사에서 구득할 수 있는 자료들에 대한 예시이며, 이들을 수집하여 근거자료로서 확보하여야 할 것이다.

① 재정관련 서류(Financial Documents)

- 프로젝트비용 보고서
- 회사의 회계원장, 시세표
- 급여 지급서
- 기성신청 및 회신
- 원 입찰견적 서류
- 송장(invoice)
- 십장의 일일 노무보고서 및 작업시간 기록카드
- 변경지시 서류
- 특별비용 또는 생산성 연구

② 프로젝트 관리 서류(Project Management Documents)

- 공정보고서
- 일일 감독보고서 및 일지
- 십장일지
- 검수 및 품질관리 보고서
- 현장 조직표 및 직원 이력서
- 업무연락

③ 공정계획서류(Scheduling Documents)

- 최초 계획 수정
- 중간 수정 공정
- 최종 수정 공정

④ 업무처리 절차 지침서(Procedure Manuals)

- 회계제도 서류
- 행정처리 절차 서류
- 품질보증 절차 서류
- 품질관리 절차 서류

⑤ 기타서류(Other Documents)

- 계약도서
- 관리계획
- 건설계획
- 조직도
- 관리 및 직원 이력서
- 현장사진 및 사진철
- 업무 연락철
- 제출양식
- 도면 제출 목록
- 회의록
- 최초입찰도서
- 설계서… 등

(3) 자료분석 단계

추적, 수집된 제반 근거자료를 분석하여 클레임이 계약조건에 의거 적절하고 타당한 것임을 입증할 수 있는가를 검증하는 단계이다. 즉, 계약상대자의 권리 및 청구가 충분히 합리적이고 타당하며, 계약조건의 어떤 조항에 의거한 것인가를 정밀 분석하는 단계이다

(4) 클레임문서 작성단계

분석된 모든 자료들을 토대로 하여 계약상대자의 권리가 계약상으로나 사실적으로 합리적이고 타당한 것임을 입증하는 단계로서 클레임에서 본 단계가 가장 핵심적인 부분이며, 본 입증이 성공하지 않으며 계약상대자의 권리가 인정될 수 없으므로 신중하게 작성되어야한다. 즉 계약상대자만이 알고 있는 극히 주관적인 의견 등은 금물이며, 논리적인 설명이 가능한 주장이 제시되어야할 것이다. 그러나 너무 전문적인 법률용어(딱딱한 용어에 대해서는 약간의 거부감을 가진다) 등은 사용을 피하는 것이 좋을 것이다.

또한, 여러 가지의 사안을 하나로 묶는 방법보다는 각각의 사안을 각각의 클레임으

로 처리하는 편이 더 나을 것으로 사료된다. 만약 여러 가지의 사안을 하나로 하여 하나의 계약조건이나 논리로 청구하는 경우, 어떤 하나의 사안에 대해 계약상의 권리를 인정받지 못하게 되면 나머지 사안들도 인정받지 못하게 되는 경우가 발생할 수 있음을 충분히 고려하여 가급적이면 소규모 사안으로 분리하여 구성하는 편이 유리할 것으로 판단된다.

(5) 청구금액 산출단계

클레임 발생사안에 대한 발주자와 계약상대자의 책임소재를 명확히 하고나면, 계약상대자가 청구할 수 있는 범위 등이 확정되게 되는데, 이러한 범위 내에서 청구금액 또는 변경금액등을 산출하여야한다. 일반적으로는 공사원가산출방식으로 금액 등을 산출하게 되는바 회계예규 "원가계산에 의한 예정가격작성준칙" 및 회계예규 "실비산정기준"에서 정한 산출방법과 기준을 명확히 이해하여야 한다. 그리고 당연히 산출된 금액은 실제적이고 정확하여야 한다. 괜히 금액을 부풀림으로서 산출근거가 취약할 때에 발생하는 신뢰성의 손상은 클레임 자체의 실패로 직결될 것이다.

(6) 문서제출 단계

기본적으로 클레임 문서의 목적은, 계약상대자의 정당한 권리와 청구를 감리자 또는 발주자에게 확신시키는 것이 전제임을 알아야 할 것이며, 문서의 구성 및 형식, 나열순서, 사용된 용어 등에 충분한 분석과 고려가 있어야 할 것이다. 특히, 정부공사에서는 발주자 속성상 계약상대자의 청구에 대해 그야말로 철저한 입증을 요구할 것이므로 이를 충분히 예상하여 세심한 검토가 요구된다 할 것이다.

클레임 문서는 발주자나 감리자의 검토가 용이하도록 구성되어야 하므로 국가별, 공사별 사안별 특성 및 발주자나 감리자의 기호에 따라서 여러 방법으로 작성되어질 수 있으나 일반적으로는 피라미드 형태로 구성된다. 클레임 문서는 간결하고 압축적이어야 하며, 일반적으로 다음과 같은 형식으로 구성하는 것이 바람직하다.

① 요약(summary)
② 공사개요(project background)
③ 클레임 설명(explanation)

④ 현안 문제의 분석(issue Analysis)
⑤ 공정 분석(schedule analysis)
⑥ 손실 분석(damages analysis) - 직접비 및 간접비
⑦ 증빙(관련문서 및 자료)

클레임 문서로서 계약 상대자의 권리가 입증된다면 클레임은 성공한 것이다. 입증된 권리에 의해 청구되거나 변경을 요구한 공사비가 최종적으로 반영되고 변경계약을 체결함으로서 모든 클레임의 진행과정이 완료되게 되는 것이다.

9.2.3 클레임이후의 분쟁단계

앞서 살펴본 클레임 단계가 결렬되면 결국 분쟁으로 발전될 수밖에 없다. 이렇게 분쟁상태에 진입하는 것은 계약당사자 누구에게도 바라는 일은 아닐 것이며, 갈등의 요소를 가급적 제삼자의 개입없이 계약당사자간의 상호이해와 협상에 의해 해결되는 것이 가장 바람직한 방법이다.

분쟁의 절차는 공사계약일반조건 제51조(분쟁의 해결)에 규정된 바와 같이, 협의 ▷ 중재 ▷ 소송의 단계로 진행되지만 가장 바람직한 분쟁해결방법은 당연히 제삼자의 개입없이 분쟁당사자간의 협의에 의해 해결하는 방법이며 이러한 당사자 간의 해결방법이 결렬되면 제삼자의 개입으로 해결할 수밖에 없게 되며 비로소 중재 또는 소송의 단계에 진입하게 된다.

(1) 분쟁발생시의 해결

분쟁발생시의 절차는 공사계약일반조건 제51조에 의하면
① 계약의 수행중 계약당사자간에 발생하는 분쟁은 협의에 의하여 해결한다.
② 제1항의 규정에 의한 협의가 이루어지지 아니할 때에는 다음 각호에 정한 바에 의하여 해결한다.

- 중재법에 의한 중재기관의 중재
- 국가를 당사자로 하는 계약에 관한법률(이하 "국가계약법"이라 한다) 제4조의 규정에 의한 국제입찰의 경우에는 국가계약법 제28조 내지 제31조에 규정한 절차

• 발주기관의 소재지를 관할하는 법원의 판결

③ 계약상대자는 제1항 및 제2항의 규정에 의한 분쟁처리절차수행기간중 공사의 수행을 중지하여서는 안된다.

즉, 건설분쟁이 발생한 경우 절차적으로 협의 ▷ 중재 ▷ 소송 등의 순서로 진행될 수 있음을 알 수 있으며, 이러한 해결절차를 위한 분쟁처리기구로서 발주자와 시공사간의 분쟁을 조정대상으로 하는 「건설분쟁조정위원회」와 원도급자와 하도급자간의 하도급분쟁을 처리하기 위한 「하도급분쟁조정협의회」 및 국내유일의 상설중재기관인 「대한상사중재원」 등이 있다. 그리고 최후의 수단인 소송은 법원에 소를 제기하는 것을 말하며 시간과 비용이 많이 소요되며 판결에 대해 상소도 가능하다.

1) 협의에 의한 타결

모든 분쟁에 있어서 협의에 의한 타결이 최선의 해결책이라는 점에서는 이론이 있을 수 없으며, 협의에 의한 타결은 다른 방법과 달리 분쟁 당사자간에 직접적인 해결이 가능하기 때문에 최소의 비용으로 가장 짧은 시간내에 해결이 가능하고, 분쟁당사자간의 관계도 전혀 손상되지 않기 때문에 가장 바람직한 방법이다.

그러나 당사자 간의 협의만으로 해결되는 분쟁이 많지 않은 까닭에 가장 바람직한 방법이면서도 현실적으로는 가장 어려운 해결방법일 수도 있다.

2) 조정에 의한 타결(건설분쟁조정제도)

조정은 제 삼자의 개입에 의하여 타결이 이루어진다. 즉, 객관성있는 제삼자가 분쟁해결을 위하여 조정행위를 하게 되며 공식적인 분쟁단계의 초기단계에서 해결을 우호적으로 노보하세 된다.

조정과 중재는 제삼자의개입이라는 점에서는 동일하지만 차이점이 있으며, 그 차이점은, 첫째, 중재는 중재인을 분쟁당사자가 직접선정하거나 그렇지 않은 경우에도 혐오중재인에 대한 중재기피권이 있으나 조정은 분쟁당사자에게 조성의 선택권이나 기피권이 없다. 둘째, 조정인은 사안에 대한 결정권이 없으며 단지 분쟁당사자의 화해를 도모하거나 유도할 뿐이지만 중재인은 결정권이 있을 뿐만이 아니라 그 중재결정은 최종적이며 구속력이 있다.

조정에 의한 타결은 신속한 해결과 저렴한 비용등으로 중재보다는 간편하므로 협상의 단계를 이미 지나왔다면 조정을 통해 분쟁을 해결하는 방법이 차선책일 것이며 조정단계에서는 분쟁당사자간의 관계도 별로 손상되지 아니한 상태이므로 매우 우호적인 타결이 가능하게 된다.

3) 중재에 의한 타결(중재판정제도)

조정은 중재보다, 중재는 소송보다 신속성과 비용면에서 더 간편한 방법이며, 본 중재제도는 법원의 판결을 구하지 않고도 최종적이고 구속력있는 해결을 구할 수 있는 제도이다.

국내에서는 국내유일의 상설중재기관인「대한상사중재원」이 중재를 담당하고 있으며, 중재단계에서는 분쟁당사자간의 관계가 크게 손상되지 아니한 상태에 있게 되므로 소송단계보다는 우호적인 타결이 가능할 것이다.

표 9.1 중재의 효력 및 판정

구분	내용
① 중재의 효력	단심제로서 중재인의 확정에 대하여 이의를 제기할 수 없다. 법원의 확정판결과 동일한 효력(중재법 제35조)
② 심리절차	중재신청에 대한 답변과 증거서류를 제출하고 증인을 출석시켜 자신의 주장을 입증함
③ 심리의 재개	당사자 일방이 상당한 이유를 제시하여 신청하는 경우 판정전이면 언제나 심리를 재계할 수 있다(규칙 제44조 1항).
④ 중재판정	심리종결일로부터 30일 이내 판정하고 중재판정은 다수결로 한다(중재법 제30조 규칙 33조).
⑤ 화해판정	당사자간에 화해를 한 경우 당사자들의 요구가 있으면 중재판정부는 화해내용대로 판정을 내릴 수 있다.
⑥ 판정효력	중재판정은 당사자간에 있어서 법원의 확정판결과 동일한 효력(중재법 제35조)으로 법원의 항소도 허용되지 않아 중재판정에 대한 통상적인 불복절차가 존해하지 않는다. 다만, 판정취소의 사유가 존재하는 경우에 법원에 판정취소의 소(특별불복절차)를 제기할 수 있음(법36조 1항)

4) 소송에 의한 타결

이는 분쟁해결을 위한 최후의 수단으로서 법원에 소를 제기하여 그 판결을 구하는 단계이며, 해결단계중에서 가장 많은 비용과 시간이 필요한 단계이다. 소송은 공판전 철저한 사전준비가 필요할 것이며, 공판의 진행과 함께 분쟁 당사자 상호관계에 상당한 손상이 발생할 우려가 있다.

(2) 건설공사에서 분쟁 및 클레임 억제를 위한 사업주체자별 역할

건설사업에서 분쟁이나 클레임은 피할 수 없는 숙제라고 본다. 그러나 다만 아무리 피할 수 없는 숙제라고 해서 그것이 지나치거나 많아지면 발주자, 계약자 및 소비자 모두에게 큰 피해를 줄수 있기 때문에 가능한 한 억제하는 방향으로 가야한다. 사소한 분쟁이 해결되지 않아 법정까지 이루어질 경우 "Zero/Sum GAME", 즉 한쪽의 일방적 승리로 가야하며 결국 한쪽에서는 피해자가 될 수 밖에 없다. 동일 사업장에서 어느 한쪽의 피해자가 생길 경우 상호간에 불신감의 증가는 물론 이로 인해 피해는 사업 전체가 입을 수 있기 때문에 가급적 피해가야 한다. 그러기 위해서는 다음에 거론하는 바와 같이 건설관련 주체자들의 역할이 과거보다는 훨씬 체계적이고 투명해야 한다는 전제조건이 앞서야 한나.

1) 정부의 역할

정부가 첫 번째로 해야 할 일은 정부 조달제도의 개선이다. 즉 과거의 중앙집중 조달방식에서 발주자에게 분산시키라는 것이다. 다시 말해서 현재의 조달청 발주방식은 사업의 실수요자인 자치단체나 공공기관으로 이관되어야 한다.

둘째는 공공공사 표준 계약서를 국내외 구분없이 국제 표준 계약서와 같은 수준과 문구가 다듬어져야한다. 그러기 위해서는 현재 국가계약법 회계예규(2200.04-104-3)에 있는 공사계약 일반조건을 국제 표준계약서로 널리 사용되고 있는 FIDIC와 같은 계약서와 내용을 비교하여 차이가 없도록 한다.

셋째는 현재 국가 예산회계법상 국내에만 적용하고 있는 장기계속계약방식을 폐지하고 계속비 계약으로 가야 한다. 이것은 특히 공기지연으로 인한 분쟁 발생을 억제하는 측면에서 특히 그렇다.

넷째는 공정별로 흩어져 있고 설계와 시공으로 분리되어 있는 각각의 개별법을 통합하여 단일 법령으로 개편해야 한다. 이것은 건설산업을 국가법으로 규제하기보다는 단일 법령으로 개편해야 한다. 이것은 건설산업을 국가법으로 규제하기보다는 시장경제에 맡기자는 뜻이다. 즉 완성조립품의 부품이 서로 다른 절차에 의해 만들어질 경우 가격도 비싸질 뿐 아니라 완제품의 성능에까지 부정적인 영향을 미칠 수 있기 때문이다.

마지막으로 건설기술관리법에 있는 설계감리 및 책임감리제와 건설산업기본법에 있는 건설사업 관리제를 하나의 법령집으로 통합시켜야 한다.

2) 발주자의 역할

국내 발주자가 건설공사에서 분쟁이나 클레임을 방지하기 위해서 제일 중요시하게 생각해야 될 부분이 바로 계약적인 관계에 대한 인식 전환이다.

즉, 발주자와 계약자의 관계를 수직적인 주종의 관계에서 수평적인 동반자적인 관계로 빨리 전환해야 한다. 과거의 발주자 일방적 지시의 관습에서 벗어나질 않을 경우 국내외 계약자들로부터 상당한 클레임을 제기 당할 것이라는 생각을 가져야 한다. 과거 관행처럼 구두 지시나 일방적 지시에 의해 계약자에게 업무를 지시할 경우 거의 100% 클레임에 노출된다고 봐야한다. 따라서 국내 발주기관들이 해야 할 일은 분쟁이나 클레임을 터부시하여 아예 언급을 피하거나 묵살하기보다는 우선 계약서에 클레임 발생처리에 대한 조건을 상당히 구체적으로 포함시켜 넣은 것이 필요하다.

특히나 설계와 시공이 발주하는 것이 일방적이며 또 설계와 시공 역시 상당히 세분화되어 발주되는 국내관행을 고려하면 발주자는 건설사업 전체 단계에서 건설관리자 역할을 상당히 체계적으로 수행해야 한다. 국내 건설관련 발주 기관들이 건설공사의 분쟁이나 클레임을 방지하기 위해서 주요하게 고려해야 할 역할은 아래와 같다.

- 계약서 일반조건의 국제규격화(클레임 처리 절차 포함)
- 사업수행계획서의 개발 및 유지
- 체계적인 공정관리 계획 및 실적유지(CPM 공정표 개발/유지관리 필수)
- 공정계획과 자금조달 운영연계
- 설계도서 개정유지관리
- 각종 기록관리 및 검색기능 보유
- 공사 진도관리와 현장일지 유지

- 사업분류체계 개발 및 책임한계 분류표 유지
- 특정사안의 경우 발생건수별 전문가 의견서 첨부
- 주요 작업진행 사실기록확인(사진, 비디오, 필름등)서 보유 등

3) 계약자의 역할

국내 발주자들의 의식전환이 필요한 만큼 계약자 역시 상당한 인식 전환이 필요하다. 발주자와 계약자는 비록 사업의 이익을 나눠 갖는 측면에서 보면 대치적 관계이지만, 사업을 완성해 가는데는 상호 동맹관계로 인식해야 한다. 따라서 사업의 매 단계마다 철저한 계획에 따라 업무를 진행시키는 습관을 가져야 한다. 다시 말해서 계획되어 있지 않는 일을 하고자 하는 경우 그것이 비록 발주자의 지시나 자신의 판단에 의해서 할 경우라도 반드시 발주자의 서면 확인 과정과 기록을 남기도록 해야 한다. 그렇지 않고 결과만을 갖고 추가비용이나 일정시비를 야기 시켜서는 안된다. 즉, 사업내무에서 만은 철저한 동반자적 유지관계가 필요하다. 그리고 계약내 업무범위 해석은 철저하게 논리적이며 문서적으로 하라는 것이다. 절대적으로 개인의 생각이나 상상력으로 판단해서 일을 진행시키지 말아야 한다.

앞서 말한바와 같이 발주자가 사업진행과정을 철저히 기록하듯이 계약자 역시 모든 것을 체계화시켜 계획해야 하고 또 실천과정을 기록으로 남겨두어야 한다. 지금까지 국내건설현장에서 사용하지 않던 CPM 공정표가 이제는 계획단계뿐 아니라 실행단계에까지 사용되어야 하며 계획대비 실적이 반드시 함께 나타나 발주자에게 제시되어야 한다. 그리고 CPM 공정표상의 작업과 작업 상호간의 연계과정이 반드시 표시되도록 하여 추후 공기지연으로 인한 시비가 사전에 차단되도록 해야 한다.

또한 클레임 제기시도 상당히 신중해야 한다. 어쩔 수 없는 상황에서 불가피하게 클레임을 제기해야할 경우라도 몇가지 주요사항을 점검해봐야 한다.

즉, 계약 담당자의 책임이 아니라는 객관적인 사실 증거와 이로인해 공기에 얼마만큼 영향을 받았다는 수치적 해식이 나올 수 있어야 하고 또 피해액수 자체가 객관적으로 설명이 될 수 있도록 평소 인력이나 장비, 사무실 운영비용등이 기록으로 유지되고 있어야 한다.

또한 클레임 제기시 시효와 시점에 대한 계약적인 해석을 명쾌하게 인식하고 있어야 한다. 이것은 다시 말해서 계약서 서명전에 계약문구에 대한 해석이나 이해를 완벽하게 하고 있어야 한다는 뜻이다.

상당수의 건설기업들이 클레임 제기시 공기지연이나 사업비 증가에 대한 입증자료를 충분히 갖추지 못하고 있으며 사무실 운영비, 장비 유휴손실비용, 공기지연 등 일방적인 피해 의식만으로 클레임을 제기해 법정으로 오랜 기간을 소모함으로서 전체 사업에 피해자만을 양산시키는 사례가 흔히 있을 수 있는 일이기 때문에 국내건설기업들이 특히 이 점에 주의해야 한다.

9.3 중재(Arbitration)

9.3.1 중재의 의의

분쟁(또는 거래) 당사자간의 합의(중재계약)에 따라 사법(私法)상의 법률관계에 관한 현존 또는 장래에 발생할 분쟁의 전부 또는 일부를 법원의 판결에 의하지 아니하고 사인인 제3자를 중재인으로 선정하여 중재인의 판정에 맡기는 동시에 그 판정에 복종함으로써 분쟁을 해결하는 자주법정제도로서 국가공권력을 발동하여 강제집행할 수 있는 권리가 법적으로 보장되어 있다.

(1) 중재의 특징(소송과 대비)

1) 단심제 : 중재판정은 확정판결력이 있어 법적으로 더 다툴 수 없다.
2) 신속성 : 원칙적으로 3개월내에 판정을 내린다.(근거: 중재법)
3) 국제성 : 국경을 초월하여 강제집행이 보장된다.(근거: 뉴욕협약)
4) 비공개 : 분쟁당사자의 허락없이 중재절차 공개금지
5) 전문가 판단 : 법조계, 학계, 업계 인사가 학식 · 경험 · 경륜에 입각하여 판정함
6) 중재인 선임권 : 분쟁당사자가 직접 중재인을 선임함.
7) 충분한 변론보장 : 실체적 진실이 파악될 때가지 변론기회 보장
8) 저렴성 : 신속성 · 단심제 등으로 정신적 · 금전적 비용이 절약됨
9) 민주적 · 비관료적 : 선서불요, 간편한 절차, 당사자 의사존중, 우호적 분위기

(2) 중재계약(중재합의)

분쟁을 중재에 의해 해결하기로 하는 합의를 중재계약이라 하며 본 중재계약이 있어야 중재해결이 가능하다.

1) 방식

① 서면주의

② 사전중재합의 : 분쟁이 발생하기 전에 합의해 두는 방식, 가장 바람직함

③ 사후중재합의 : 이미 발생되어 있는 분쟁을 사후에 중재해결하기로 합의하는 방식

2) 내용

중재계약에는 중재지, 중재기관, 준거법을 명시해야 함

3) 효력

① 직소금지 : 법원에 직접 소송을 제기할 수 없음

② 최종해결 : 불복항소가 불가능함

③ 국제적 효력 : 외국중재판정의 승인 및 집행에 관한 UN협약(한국포함 118개국 가입)에 따라 우리나라에서 내려진 중재판정이 외국에서 승인·강제 집행되며 반대의 경우도 동일함

4) 실례(중재조항)

① 국내 : 이 계약으로부터 발생되는 모든 분쟁은 대한상사중재원의 중재에 의해 최종 해결한다.

표 9.2 중재조항에 의한 중재기관의 결정

중재조항	내용
1. 표준중재조항	이 계약으로부터 또는 이 계약과 관련하여 또는 이 계약의 불이행으로 말미암아 당사자간에 발생하는 모든 분쟁, 논쟁 또는 의견차이는 대한민국 서울에서 상사중재원의 상사중재규칙 및 대한민국 법에 따라 중재에 의하여 최종적으로 해결한다. 중재인(들)에 의하여 내려지는 판정은 최종적인 것으로 당사자 쌍방에 대해 구속력을 가진다.
2. 신청인 국가 중재기관을 이용하는 조항	이 계약과 관련하여 발생하는 모든 분쟁은 신청인의 국가에서 중재로 최종 해결한다. 만일 신청인이 한국기업일 경우 대한상사중재원에서, 만일 신청인이 중국기업일 경우 중국 국제경제무역중재위원회에서 진행한다.
3. 피신청인 국가 중재기관을 이용하는 조항	이 계약과 관련하여 발생하는 모든 분쟁은 피신청인의 국가에서 중재로 최종 해결한다. 만일 피신청인이 한국기업일 경우 대한상사중재원에서, 만일 피신청인이 일본기업일 경우 일본국제상사중재협회에서 진행한다.

② 국제 :

㉠ 표준중재조항

㉡ 신청인주의 및 피신청인주의 중에서 유리하다고 판단되는 조항을 선택 활용할 수 있다.

9.3.2 중재절차

중재절차는 대한상중재원의 처리절차에 따라 진행되며 아래 그림 9.2와 같다.

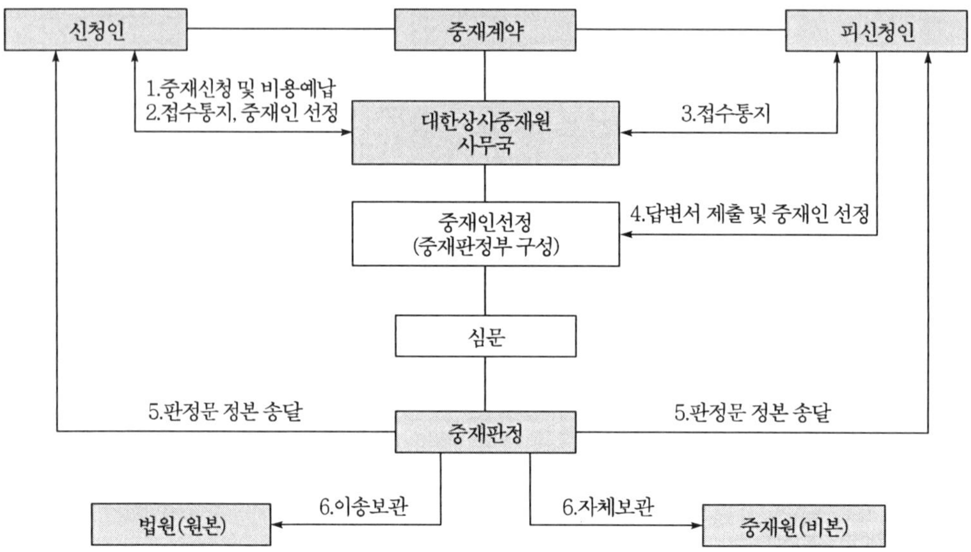

그림 9.2 중재절차도

CHAPTER

10

프로젝트 파이낸싱

CHAPTER 10 프로젝트 파이낸싱

10.1 서론

1980년대 이후 건설공사의 형태가 기존의 수주형에서 기획개발형으로 전환되고, 공사의 규모 및 기간이 대형화·장기화되는 국제적인 추세에 따라 건설공사에 투입되는 자금의 규모 또한 크게 증가하였다. 이처럼 장기간에 걸쳐 막대한 자금이 소요됨에 따라 건설공사의 불확실성이 증가하고 투자의 위험 또한 증가하여 보다 효율적인 자금의 조달 및 운용 방법이 필요하게 되었다. 이러한 시대적 필요성에 의해 개발된 여러가지 금융기법들 중에서 세계적으로 가장 많이 사용되는 기법이 바로 프로젝트 금융(Project Financing) 기법이다.

이 기법은 전통적으로 대규모의 천연자원을 개발하는 프로젝트에 주로 사용되었으나, 최근에는 적용 범위가 확대되어 향후 해당 프로젝트로부터 발생할 현금흐름(Cash Flow)에 일차적으로 대출의 변제를 의존하는 거의 모든 프로젝트에 대한 금융기법을 지정하기에 이르렀다. 따라서 프로젝트 금융은 장기간에 걸쳐 대규모 투자가 요구되는 에너지관련 혹은 천연자원개발 프로젝트, 사회간접자본시설의 건설 그리고 연예 및 오락시설, 부동산 건설, 연구개발(R&D) 등 다양한 프로젝트에 자금조달 및 운용 기법으로 널리 사용되고 있다.

최근 우리나라를 비롯한 동남아시아의 여러 개발도상국들은 국가경쟁력의 근간을 이루는 사회간접자본시설을 확충함에 있어서 정부의 부족한 재원을 프로젝트 금융 기법을 활용한 민간자본 혹은 공적 금융기관의 자금으로 충당하고자 한다. 특히 우리 나라의 경우 1970년대 제1차국토종합개발계획(1972~1981)의 체계에 따라 고도성장의 토대를 이루는 고속도로, 항만, 공업단지 등 생산활동을 직접적으로 지원하는 산업시설을 중심으로 투자가 이루어졌다. 그러나, 1980년대에 들어서는 경제개발의 기조가 국민복지의 향상으로 전환되어 생산활동의 지원을 위한 투자보다는 주택, 교육, 지하철 등 국민생활의 편의를 도모하기 위한 투자가 중점적으로 이루어졌다.

그 결과 1990년대에 들어서 포화상태에 달한 도로 및 항만 등 국내 산업의 생산활동을 지원하는 사회간접자본시설의 부족이 심화되어 국가경제에 있어서 물류비용의 부담이 급증하기에 이르렀으며, 특히 우리나라의 교통부문에 대한 사회간접자본시설의 부족 현상은 다른 나라에 비하여 매우 극심하여 국가경쟁력을 크게 저하하는 요인인 것으로 나타났다.

국가경쟁력이 그 어느 때보다 절실하게 요청되는 국제화·개방화시대에 있어서 정부는 건설부분에 대한 투자 부족으로 야기된 사회간접자본시설의 절대 부족 문제를 해결하기 위하여, 사회간접자본시설을 확충하기에 부족한 정부의 재정을 민간부문의 자본으로 충당하는 재원조달의 효과를 위하여, 그리고 시설수요의 비배재성, 비경합성 및 공급의 외부효과 등 공공재적 성격이 강한 사회간접자본 시설의 건설 및 운용에 민간부문의 참여를 통한 경영 효율성의 향상을 위하여 1994년 8월에 『사회간접자본시설에 대한 민간자본 유치촉진법』(이하 민자유치법)을 재정하기에 이른다. 『민자유치법』은 BTO(Build-Transfer-Operate)방식 혹은 BOO(Build-Own-Operate)방식의 프로젝트 금융을 활용한 민자유치의 절차와 방법, 수익성과 경영권의 보장 등 각종 지원사항을 규정하여 사회 간접자본시설에 대한 민간부문의 적극적인 참여를 도모하고 있다.

특히, 『민자유치법』 제2조(정의)는 민자유치를 통하여 건설된 사회간접자본시설에 대하여 시설의 소유권 및 부대사업의 허용 등에 따라 도로, 철도, 항만시설, 공항시설 등 기본시설인 제1종시설과 전원시설, 가스공급시설, 전산망, 유통단지 등 기타시설인 제2종시설로 구분하고 있다. 또한, 동법 제22조(사회간접자본시설의 귀속 등)에 의하면 민자유치사업으로 조성 또는 설치된 토지 및 사회간접자본시설 중에서 제1종시설은 준공과 동시에 국가 또는 지방자치단체에 소유권이 귀속되며, 제2종시설은 사업시행자의 소유로 한다고 규정하고 있다. 따라서 민자유치사업에 대한 자금의 조달과 운용방식에 있어서 기본적으로 제1종 시설은 BTO방식에 의하여, 그리고 제2종시설은 BOO방식에 의하여 추진된다고 할 수 있다.

이처럼 국내외의 대규모 건설 프로젝트에 대한 자금 조달의 효율적인 기법으로 프로젝트 금융이 활발히 진행됨에 따라 최근 국내 건설업체의 프로젝트 금융에 대한 관심이 더욱 고조되고 있다. 따라서 본 장에서는 사회간접자본시설의 건설에 필요한 자금의 조달 및 운용과 관련된 프로젝트 금융의 개념 및 절차, 그리고 여러 가지 분석들을 살펴보고자 한다.

10.2 건설금융(Construction Financing)

10.2.1 건설금융의 개념

건설금융이란 건설기업의 건설프로젝트 수주 및 추진 등 경제활동에 소요되는 자금의 조달 및 운용과 이에 따른 비용 수급을 의미한다. 건설프로젝트를 추진하는 과정에서 소요되는 자금의 종류는 매우 다양하며 그러한 자금을 조달하는 방법을 선택하는 것은 다음과 같은 해당 프로젝트의 특성과 발주자의 자금조달목적에 의해서 결정된다 : (1) 프로젝트 개발에 소요되는 개발비, (2) 프로젝트 운영에 소요되는 운영비, (3) 프로젝트 건설비, (4) 프로젝트 완공시점 및 이윤 창출 시점, (5) 프로젝트의 Risk 정도, (6) 프로젝트의 복잡성 및 시공 난이도, (7) 프로젝트 추진을 위한 발주자의 가용자금 정도, (8) 프로젝트의 소유권 및 운용권 등이다.

10.2.2 건설프로젝트 자금의 종류

건설공사에 필요한 자금을 조달함에 있어 발주자는 기업 내부 및 외부 자금 등 이용 가능한 자금을 최적으로 구성하여 조달하는 방안을 강구하여야 한다. 건설프로젝트에 소요되는 자금을 조달하는 방안은 크게 지분참여와 부채에 의한 자금 수급으로 나뉘어 진다.

(1) 지분 참여(Equity)

건설프로젝트를 추진하는 주체들의 지분(Equity) 참여에 의한 자금 조달은 향후프로젝트로부터 창출되는 이익 중에서 세금 및 이지를 공제한 부분에 대한 배당금을 목표로 한 투자 성격의 자금 조달방법이다. 지분참여자는 프로젝트와 관련된 주요 결정사항에 대한 의사결정권을 행사할 수 있으며 프로젝트의 자산가치가 상승함에 따른 추가적인 이득을 기대할 수 있다.

(2) 부채(Debt)

부채 조달은 필요한 자금을 일정기간 동안 조달하고 약정된 상환계획에 따라 이자와 원금을 상환하는 방식을 말한다. 부채의 형태는 여러 가지가 있지만 기본적으로 회사채 또는 사채권과 대부의 범주로 구분할 수 있으며 건설프로젝트의 추진과정에서 가장 많이 사용되는 것은 금융기관으로부터의 대부이다. 금융기간으로부터의 대부에 비하여 회사채 또는 사채권의 발행을 통한 자금 조달은 만기일 이전에 액면가의 금액을 할인하여 매각할 수 있다는 장점이 있다.

10.2.3 건설기업의 자금 조달원

일반기업의 자금 조달원 및 형태는 크게 내부자금과 외부자금으로 구분할 수 있으며 외부자금은 국내와 국외금융으로 구분할 수 있다. 개별 건설기업의 건설활동에 소요되는 자금의 조달원은 건설업 관련 정책자금의 대출과, 투자사업관련 시설자금의 대출, 그리고 일반적으로 대부분의 기업에서 사용하는 장·단기 자금의 조달 등으로 나눌 수 있다.

(1) 건설업관련 정책자금

건설업관련 정책자금은 국민주택기금과 관광진흥개발기금, 건설기업의 상호협동을 지원하기 위한 건설공제조합기금이 있으며 국민주택기금은 주택건설촉진법 제10조에 의거 $60m^2$ 이하의 국민주택건설을 지원하기 위하여 조성된 기금으로서 그 기금의 규모가 1998년 말까지 약 29조 5,000억원에 이르고 있다.

(2) 투자사업관련 시설자금

투자개발형 사업의 추진을 위하여 융자로 추진할 수 있는 자금의 조달방법은 프로젝트금융, 협조융자, 그리고 부동산신탁이 있다. 프로젝트금융은 본 장에서 중점적으로 다루고자 하는 내용으로서 특정 프로젝트로부터 미래에 발생하는 현금흐름을 담보로 하여 당해 프로젝트를 수행하는데 필요한 자금을 조달하는 금융방법을 말한다.

프로젝트금융은 민간기업이 사회간접자본건설과 같이 대규모 프로젝트에 소요되는 자금을 조달하는 방안의 하나로서, 그 특징은 기존의 금융대출에서는 금융기관이 프로젝트의 수익성이나 부채상환 능력과는 별도로 해당 프로젝트를 추진하는 기업의 신용도에 기초하여 금융을 제공하는 반면, 프로젝트금융에서는 금융기관의 금융제공에 대한 의사결정이 해당 기업의 신용도에 기초하는 것이 아니라 프로젝트 자체의 수익성과 향후 부채 상환 능력에 기초한다는 점이다.

(3) 일반적 장단기 운영 자금의 조달

개별 건설기업이 건설활동 및 기업운영에 소요되는 장·단기 자금을 조달하는 일반적인 방안으로는 주식 회사채의 발행, 담보 금융, 금융기관의 대출 및 어음 할인과 사채 등을 통한 비제도권 자금 조달 방법이 사용되고 있다.

10.3 프로젝트금융(Project Financing)

10.3.1 프로젝트금융의 개관

프로젝트금융은 앞장에서 설명한 바와 같이 프로젝트에서 발생하는 현금흐름을 담보로 당해 프로젝트를 수행하는데 필요한 자금을 조달하는 방법이다. 사업시행자는 자신이 소유한 기업과는 법적으로 독립된 기업을 설립하여 해당 프로젝트를 별개의 사업으로 추진함으로써 해당 프로젝트의 현금흐름을 모 기업의 현금흐름과 완전히 분리하여 프로젝트에 소요되는 자금을 조달하는 금융기법이다.

10.3.2 프로젝트금융의 조직

프로젝트금융을 통한 건설자금을 조달하는 프로젝트에는 사업시행자, 프로젝트회사, 차주, 대주(단), 주간사은행, 금융자문, 공급업자, 장기구매자, 관리운영자, 법률보험 및 금융전문가 자문집단 등 다양한 이해당사자들이 참여하게 된다. 이 들 구성원들은 각자의 입장 및 목적에 따라 서로 상충되는 이해관계를 형성하고 있으며 이러한 구성원들의 이해와 위험요소들을 법적으로 상호 연계하고 보호 및 완화하기 위하여 다양한 형태의 계약이 필요하다.

10.3.3 프로젝트금융의 특징

프로젝트금융을 통한 프로젝트의 조달은 그 독특한 특성으로 인하여 다음과 같은 성격을 갖는다.

(1) 비소구금융(Nonrecourse Financing)

사업시행자는 해당 프로젝트에 소요되는 자금을 자신의 고정자산에 근거하여 조달하지 않고 프로젝트의 현금 흐름에 근거하여 조달하며 프로젝트에 소요된 자금의 변제는 전적으로 프로젝트의 현금흐름에 의존한다. 소요자금을 제공한 채권자는 채권상환을 프로젝트의 자산 및 현금흐름 내에서만 청구할 수 있으며 이 외에 사업 시행자의 자산에 대하여 청구할 수 없다.

(2) 부외금융(Off-Balance Sheet Financing)

프로젝트금융에서는 사업시행자의 기존업체 및 사업부분들과는 법적·경제적으로 별개인 법인에 의하여 프로젝트가 진행되기 때문에 해당 프로젝트의 현금흐름은 사업시행자가 소유한 다른 기업의 대차대조표에 나타나지 않는다. 이로 인해 해당 프로젝트의 성공 및 실패는 사업시행자가 갖는 신용도 혹은 재무구조에 아무런 영향을 미치지 않는다. 사업 시행자는 자신의 재무상태나 신용도에 관계없이 해당 프로젝트의 경제성에 따라 자금을 조달하기 때문에 일반적인 대출에서 허용된 타인자본의 한도금액을 초과하는 자금을 조달할 수 있다.

(3) 복잡성(Complexity)

프로젝트금융은 일반적인 대출에 비하여 계약 및 금융절차가 복잡하기 때문에 방대한 양의 대출 및 담보계약서를 수반한다. 프로젝트의 개발단계에서부터 시공 및 운영의 단계에 이르기까지 다양한 종류의 위험이 발생할 가능성이 있으므로 이러한 위험을 면밀히 분석하고 방지하기 위하여 전문적인 금융 및 보증 절차가 요구되며 이에 대한 문서화가 필요하다.

(4) 높은 금융비용(High Financing)

프로젝트금융은 절차가 복잡하고 발생 가능한 위험의 부담이 큰 까닭에 대출금융기관은 상대적으로 높은 이자율 및 수수료를 요구하므로 일반적으로 다른 금융기법에 비하여 높은 금융비용을 필요로 한다. 대출 금융기관은 프로젝트와 관련하여 발생가능한 위험의 정도와 파급효과를 면밀하게 분석하여 계약 당사자간에 각종 위험을 적절하게 배분하는 것을 비롯하여 프로젝트금융을 구조화하는데 필요한 전문성을 보유하고 있으며 따라서 그러한 기관들은 프로젝트금융의 구조화 작업에 대한 대가로 다른 금융기법에 비하여 높은 수준의 이자율과 수수료를 청구한다.

(5) 위험배분(Risk Sharing)

프로젝트금융에서의 사업참가자들은 프로젝트회사에 지분을 출자함으로써 부담하는 지분위험을 희석하고 프로젝트로부터 발생 가능한 위험을 채권자에게 가능한 많이 전가하기 위하여 소요자금의 조달과정에서 보다 많은 채무를 발행하여 둔다. 그러나 채권자들은 채무불이행의 위험을 극소화하기 위해 사업시행자나 이해관계자의 신용보증이나 담보가 있는 경우에만 프로젝트금융을 위한 신용을 제공하려 한다. 따라서 프로젝트금융이 성공하기 위해서는 사업시행자와 채권자간에 적절한 위험배분이 이루어져야 하며 구체적인 위험배분기준 및 위험배분의 크기는 프로젝트의 기술적·경제적 타당성에 달려 있다.

10.3.4 프로젝트금융 기법의 종류

프로젝트금융방식에는 프로젝트에서 발생하는 현금흐름 관리주체의 공공기관이나 민간기업의 참여정도에 따라 다양한 종류의 기법들이 포함되며 이러한 방법들 중 현재 전세계적으로 가장 많이 사용되는 기법은 Build-Transfer-Operate(BTO) 방법으로 사업시행자는 추진에 소요되는 자금을 조달하여 프로젝트를 건설하고 사전에 약성된 기간 동안 해당 프로젝트를 운영하면서 해당 프로젝트로부터 창출되는 사업수익으로 운영자금을 충당하고 부채를 상환하는 한편 지분투자가에 대한 배당을 지불하고 약정된 기간이 종료하면 정부 등 관련기관에 양도하는 금융기법을 말한다. 본 장에서 앞으로 언급하게 될 프로젝트금융에 대한 사항은 이 BTO 방법에 대한 것을 중심으로 논의하기로 한다.

10.3.5 프로젝트금융 조달순서

BTO 방식으로 추진되는 프로젝트는 앞에서 언급한 바와 같이 정부는 민간사업주가 설립한 회사(Concessionaire)에게 일정 기간동안 해당 프로젝트를 개발, 설계, 건설, 자금조달, 운영, 관리 및 유지 할 수 있도록 특별히 인가하게 된다. 이러한 계약을 위해서는 초기 프로젝트의 개발, 양허각서 및 의향서의 발급, 양허계약의 체결, 프로젝트의 조직구성 및 자금 조달, 건설, 운영, 양도의 7단계를 거친다.

이 중 가장 중요한 단계는 초기 프로젝트 개발의 단계이다. 프로젝트금융을 활용한 건설사업은 정부가 고시하는 사업과 민간사업자가 제안하는 사업을 대별 할 수 있는데 대상 프로젝트가 정부에 의해서 고시 또는 발굴되면 사업자는 예비검토를 위하여 프로젝트의 범위를 설정하고 기술적, 경제적인 측면에서 해당 사업의 타당성검토를 실행하여야 한다.

예비타당성조사 결과 사업주가 해당 프로젝트의 수익잠재력에 대하여 확신하게 되면 정부가 고시한 프로젝트의 범위 안에서 그리고 당시의 시장정보에 기초하여 해당 프로젝트에 적합한 재무구조를 설정하고 정부의 양허협정 체결에 가장 기본적인 내용이 되는 프로젝트의 제안서(Proposal)를 작성하는데 이 제안서안에는 일반적으로 프로젝트의 개요, 허가기간, 예상사용료, 프로젝트 부대시설의 범위, 부채 대 지분 참여의 비율, 외환 및 세제상의 정부 지원 보장, 용지 보상에 대한 조건 등이 포함된다.

10.3.6 프로젝트 금융의 적용범위

프로젝트 금융의 여러가지 속성에 비추어 볼 때 이 금융기법은 위험수준이 높은 자본집약적인 산업분야에 적합하지만 최근에는 대상프로젝트의 범위가 넓어져 조선·유전개발·광물채취·항공기제작·각종 사회간접자본시설·일반 주거시설 및 빌딩·호텔·발전소·수도·폐기물 처리시설·통신시설 등 거의 모든 건설분야를 망라하고 있다. 국제적인 대규모 개발프로젝트, 특히 중동·동남아·남미·동구제국 등의 개도국에서 발주하는 프로젝트의 대부분은 금융을 요구하고 있는 것이 현실이다.

10.3.7 프로젝트 금융의 장단점

프로젝트 금융의 장점 및 단점을 파악하기 위해서는 프로젝트의 건설에 소요되는 자금을 조달하는 방법으로 가장 흔히 사용되는 건설금융과 비교할 필요성이 있으며, 두가지 금융의 개념 차이에 따른 비교는 표 10.1에서 보는 바와 같다.

표 10.1 프로젝트 금융과 건설금융의 차이점

비교 대상	프로젝트금융(Project Financing)	건설 금융(Construction Financing)
차주	별도법인	시공사
담보	프로젝트의 현금흐름 및 자체 자산	시공사의 신용 및 물적 담보 등
사업 실패시 위험 부담	사업관련자의 지분투자분	시공사의 전적 부담
상환재원	프로젝트의 현금흐름	프로젝트의 현금흐름 및 시공사
사업성 검토	필수적으로 요구됨	프로젝트와 무관함
국가의 간섭	많음	거의 없음
요구되는 부채비율	낮을수록 선호함	상대적으로 큰 영향이 없음
대출금리	높음	상대적으로 낮음
대출조건의 변경 여부	매우 비신축적임	상대적으로 신축적임
대출기간	장기임	상대적으로 단기임
대출수단	적음	상대적으로 많음
대출에 필요한 서류	매우 복잡하고 방대함	상대적으로 단순하고 간단함

건설금융은 프로젝트의 건설을 담당한 시공사가 프로젝트에 소요되는 자금을 자신의 신용 및 사산을 담보하여 금융기관으로부터 제공받는 금융으로서 동원된 자금의 상환 재원은 프로젝트의 현금 흐름과 시공사의 자산에 기초하므로 사업이 실패할 경우에 대한 위험 부담은 전적으로 시공사가 책임진다.

또한, 건설 프로젝드와 관련히어 제공되는 금융중에서 시공자금융(Contractors Credit)은 프로젝트의 건설 및 운영에 소요되는 자금에 대하여 프로젝트의 시공을 담당한 건설업체가 사업시행자에게 직접 제공하는 금융을 뜻한다. 따라서 시공자금융은 건설업체가 제공하는 프로젝트금융의 한 부분이며 일반적인 의미의 건설금융과는 개념이 다르다고 할 수 있다.

반면 프로젝트 금융은 특정 프로젝트의 기획단계로부터 건설 및 운영의 단계에 이르기까지 소요되는 자금을 해당 프로젝트의 현금흐름 및 자체 자산을 담보하여 별도법인의 형태로 구성된 사업시행자가 제공받는 금융이다. 또한, 해당 프로젝트의 현금흐름을 대출금 상환의 재원으로 하기 때문에 사업이 실패할 경우의 위험부담은 사업시행자의 투자지분에 국한된다.

따라서 프로젝트 금융은 필수적으로 프로젝트의 사업성에 대한 면밀한 검토가 선행되어야 하고, 사업의 시행에 있어서 정부의 간섭이나 제약이 많은 편이다. 또한 자금의 대출과 관련하여 프로젝트 금융은 부채비율이 낮을수록 선호되며, 기간이 장기이면서도 금리가 상당히 높고, 대출수단이 비교적 제한적이고 대출 조건을 신축적으로 변경할 수 없는 까닭에 대출과 관련된 서류가 매우 복잡하고 분량 또한 방대하다.

프로젝트에 소요되는 자금을 전통적인 건설금융에 의존하지 않고 프로젝트금융으로 조달할 경우에 일반적으로 기대 할 수 있는 장점으로서 다음 세 가지를 지적할 수 있다.

첫째, 프로젝트금융은 사업시행자의 부채비율에 의한 부담을 최소화할 수 있으므로 자금의 외부차입에 있어서 발생가능한 여러가지 제한을 회피 할 수 있다. 즉, 사업시행자가 대출한도를 소진하거나 혹은 신용이 불량한 경우에도 사업시행자의 기존사업과 독립된 프로젝트에는 보다 유리한 조건과 금리의 금융자원이 가능하다. 또한, 일반적인 건설금융에서는 불가능한 수출입은행, 한국산업은행, 대외경제협력기금, 세계은행, 지역별 개발은행, 등과 같은 공적 금융기관의 참여를 유도할 수 있으므로 프로젝트금융은 대규모의 자금조달이 가능하며 사업시행자에게 적용되는 각종 규제조치를 피할 수 있다. 그리고, 프로젝트가 다국적 콘소시움에 의하여 추진될 경우에는 프로젝트의 소재국 정부로부터 투자에 대한 보호를 받아 국가적 위험을 줄일 수 있다.

둘째, 프로젝트금융은 비소구금용 혹은 제한적 소구금융이므로 사업시행자 자금 공여자, 시공사 및 제3자간에 프로젝트로부터 발생 가능한 위험이 적절하게 분산된다. 따라서 프로젝트의 현금흐름이 충분하지 못할 경우에 발생하는 위험의 전부 혹은 일부를 대출금융기관이 부담하므로, 프로젝트의 실패가 반드시 사업시행자의 도산으로 직결되는 것은 아니며 각자의 투자지분에 따른 위험만을 감당하게 된다. 또한, 프로젝트 금융은 프로젝트와 관련된 제반 위험을 심층적으로 분석하기 때문에 이러한 위험을 프로젝트 관련자에게 제한적으로 적용할 수 있으며, 제반위험의 분산 및 감소를 위하여 사업주나 원료공급자, 프로젝트 산출물의 구매자 및 관련 공공기관 등 제3자에 의한 다양한 보증이 동원되기도 한다.

셋째, 프로젝트금융은 부외금융인 까닭에 사업시행자의 회계처리상 여러가지 이점을 기대할 수 있다. 따라서 프로젝트 금융에 필요한 직·간접 신용보증이나 지불보증계약과 같이 제3자간에 의한 신용지원이 이루어지더라도 이것이 부외금융의 형태를 취하므로 사업시행자의 대차대조표상에 부채의 형태로 나타나지 않아 사업시행자의 신용을 유지할 수 있다. 그리고, 프로젝트금융이 해외 투자프로젝트에 사용될 경우에는 발주국 정부의 가격통제, 과세, 수입 및 수출장벽, 수용 및 국유화 등의 정치적 위험은 일반적으로 계약상 대출금융기관이 부담하기 때문에 정치적 위험을 피할 수 있으며, 프로젝트금융과 관련하여 발주국 및 기술공여국 정부로부터 각종 세금의 공제 및 감면 등 세제상의 혜택 등을 추가적으로 기대할 수 있다.

한편, 이상의 장점과는 달리 프로젝트금융은 건설금융에 비하여 일반적으로 다음과 같은 네 가지 단점이 있다.

첫째, 프로젝트금융은 다양한 이해관계에 있는 프로젝트 참여자들 간의 협상에 기초하여 성립되기 때문에 매우 복잡한 절차를 필요로 한다. 프로젝트의 구조화단계에서부터 차관단의 결성, 그리고 참여자들 간의 위험배분 및 참여조건의 결정에 많은 시간과 비용이 소요된다. 또한, 복잡하고 방대한 양의 관련 문서가 필요하고, 상대적으로 오랜 기간의 차입기간을 필요로 한다.

둘째, 프로젝트금융은 높은 금융비용을 수반한다. 건설금융을 비롯한 통상적인 금융방법에 비하여 프로젝트금융에는 대출금융기관이 부담하는 위험이 많이 포함되며, 이에 따른 대출금융기관은 보다 높은 수준의 금리 및 수수료를 요구하는 것이 일반적이다.

셋째, 프로젝트금융은 금융기관에 의한 프로젝트의 감독 및 통제 등 철저한 사후 관리를 지속적으로 필요로 한다. 프로젝트건설의 완료 및 해당 프로젝트의 인도로써 종료되는 건설금융과는 달리, 프로젝트 금융은 프로젝트의 건설 및 운영 등 전 과정을 통한 프로젝트의 현금흐름이 채권의 상환재원이다. 따라서 대출금융기관은 현금흐름의 사용이나 건설자금의 투명성확보를 위하여 결제수탁계정(Escrow Account)을 설치하고 약정내용의 준수여부에 대하여 철저한 감독과 통제를 지속적으로 하여야 한다.

넷째. 프로젝트금융은 이미 결정된 대출조건을 수정하기가 어렵다. 채권의 조기상환이 가능한 건설금융과는 달리, 프로젝트금융은 프로젝트의 현금흐름이 충분하여 사업시행자의 자금사정이 호전되어도 조기상환 등과 같이 기존의 대출조건을 변경하기 힘들다.

10.3.8 프로젝트금융의 역사적 배경 및 최근 동향

프로젝트 금융은 1856년의 수에즈운하 개발사업이 그 효시라고 알려져 있으나 실제로는 이보다 긴 역사를 가지고 있다. 현재와 비슷한 형태의 프로젝트금융에 의한 계약은 기원전 5세기경의 아테네까지 거슬러 올라간다. 당시의 아테네 통상법(Athen's Commercial Code)은 선적된 화물을 판매하여 얻은 수입을 통해서만 부채를 상환할 수 있는 채무의 형식을 인정하였던 것이다.

따라서 채권자들은 개별의 해상무역을 하나의 독립된 프로젝트로 이해하였고, 이를 통해 얻게 될 수입을 프로젝트의 현금흐름으로 간주하여 해상무역에 투자한 것이다.

해상무역으로부터 발생 가능한 위험은 항해기간 동안의 풍랑 혹은 해적에 의한 탈위 등이며 예측이 불가능한 기후에 대한 위험의 배분으로서 선적된 화물을 풍랑에 잃어버릴 경우에는 부채를 상환할 수 없었다. 즉 채권자는 해상무역이라는 프로젝트에서 발생 가능한 풍랑이라는 위험을 수용하고, 자금을 공여해 주었으며 이에 대한 상환은 해상무역을 통한 수입으로 충당한 것이다.

기원전 아테네의 통상법에서 인정된 프로젝트 금융에 의한 계약보다 약 1,800년 뒤인 13세기의 중세 이태리에서도 현재 우리가 이해하는 프로젝트 금융형식의 계약을 발견할 수 있다(최원규, 1995). 1299년 이태리 프로렌스의 선도적 은행가인 프레스모발디는 영국 국왕과 은광개발에 관한 계약을 체결하여 자금을 공여해 주고 이에 대한 변제를 은으로 하게 했다.

즉 채권자인 이태리의 은행가들은 은광개발이라는 프로젝트에 자금을 투자하여 이 은광을 1년 동안 리스(Lease)·운영하였으며, 그들이 한해 동안에 채광할 수 있는 만큼의 제련되지 않은 은을 프로젝트의 현금흐름으로 간주하여 공여된 자금을 변제한 것이다.

이 프로젝트에서 발생 가능한 위험으로서 은의 부존량에 대한 불확실성, 일년이라는 제한된 기간 동안에 채굴 가능한 은의 양, 그리고 채굴된 은의 가치가 하락할 가능성 등을 들 수 있으며, 채권자들은 이러한 위험을 감수하고 자금을 공여 하였다고 할 수 있다.

이처럼 2,500년 이상의 오랜 역사를 가진 프로젝트금융은 1856년 수에즈운하의 개발사업에서 사용된 것을 비롯하여 1960년대 후반부터 본격적으로 시작되었으며 1970~80년대에는 전 세계적으로 성행하기에 이르렀다. 그리고 사상 최대규모의 프로젝트로 불리는 유럽과 영국을 해저로 잇는 연장 31마일의 해저 터널인 샤넬터널(Channel Tunnel) 또한 총 225개사에 이르는 은행들로 구성된 컨소시엄(Consortium)에 의한 프로젝트금융 방식으로 자금이 공여되었다.

이처럼 프로젝트금융이 전세계적으로 성행하게 된 배경은 1970~80년대 개발도상국의 경제가 급성장함에 따라 자원개발 및 각종 사회간접자본시설의 건설붐이 일어났으나 이에 소요되는 막대한 자금을 전통적인 금융기법으로 조달하기에는 여러 가지 측면에서 한계가 있었기 때문이었다.

이러한 프로젝트에 소요되는 자금을 정부의 재정만으로 충당하기에는 일반적으로 프로젝트가 대규모였고, 이에 수반되는 위험 또한 소수의 일반금융기관이 감당하기 어려운 수준이어서 각 국 정부는 많은 프로젝트를 민간자본에 의한 프로젝트 금융을 통하여 개발하기에 이른 것이다.

또한 1980년대 초반에는 남미국가들을 중심으로 한 개발도상국의 외채위기는 개발도상국 정부의 신용에 기초한 대규모 자금의 공급을 어렵게 만들었고, 이를 타개하는 금융기법으로서 프로젝트 금융이 부상하게 된 것이다.

최근 국제적으로 진행되는 대규모 프로젝트에 자금조달의 주된 금융기법으로 사용되는 프로젝트금융은 향후 더욱 성행할 것으로 전망되며, 이에 대한 이유로 다음의 세 가지 경향을 들 수 있다.

첫째, 최근 프로젝트의 규모가 대형화되는 추세로 인해 소요자금의 규모 또한 대형화 되고 이에 따른 위험의 분산을 위하여 다국적 금융기관들 간에 자금공여단이나 혹은 금융기관과 기업들 간에 컨소시엄이 형성되어 금융의 국제화가 추진되는 경향이 있다.

둘째, 최근 개발도상국의 사회간접자본시설에 대한 수요가 급증함에 따라 각국 정부는 프로젝트 금융에 의한 자금조달에 크게 의존하고 있으며, 이와 함께 개발도상국의 발주처는 사업시행자의 계약조건으로 프로젝트의 금융구조를 매우 높이 평가하는 경향이 있다

셋째, 기존에는 프로젝트금융의 대상 사업이 비교적 제한적이었던 반면에 최근에 는 거의 모든 프로젝트에 적용되어 프로젝트금융의 대상사업이 다각화되는 경향이 있다 .

한편, 최근에는 세계적인 기업들이 대형화되고 금융능력이 향상됨에 따라 개발형 프로젝트에 소요되는 자금을 조달함에 있어서 기존과 같이 금융기관에 대한 의존도가 크게 감소하는 추세를 보이고 있다.

따라서 프로젝트 금융에 있어서도 금융기관(Indirect Finance)을 통한 간접금융의 비중이 점차 감소하는 반면에 이들 기업이 독자적으로 자국 혹은 국제자본시장을 이용하여 사업주나 사업시행자의 신용을 바탕으로 주식이나 채권 등의 증권을 발행하여 소요자금을 조달하는 직접금융(Direct Finance)의 비중이 증가하는 추세에 있다.

건설분야의 프로젝트금융은 오랜기간에 걸쳐 막대한 자금이 소요되고 투자의 횟수도 초기의 시공단계에서는 기대할 수 없기 때문에 금융기관을 통한 단기적인 간접금융만으로는 한계가 있다. 따라서 장기에 걸쳐 상환이 가능한 채권을 발행하거나 혹은 자본시장에서의 주식 발행 또는 유·무상 증자를 통해 안정적인 자금을 확보하는 직접금융이 바람직하다.

10.4 프로젝트금융사업의 타당성 분석

10.4.1 개관

대부분의 프로젝트금융에 관한 문헌들은 프로젝트금융 사업의 성공요건으로서 사업주의 프로젝트 타당성(Feasibility) 분석능력, 사업자와 채권자간의 적절한 위험배분(Risk Management), 프로젝트 경영진 및 건설업체의 전문성, 미래 현금흐름의 적절한 예측, 원자재 및 산출물시장의 확보, 그리고 우호적 정치환경 등을 들고 있다.

위의 성공요건들은 결국 사업주의 사업타당성분석 능력과 사업참여자간의 위험배분 및 관리능력으로 요약할 수 있으며 프로젝트금융 건설사업이 성공적으로 완수되기 위해서는 프로젝트의 가장 초기단계인 프로젝트 개발단계에서 사업의 기술·경제적 타당성 분석과 위험배분을 적절하게 고려한 제안서의 개발이 이루어져야 할 것이다.

10.4.2 사업타당성 분석의 방법

프로젝트의 타당성분석은 위에서 언급한 프로젝트의 각종 단계에서 발생가능한 위험요소에 대한 분석(Risk Analysis)과 프로젝트로부터 예상되는 현금흐름에 대한 분석(Cash Flow Analysis) 그리고 프로젝트의 주변 조건이 변화함에 따라 현금흐름에 미치는 영향 등을 고려하여 발생 가능한 모든 경우를 가정하여 실시하게 되는 민감도분석(Sensitivity Analysis)을 포함하게 된다.

(1) 프로젝트의 위험분석

사업타당성분석은 프로젝트의 수행에 필요한 예상 비용, 예상 운영비, 시장성에 근거한 최종 시설의 운용 수익, 그리고 이자율을 비롯한 미래의 변수 등에 관련한 신뢰할 만한 가정을 바탕으로 해당 프로젝트의 기대수익과 기대비용을 추정하는 것에서부터 시작되며 위험분석이란 프로젝트가 진행됨에 따라 미래여건의 불확실성을 감안하여 발생가능한 위험의 종류 및 크기를 분석하고 이의 파급 효과를 프로젝트로부터 창출되는 현금흐름에의 영향으로 파악하는 단계를 말한다.

프로젝트 위험 분석은 Risk Identification, Risk Quantification, Risk Management의 3단계로 구성된다.

(2) 현금흐름 분석

현금흐름 분석의 제1단계는 현금흐름 모형을 개발하는 것으로, 프로젝트의 전 단계에 걸쳐 현금흐름에 영향을 미칠 수 있는 여러가지 위험변수들의 관계를 고려하고 그 변수들의 변화추이를 계량화하며 프로젝트 산출물의 미래가격을 예측하는 단계를 말한다.

제2단계는 현금흐름 모형에 기초하여 프로젝트로부터 발생되는 현금의 흐름표(Cashflow Sheet)를 작성하는 단계로서 현금흐름표는 프로젝트의 각 단계에 걸쳐 대출금의 상환이 완료될 때까지 각 단계별로 예상되는 현금유입과 유출을 표현해 놓은 것이다.

제3단계는 현금흐름표에 기초하여 프로젝트의 수익성과 상환능력을 평가하는 단계로서 평가기법으로는 순현재가치법(Net Present Value Method)과 내부 수익률법(Internal Rate of Return Method) 등이 주로 사용된다.

(3) 민감도 분석

프로젝트금융의 타당성을 분석함에 있어서 매우 중요한 부분을 차지하는 민감도분석은 위험분석과 현금흐름 분석을 통하여 식별된 위험변수들의 변화가 어느정도나 해당 프로젝트의 목표 수익성에 영향을 미치는가를 검토하는 단계이다.

프로젝트의 현금흐름에 영향이 크다고 판단되는 변수들을 선정하여 가장 보수적인 상황(프로젝트의 조건)을 가정하고 민감도 분석을 실시하며 그러한 부수적 상황하에서도 해당 프로젝트로부터 창출되는 현금흐름의 규모가 채산성이 확보될 수 있을 정도로 충분하여야 비로소 사업타당성이 있다고 불 수 있을 것이다.

10.5 프로젝트 파이낸싱의 구조

10.5.1 참여자 구조

프로젝트 파이낸싱에는 다양한 참여자간의 다양한 법률관계 및 계약을 통해서 전체적인 이해관계가 설정되고 각종의 금융계약을 통해 자금의 조달과 부채의 상환이 이뤄지게 되며 건설활동이 일어나게 된다.

참여자를 살펴보면 ① 사업주(Sponsor)는 단일 회사이거나 건설업자, 토지소유자, 자재

공급자, 산출물의 구매자, 이용자 등 이해 관계자들의 컨소시엄(Consortium)형태일 수 있다. ② 사업주들의 출자로 형성된 프로젝트회사는 프로젝트를 전과정에 걸쳐 추진하는 독립적인 실체로 소재지, 소유구조, 외환, 사업주의 소재형태, 법규환경 등에 따라 달라지게 된다. ③ 차입자는 프로젝트회사와 같을 수도 있고 다를 수도 있으며 다양한 이해관계자가 각기 합작에 참여하기 위해 개별적으로 차입할 수도 있다. 차입자는 특정목적을 위해 설립된 자회사일 경우도 있다. ④ 일반 상업은행은 대규모 자금조달의 경우에 은행간의 신디케이션(Syndication) 형성으로 위험을 분산한다. 상업은행은 보증기관으로서 참여하기도 한다. ⑤ 국제기관은 개도국 프로젝트에 합작으로 자금을 지원한다. ⑥ 기타 참여자로는 신디케이션을 주도하는 은행과 정부, 보험기관, 리스회사, 신용평가기관 등이 있다.

10.5.2 위험분담 구조

일단 프로젝트가 추진되게 되면 설정된 이해관계에 따라서 각 참여자의 위험분담과 책임한계가 정해진다. 프로젝트 위험은 그 자체를 제거하거나 변화시키기는 어려워 다양한 참여자에게 각기 가장 잘 관리할 수 있는 형태의 위험을 배분하는 것이 중요하다.

프로젝트 추진과정에서 나타나는 위험은 사업추진 단계별 위험과 전과정을 통해 발생하는 위험으로 나눠지며 그 종류와 정도는 프로젝트 특성에 따라 달라진다. 프로젝트의 수행단계는 개발 및 엔지니어링, 건설, 운영의 단계로 크게 구분되며 각 단계별로 재무적 고려사항, 참여자, 관련 위험이 구별된다.

한편, 프로젝트 파이낸싱을 성공적으로 추진하기 위해서는 우선 사전준비 단계부터 정상화 단계까지의 전과정에서 발생할 수 있는 위험요소를 사전에 정확히 파악하고, 위험들을 조정·전가·회피·우회 등의 방법으로 최소화하여 참여자에게 적절히 배분하는 것이 프로젝트 파이낸싱의 성공요인이다. 실제 프로젝트 파이낸싱의 추진상황에서 위험 분산의 장점때문에 사업주나 자금공여자 모두 전통적인 자금조달수단보다 더 많은 위험을 부담할 수 있다. 검토된 프로젝트의 20% 내외만이 성공적으로 완료된다는 점을 고려하면 프로젝트의 위험은 큰 것이다.

10.5.3 자금조달 구조

복합개발이나 사회간접자본 건설 등에는 대규모 투자가 필요하기 때문에 사업주는 가능한 외부자금을 많이 도입하여 레버리지 효과(Leverage Effect)를 극대화하고 위험을 분산시키려고 한다. 외부 자금조달은 국내외 금융기관으로부터의 차입금과 프로젝트 수혜자들로부터의 준차입금(Quasi-Debt)으로 구성되며 프로젝트 총소요비용의 65~75%를 차지한다. 프로젝트 파이낸싱에 의한 자금조달은 부채비율이 높기 때문에 자금 공여자로서는 위험성이 크다. 따라서, 프로젝트 파이낸싱은 위험, 프로젝트의 수익율, 차입금의 조건과 성격, 현금흐름과 유동성 면에서 경쟁력을 갖는 것이 중요하다. 이러한 자본금 및 차입금의 범주에는 지분(Euity) 투자, 후순위(Subordinate) 채무차입, 선순위(Senior) 채무차입의 3가지가 있다.

먼저, 지분투자는 사업주(소유주 혹은 Partnership), 공급업자 등 이해관계자에 의한 자로서 프로젝트회사의 기본적인 투자재원이 되고 대량 자금차입의 근거가 된다. 자금제공자는 제3자의 보증이 있더라도 사업주나 이해 관계자들이 지분투자를 통해 위험분담을 원하기 때문이다. 지분투자는 각 이해당사자의 적극적인 지원을 확보하는 수단으로도 이용된다. 특히, 중앙정부나 지방정부의 지분참여을 확보한 제3섹터 방식의 개발은 정부위험을 크게 줄여준다,

후순위 채무차입은 상환이 어려울 때는 다른 채무의 변제후에 상환하는 것이다. 후순위 차입은 무담보이기 때문에 채권자들은 프로젝트 현금흐름에 관심을 가진다. 차입자의 신용이 낮은 경우 우선주 형식으로 차입하는 경우노 있나. 이때 선순위 체권자가 우선주도 지분으로 간주할 경우 레버리지 효과가 극대화된다. 이러한 사례로는 80년대 외환위기에 처했던 남미의 경우 채권은행이 누적된 채무를 우선주로 전환하여 투자했던 경우가 대표적이다. 최근 국내에서도 워크아웃(Work Out) 방식의 부채조정(Debt Restructuring)이 확산되고 있는데 이때 이용되는 부채의 지분전환(Debt Equity Conversion)을 기존 개발사업의 부채조정에도 활용할 수 있다.

한편, 선순위 채무차입에 의한 조달비중은 일반적으로 50% 이상으로 가장 비중이 큰 조달방식이다. 프로젝트회사의 재무상 문제가 발생할 때는 우선적으로 변제 받을 수 있으며 담보채권의 경우에는 담보권 행사시 채무액의 비중에 따라 배분되어 변제 받게 된다.

자금조달의 원천은 자금의 성격에 따라 크게 사업지원적 성격의 조달원(제도권금융과 프로젝트 참여자금융)과 일반 상업적 자금제공자로 구분할 수 있다. 먼저, 제도권금융은 국제개발기관, 현지 중앙정부 및 지방정부, 수출입 금융 및 정책 금융기관 등이 있다. 프로젝트 참여자금융은 토지 소유주, 자재 및 설비 공급자, 상품 및 서비스의 구

매자, 건설회사 등을 통한 금융이다. 상업적 자금제공자로는 일반 상업은행과 기관투자가, 보험/리스회사, 창업투자회사 및 투자 자문회사(주로 해외) 등이 있다.

투자자들은 성공가능성이 높은 프로젝트를 선호하기 마련이다. 따라서 프로젝트가 성공적으로 수행되기 위해서는 사업에 대한 철저한 타당성 분석과 재무계획이 먼저 선결되어야 한다. 공급계약자 및 운영자의 풍부한 경험과 성실성, 프로젝트 관리자의 명확한 권리 및 관리의 지속성, 프로젝트 경영진의 높은 신용도 등도 자금조달을 유리하게 하는 조건들이다. 특히, 프로젝트 리더(사업주)가 전문성이 있고 프로젝트 파이낸싱에 대한 경험이 있어 예상되는 문제점에 대해 정확히 파악을 하고 있을 경우 자금조달과 성공가능성은 더욱 크게 된다.

10.6 프로젝트 파이낸싱의 참여자

10.6.1 사업주(Project Sponsors 또는 Sponsors)

사업주는 프로젝트를 실질적으로 추진하는 주체로서, 사업주의 형태로는 자연인 또는 하나의 법인이 될 수도 있고 이해 집단의 컨소시엄이 될 수도 있다. 여기서 말하는 이해 집단이란 사업주, 대주, 건설회사(Contractors), 생산물(용역)의 구매자(Off-Taker), 프로젝트 생산물의 이용자 또는 시설이용자 등이 될 수 있다.

또한 간접적인 이해당사자로 당해 프로젝트가 수행됨으로써 도로의 신설 등으로 인하여 토지가격의 상승이 예상되는 경우 토지소유주가 사업주로 참여하는 경우도 있다. 사업주는 프로젝트 계약서 상에 명시되어 있는 계약이행의무, 특히 자본금 및 주주 후순위 대출자, 공사비 초과(Cost Overrun)지원 등을 이행할 수 있어야 한다.

실제 사업주 측에서 프로젝트에 관여하는 형태는 사업시행사에 직접 지분을 투자하는 방법과 사업주의 대차대조표상에 계산되지 않는 간접보증의 제공형태로 나눌 수 있다.

10.6.2 사업시행사(Project Company)

사업주(Project Sponsors)가 당해 프로젝트를 추진하기 위하여 지분을 투자하여 설립한 일종의 명목회사(Paper Company)로서, 프로젝트의 추진 및 운영에 관한 모든 법률

행위의 주체가 된다. 사업시행사의 설립지는 주로 프로젝트가 행해지는 국가에 설립하는 것이 일반적이며, 이때 현지정부(Host Country)의 회사 관련법, 외국인 투자정책, 조세 및 회계제도와 과실송금 등의 문제를 고려해야 된다.

또한 현지정부에서 자국업체 보호 육성 및 기술 습득 차원에서 일정지분을 현지업체에 할당할 것을 요구하기도 한다. 사업주 입장에서도 현지업체를 사업시행사에 참여시키는 것이 현지의 관행 및 업무수행에 실질적으로 많은 도움을 받을 수 있는 장점이 있다.

10.6.3 차주(Borrower)

차주는 일반적으로 사업시행사(Project Company)가 되며 대주단으로부터 자금을 공여받아 독립결제관리계좌(Escrow Account)를 통해 운영한다. 그러나 현지정부의 외환통제, 담보제도, 지급청구의 강제집행 가능성 등의 법규 및 관습상 사업시행사가 직접 차주가 될 수 없는 경우나, 차주가 될 수는 있어도 불리한 경우가 있다.

수탁차입사를 통한 자금조달 절차로서 첫째, 건설단계에는 사업시행사가 발주한 공사를 건설회사에서 시공하고 그 대금을 수탁차입사를 통해 수령하게 된다. 이때 수탁차입사는 대주단으로부터 대출받아 건설회사에게 공사대금을 지급하게 된다. 둘째, 생산물 판매(Off-Take)단계로서 사업시행사는 프로젝트로부터 산출된 생산물을 구매업자(Off-Taker)에게 인도하고, 그 대금은 수탁차입사에 지급토록 지시한다. 셋째, 채무상환(Debt Service)단계로서, 수탁차입사는 생산물 판매 대금으로 대주단에 원리금을 상환하고 잉여금은 사업시행사에 지급하게 된다.

10.6.4 대주단(Syndicate)

대주단(또는 금융기관)은 프로젝트 파이낸싱에서 자금을 조달하는 주체로서, 프로젝트 파이낸싱은 현실적으로 대규모의 자금을 필요로 하며 위험분담을 위해 여러개의 금융기관이 관여하여 대주단(Syndicate)을 구성 · 자금을 제공하게 된다. 특히, 대주단을 구성하는 주간사은행(Arrangers)은 차주(Borrower)로부터 기채의뢰서(Mandate Letter)를 접수하고 예상참여 금융기관들과 차관교섭을 하며, 여신조건 협상 및 채권보전과 관련된 법률서류 작성에서 주도적인 역할을 한다. 주간사은행이 대주단을 구성하는 방법에는 ① 클럽 론(Club Loan), ② Wide Broadcast Syndicate와 ③ 전통적 신디케이트가 있다.

이 대주단은 가능한 여러국가의 금융기관들로 구성되는데, 그 이유는 여러나라의 은행들이 참여할수록 현지정부에서 각국과의 경제관계 악화를 고려하여 당해 프로젝트의 국유화 등의 조치에 더 신중해지기 때문이다. 또한 대주단을 구성하는데 있어서 반드시 고려되어야 하는 것이 현지은행(Local Bank)의 포함이다. 특정 국가에서는 현지법에 의거 외국은행들이 담보를 보유하지 못하도록 하고 있는 경우가 있으며, 이러한 경우에 담보의 보유 및 관리를 위해 현지은행을 담보관리자(Security Agent)로 참여시키는 것이 필수적이다.

10.6.5 건설회사(Construction Contractor)

당해 프로젝트를 시공하는 회사로는 엔지니어링社와 건설시공회사로 분류할 수 있지만, 최근경향은 본 금융기법상 프로젝트의 공사비초과(Construction Cost Overrun)위험 등을 회피하기 위하여 '총액고정단가계약방식'을 통해 엔지니어링과 시공이 동시에 이루어질 수 있도록 계약을 체결하여 공사를 수행한다. 이러한 계약방식에 의해 시공을 하게 되는 시공업체를 통상적으로 EPC(Engineering, Procurement and Construction) Contractor 라고 하며, 이러한 시공업체는 당해 시설의 완공보증, 성능보증 및 이러한 보증들이 충족되지 못할 경우의 피해보상 지급을 일괄적으로 규정하는 보증 패키지를 요구받는다. 시공업체가 부담하는 이러한 보증들은 보통 슈어티본드(Surety Bond), 스탠바이 신용장 (Standby L/C) 등의 형태를 띠게 된다.

10.6.6 운영사(Operating Company)

건설회사에 의해 당해 프로젝트가 완공되면, 사업시행사에 목적물이 인도된다. 이때 사업시행사는 직접 운영을 하든지, 관련 프로젝트의 운영을 전문으로 하는 회사에 운영을 위탁한다. 일반적으로 당해 프로젝트는 사업주, 사업주의 자회사 또는 사업시행사가 운영을 담당하게 된다. 또 다른 운영방법은 당해 프로젝트의 시공을 담당했던 건설회사가 목적물을 완공한 후 일정기간 운영하고 인도하는 방법(BTO)을 취하는 것이다. 통상적으로 대주단은 운영 능력과 경험이 있는 사업주 중 일개 회사가 운영을 책임지는 것을 선호하게 된다.

10.6.7 생산물 구매자(Off-Taker)

프로젝트 파이낸싱에서 생산물의 장기구매자(Off-Taker)는 프로젝트 자체의 신용에 가장 큰 영향을 주기 때문에 이들의 역할에 따라 금융조달 비용의 고저가 결정될 수 있다. 만일 계약기간 중 생산물 구매자가 도산할 경우 프로젝트의 현금흐름에 직접적으로 치명적인 영향을 주게 된다. 사업시행사와 장기 구매자간에 생산물 구매계약은 무조건 대금지급계약(Take-or-Pay Contract) 또는 무조건 사용료지급약정(Through-Put Agreement) 등의 형태로 나타날 수 있다. 이 경우 생산물의 장기구매자는 당해 프로젝트의 사업주로 참여하는 것이 바람직하다.

만일, 프로젝트 파이낸싱에서 생산물 구매계약이나 정부의 지원약정이 없다면 자금조달 자체가 불가능할 것이다. 따라서, 프로젝트 파이낸싱에 있어서 생산물 구매자(Off-Taker)는 아주 중요한 위치를 차지하게 된다.

10.6.8 현지정부(Host Country or Government)

일반적으로 프로젝트 파이낸싱 구조에서 현지정부(Host Country or Government)는 사업시행사에 직접적으로 출자하기보다는, 국영기업 등을 통하여 사업시행사의 지분을 취득하거나, 생산물의 구매자(Off-Taker)나 용역의 이용자가 됨으로써 간접적으로 프로젝트에 참여를 하게 된다. 이러한 현지정부의 간접적인 참여는 프로젝트의 신용향상에 많은 도움을 준다. 특히, BTO 사업방식의 SOC 시설 프로젝트인 경우에는 현지정부에서 직접적으로 운영에 개입하기보다는 양허약정(Concession Agreement)을 세결하거니 운영권을 부여하는 주체로서 사업시행사에 세제 혜택, 과실 송금 보장 등 프로젝트의 성공을 지원하는 역할을 담당한다.

10.6.9 보증인(Guarantor)

프로젝트를 수행하는 법률적인 주체인 사업시행사는 당해 프로젝트를 추진하기 위해 신설된 명목회사로써, 과거의 신용상태 및 실적(Work Experience)을 입증할 만한 근거가 없다. 따라서 신용이 양호한 사업주, 프로젝트에 직·간접적으로 이해 관계가 있는 당사자들간의 보증, 또는 보증수수료를 목적으로 하는 사업적 보증기관(Insurer) 등이 보증인이 될 수 있다. 즉, 프로젝트 참여자 및 이해당사자들이 위험을 배분하여 보증이 이루어지는 것이다.

10.6.10 기타 참여자

프로젝트 파이낸싱은 프로젝트의 재원(Capital Resource)을 의미하는 것이 아니라 자금을 동원(Mobilize)하는 하나의 기법을 의미한다. 다시 말해, 기업금융에서 단순히 융자조건만을 결정하는 것과는 달리, 금융(Financing) 방법의 선택, 융자조건 결정과 프로젝트 자체의 구조를 만드는 것도 포함된 종합적인 과정이다. 이 과정은 매우 복잡하고 많은 절차와 노력을 거쳐야 하며, 매 건 마다 각각 다른 구조(Order-Made)로 구성되기 때문에 많은 전문가 집단의 도움이 필요하다. 또한 본 금융기법이 협상의 결과물이라는 점을 감안할 때, 이들의 역할을 아무리 강조해도 지나치지 않다. 이러한 전문가 집단은 금융자문(Financial Advisor), 법률자문(Legal Counsel), 기술자문(Technical Consultant), 신용평가사(Rating Agencies), 환경 자문(Environmental Consultant) 등 많은 집단이 관련되어 있다. 특히, 금융자문(Financial Advisor)은 프로젝트 파이낸싱 구조가 매우 복잡하고 자금조달 규모가 크기 때문에 경험이 많은 금융기관의 자문이 필수적이며, 사업 초기부터 고용하는 것이 바람직하다고 할 수 있다.

참고문헌

1. 강인석, 건설정보화 기반의 최신 건설공사 관리학, 문운당, 2007
2. 건설교통부, 건설교통부 통합건설정보분류체계, 건교부 공고 2000 - 11
3. 국립기술품질원, 환경경영매뉴얼 모델개발, 1996
4. 국제표준연구원, ISO 9001:2000 핸드북, 2002
5. 김병수, 국내외 건설정보분류체계의 비교연구, 중앙대학교, 2003
6. 김병수, LCC기법, 영남건설기술교육원, 2007
7. 김용수, 건축시설물의 LCC 분석 및 국내현황, 2006
8. 김인호, 건설경영 마인드, 기문당, 1997
9. 김인호, 건설계획과 의사결정, 기문당, 1998
10. 김인호, 건설사업의 리스크관리, 기문당, 2001
11. 김인호, 공사비계획과 결정, 기문당, 1998
12. 김인호, 신기술도입과 CM, 기문당, 1998
13. 동아건설산업(주), 공정개선 및 시스템 개발과정(V.E), 1999
14. 동아건설산업(주), V.E 사례집, 1998
15. 박동규, 프로젝트파이낸싱의 개념과 실제, 한국프로젝트관리기술회, 1999
16. 박원석, 최진우, 지역개발사업에서 프로젝트 파이낸싱 활용방안, 삼성경제연구소, 1997
17. 박은회, 정영동, 리스크관리론, 무역경영사, 1998
18. 박종배, 랑가나단의 조기성이론에 의한 한국십진분류법과 일본십진분류법의 비교분석, 경북대학교, 1989
19. 박준기, 건설클레임론, 대한건설협회 일간건설사, 1999
20. 박환표, 한국의 건설정보분류체계 표준화 연구, 대한건축학회, 1996
21. 송지환, 지식경영의 이해, 시식경영온리인, 1999
22. 양기환, 건설업체 교육훈련 발전방안에 대한 연구, 중앙대학교, 1997
23. 왕세종, 건설금융의 개요, 국가전문행정연수원 건설교통연수부 건설금융반, 1999
24. 이민남, 21세기 건설산업과 CALS, 도서출판 문원, 1997
25. 이실용외, 인간기억의 심리학, 법문사, 1984
26. 이재열, 건설정보분류체계의 개념적 기반과 구조원리 분석, 동국대학교, 1998

27. 이재열, 건설정보 분류체계의 기본구성을 위한 요구조건 연구, 대한건축학회, 1998
28. 이홍배, 정보와 지식, 지식경영의 이해, 경일대학교, 2005
29. 임종권, 최영민, 김용수, 가치공학의 원리, 구미서관, 2006
30. 임종권, 토목시설물의 LCC분석 및 국내외 기술동향, 2006
31. 장훈기, 정부계약제도해설, 법신사, 1998
32. 전진구, 국내건설사업관리의 문제점 및 개선방향에 대한 연구, 중앙대학교, 2000
33. 전진구, 김수삼, 건설환경경영 수행에 필요한 환경측면 분석 방법에 관한 연구, 대한 토목학회, 2001
34. 전진구, 김수삼, 환경경영시스템 모델을 통한 EMS의 이해 및 실무 적용방안, 대한토목학회, 2000
35. 정명섭, 가치공학(Value Engineering), 동아기술공사
36. 정영태, 환경경영 System 어떻게 구축하나, 한국능률협회, 1998
37. 최달현외 1인, 정보자료의 분류, 한국도서관협회, 1998
38. 코오롱건설, ISO Keyman 교육자료, 코오롱건설 안전환경팀, 2007
39. 한국건설기술연구원, 건설정보 분류 표준화 연구, 1994
40. 한국개발연구원, VE방법론 및 제도활성화 연구, 2000
41. 한국전력, 지식경영 추진현황 및 향후계획, 한국전력 정보화추진실, 2002
42. 한국표준협회, 제품개선 V.E, 2000
43. 황해근, 이창림, 최태선, 권영인, 건설관리의 CM·CS 이론과 실무, 구미서관, 2002
44. (주)기산, V.E 사례집, 1995
45. ISEM '95, Proceeding of the Tenth International Conference on State of the Art of Ecological Modelling, 1995
46. ISO, ISO 표준분류체계, ISO Technical Report 14177
47. Ranganathan, S. R., Colon Classification. New Delhi : UBS Publishers' Distributors, 1989
48. Ranganathan, S. R., Prolegomena to Library Classification, 1967
49. http://www.kcab.or.kr
50. http://www.kcals.or.kr

찾아보기

ㄱ

ㄴ

ㄷ

ㄹ

ㅁ

ㅂ

ㅈ

ㅊ

ㅋ

ㅌ

ㅍ

ㅎ

■ 저자약력

김 병 수

- 현재 : 경북대학교 이공대학 토목공학과 교수
- 중앙대학교 토목공학과 건설관리학전공(공학박사)
- 국토해양부 중앙건설기술심의위원
- 국토해양부 부산지방항공청 설계자문위원
- 국방부 특별건설기술심의위원
- 한국건설교통기술평가원 신기술 및 R&D 평가위원
- 경상북도 지방건설기술심의위원
- 조달청, 한국토지공사, 한국도로공사 입찰금액 적정성심사위원
- 한국수자원공사 설계적격심의위원
- 대한토목학회 시공관리위원
- 한국건설관리학회 영남지회 총무이사
- 한국건설VE연구원 이사
- 중앙대학교 대학원 겸임교수
- 한국시설안전기술공단 자문위원

전 진 구

- 현재 : 파라과이 아순시온국립대학교 토목공학과 자문교수
- 중앙대학교 토목공학과 건설관리학전공 공학박사
- (주)한양 기술연구부 근무
- 나산종합기술(주) 기술감사부 · 공사관리부 근무
- 경남기업 기술개발부 · 감사실 근무
- 지오건설엔지니어링(주) 건설사업관리본부장(기술이사)
- 미래신기술연구소 책임연구원(구, 생산공학연구소)
- 대한토목학회 정회원
- 수원과학대학, 안산공과대학, 서일대학 토목과 강사
- 서경대학교 이공대학 토목공학과 겸임교수
- (주)삼안 기술개발연구원 수석연구원

김 창 학

- 현재 : 진주산업대학교 토목공학과 교수
- 중앙대학교 대학원 졸업 건설시공관리(공학박사)
- 미국 University of Florida Post-Doc(건설경영)
- 중앙대학교, 서울시립대학교, 대림대학, 서일대학 강사
- 건설교통부 토목공사 일반표준시방서 집필위원(영문)
- 국토해양부 중앙설계 심의위원
- 경상남도, 조달청 설계 심의위원
- 한국건설기술연구원, 한국철도기술연구소 자문위원
- 대한토목학회 시공분과위원
- 건설관리학회 영남지부 이사

정 연 인

- 현재 : 계명대학교 토목공학과 교수
- South Dakota대학 졸업(공학박사)
- 국토해양부 부산지방국토관리청 설계자문위원
- 행정안전부 국립방재연구소 재해원인분석 조사단 지역위원
- 대구광역시 지방건설기술심의위원
- 한국지반공학회 이사
- 건설교통부 중앙건설심의위원
- 한국지반환경공학회 논문집 편집위원

홍 영 길

- 현재 : 한림성심대학 토목과 교수
- 강원대학교 대학원 졸업(공학박사)
- 춘천시 설계사문, 도시계획위원회 위원
- 대한토목학회 평생회원
- 한국지반공학회 회원
- 한국콘크리트학회 회원
- 한국구조물진단유지관리공학회 회원
- 한국방재협회 평생회원
- 한국 CM협회 회원

건설정보와 CM

저 자 김병수·전진구·김창학·정연인·홍영길

발행인 임 해 진
발행처 구미서관

발 행 2009년 1월 22일 초판 1쇄
2012년 2월 10일 초판 2쇄

주 소 서울시 마포구 동교동 174-7 구미빌딩
등 록 1979년 6월 29일 No.9-6호
ISBN 978-89-8225-674-5 (93530)

TEL : (代) 333-1101 FAX : 335-2201
http://www.goomibook.com

정가 15,000원